DAXUE WULI SHIYAN JIAOCHENG

大学物理实验教程（第2版）

主编　张　楠

重庆大学出版社

内容提要

全书共分五章,第 1 章测量误差与数据处理,主要内容包括测量与误差、不确定度、误差和数据处理等;第 2 章基本实验技能,主要内容包括物理实验的基本方法、常用实验仪器和软件的介绍等;第 3 章介绍了涉及力、热、光、电、近代物理等方面的 15 个基础和综合性实验,以巩固和加强学生的实验技能训练;第 4 章介绍了 20 个自主设计实验,为培养学生的创新实践能力奠定基础;第 5 章介绍了 15 个演示实验。

图书在版编目(CIP)数据

大学物理实验教程 / 张楠主编. --2 版. --重庆 :
重庆大学出版社, 2021.9(2024.7 重印)

ISBN 978-7-5689-2336-1

Ⅰ. ①大… Ⅱ. ①张… Ⅲ. ①物理学—实验—高等学校—教材 Ⅳ. ①O4-33

中国版本图书馆 CIP 数据核字(2021)第 196586 号

大学物理实验教程

(第 2 版)

主　编　张　楠

副主编　刘腾智　彭雪玲

卞永佳　周桐辉

策划编辑:范　琪　曾显跃

责任编辑:范　琪　　版式设计:范　琪

责任校对:刘志刚　　责任印制:张　策

*

重庆大学出版社出版发行

出版人:陈晓阳

社址:重庆市沙坪坝区大学城西路 21 号

邮编:401331

电话:(023) 88617190　88617185(中小学)

传真:(023) 88617186　88617166

网址:http://www.cqup.com.cn

邮箱:fxk@cqup.com.cn (营销中心)

全国新华书店经销

重庆魏承印务有限公司印刷

*

开本:787mm×1092mm　1/16　印张:15.75　字数:376千

2020 年 9 月第 1 版　2021 年 9 月第 2 版　2024 年 7 月第 5 次印刷

印数:14 701—17 700

ISBN 978-7-5689-2336-1　定价:45.00 元

前言
(第2版)

本书是依据教育部高等学校物理学与天文学教学指导委员会、物理基础课程教学指导分委员会编制的《理工科类大学物理课程教学基本要求 理工科类大学物理实验课程教学基本要求》(2010年版)编写而成的。

在第1版的基础上,综合使用过程中反馈的信息和意见进一步梳理并修订。与上一版相比,本书突出了以下几方面的内容:

①在全书结构上,保持了原有特色,延续了分层次的实验安排,既保证了基本训练,又提高了物理实验的综合性和实用性,能贴近课堂教学,为学生的学习服务,与物理实验课程的教学体系相配套。

②在实验项目上,不仅丰富了演示物理实验项目,比如跳动的磁粉、无皮鼓等,增添了一些能体现现代科学技术发展的代表性实验,如太阳能电池的特性测试、磁力温度传感器等新的实验内容,还增加了基础和综合性实验与自主设计实验的对比,如表面张力系数的测定、杨氏模量的测量等,在定性、半定量和定量中逐步锻炼学生的能力。

③在内容方面上,修改了部分语言表述,更换了部分图片,丰富了阅读资料,优化了数字化资源,开设了挑战题,有利于激发学生对本书的兴趣,提高学业挑战度。

本次的修订工作由张楠负责全书的统稿工作并任主编,刘腾智、彭雪玲、卞永佳和周桐辉任副主编,陈阳、陈仕国、段卓君和杨国卉为参编。其中,陈仕国和杨国卉负责第1章的编写与修订,刘腾智负责第2章的编写与修订,周桐辉和彭雪玲负责第3章的编写与修订,卞永佳和段卓君负责第4章的编写与修订,陈阳负责第5章的编写与修订。

由于编者水平有限,书中难免有缺点和错误,敬请批评指正。

编　者

2021年5月

前言
(第1版)

大学物理实验课程是理工科学生进入大学后的第一门科学实验类课程,是大学生接受实验方法和实验技能系统训练的开始,是培养学生的创新能力和实践能力、提高学生科学素质的极其重要的教学环节。

近年来,重庆工程学院积极响应国家“新工科”人才培养重大战略的号召,坚持“以本为本”,开展了以教师为主导,以学生为中心的“精讲、独学、讨论和答疑”对分课堂教学模式的推广,并在大学物理实验教学中全面应用。本书是根据教育部高等学校物理学与天文学教学指导委员会、物理基础课程教学指导分委员会编制的《理工科类大学物理课程教学基本要求、理工科类大学物理实验课程教学基本要求》(2010 年版),结合多年来大学物理实验教学经验并认真汲取国内兄弟院校教学改革的优秀成果编写而成的。

全书共分五章, 第 1 章测量误差与数据处理,主要内容包括测量与误差、不确定度、误差和数据处理等,所涉及的内容以本课程必须掌握的基本要求为主;第 2 章基本实验技能,主要内容包括物理实验的基本方法、常用实验仪器和软件的介绍等;第 3 章介绍了涉及力、热、光、电、近代物理等方面的 13 个基础和综合性实验,以巩固和加强学生的实验技能训练;第 4 章介绍了 10 个自主设计实验,为培养学生的创新实践能力奠定基础;第 5 章介绍了 10 个演示实验,充分激发学生的学习兴趣。这些实验中,既有经过长期教学实践、内容比较成熟的实验,又有高新技术下的新实验;既有演示性和基础性实验,又有综合性和自主设计性实验。这样分层次的安排,既保证了基本训练,又提高了物理实验的综合性和实用性;既能促使学生更积极地完成实验,又有利于学生的个性发展和创新能力的培养。

本书的特色:

①贴近课堂教学,为学生的学习服务,与物理实验课程的教学体系相配套。

②引入思政元素，在部分章节增加了阅读材料，力图体现物理实验科学中蕴涵的思辨精神，以及物理学家努力探求真理的高贵品质。

③加入技术较新的物理实验项目，让学生在实验中学习新技术。

④加入数字化资源，给出了实验操作视频和对应的数据处理过程。

⑤引入居家设计实验项目，为类似新冠疫情特殊时期不能正常开展实验时提供了一种选择。

本书由张楠、陈丽、段卓君、时雯雯和刘腾智等编写，张楠负责书稿的修改和统稿工作。张楠任主编，陈丽和段卓君任副主编，时雯雯和刘腾智为参编。

由于编者水平有限，加之编写时间仓促，教材中定有不妥之处和谬误，望读者斧正，也望海涵！

编 者

2020 年 4 月

目录

绪　论

物理学是一门实验科学，在物理学的建立和发展中，物理实验起到了直接的推动作用。从经典物理到近代、现代物理，物理实验在发现新事物、建立新规律、检验理论、测量物理量等诸多方面发挥着巨大作用。随着现代科学技术水平的高度发展，物理实验的思想、方法、技术与装置已广泛地渗透到了自然科学和工程技术的各个领域，解决了一大批生产和科研问题。

大学物理实验是一门重要的基础课程，是学生进入大学后系统地接受科学实验方法和实验技能训练的开端。通过学习，可以提高学生用实验手段发现、分析和解决问题的能力，激发学生的创新意识和创造力，培养和增强独立开展科学研究的素质。

(1)大学物理实验课的主要任务

①通过对实验现象的观察分析和对物理量的测量，使学生掌握物理实验的基本知识、基本方法和基本技能。运用物理学原理和物理实验方法研究物理规律，加深对物理学原理的理解。

②培养与提高学生从事科学实验的能力。主要包括：

a.自学能力。能够自行阅读实验教材与参考资料，正确理解实验内容，做好实验前的准备工作。

b.动手能力。能借助教材与仪器说明书，正确调整和使用仪器，制作样品，发现和排除故障。

c.思维判断能力。运用物理学理论，对实验现象与结果进行分析和判断。

d.书面表达能力。能够正确记录和处理实验数据，绘制图表，分析实验结果，撰写规范、合格的实验报告或总结报告。

e.综合运用能力。能够将多种实验方法、实验仪器结合在一起，运用经典与现代测量技术和手段，完成某项实验任务。

f.初步的实验设计能力。根据实验要求，能够确定实验方法和条件，合理选择、搭配仪器，拟定具体的实施步骤。

③培养学生从事科学实验的素质。包括理论联系实际、实事求是的科学作风；严肃认真的工作态度；不怕困难、勇于探索的创新精神；团结协作、遵章守纪、爱护公物的优良品德。

(2)大学物理实验课的基本程序

1)实验前的预习

预习是训练和提高自学能力的极好途径,为了在规定时间内高质量地完成实验内容,必须做好预习工作。预习报告,通过阅读实验教材及参考资料,重点考虑三方面问题:做什么(最终目的);根据什么去做(实验原理和方法);怎样做(实验方案、条件、步骤和关键要领)。在此基础上写好预习报告。预习报告主要内容是:实验名称,简单实验原理(如主要计算公式、线路图等),实验内容(需观察的现象或需测量的物理量,数据记录表格),遇到的问题及注意事项。

每次实验前,教师将检查预习情况。

2)实验中的观测

实验操作与观测是动手能力、思维判断能力和综合运用能力训练的过程,也是培养学生科学实验素质的主要环节。在教师指导性讲解的基础上,主要达到以下几方面要求:

①弄清实验内容的具体要求和注意事项。

②熟悉仪器,并进行调整测试,符合要求后,方可进行正式操作、测量。

③科学地、实事求是地记录下实验中观察到的各种现象和测量数据,同时记录与实验结果有关的实验条件,如环境(温度、湿度、压力等)、主要仪器(名称、型号、规格、准确度等),记录数据时要注意有效数字和单位的准确性。

④实验完毕,将实验结果记录情况交任课老师审阅签字,确认无误后方可整理仪器结束实验。

3)实验后的报告

实验报告是对实验工作进行全面总结和深入理解的一个环节。一份完整的实验报告,应是在完善预习报告的基础上,增加以下内容:

①实验现象与数据,获得数据的条件(如仪器、环境等)。

②数据处理方法、结果表达。

③实验现象及误差分析,结果讨论、结论,对实验的体会与建议等。

④教师签字的原始数据。

书写实验报告时,要简明扼要,文字通顺,字迹端正,图表规范,独立完成实验报告并及时上交。

(3)大学物理实验课的成绩评定

平时每个实验项目的成绩主要采用“三段式能力考核”方式进行评定,即通过考核预习情况检验学生的自学能力,通过操作检验学生的动手能力与理论联系实际能力,通过实验报告考核学生综合分析、处理数据和书面表达能力。教师在每一堂实验课的教学过程中,将根据实验项目评分标准对实验的每个环节严格评定,充分掌握学生的学习情况。实验成绩为预习成绩、操作成绩、报告成绩三者之和。

课程总成绩主要为各实验项目平均成绩与所做实验个数的加权平均值,必要时在学期末进行实验基本理论知识和实验基本技能考试。

第 1 章 测量误差与数据处理

在科学研究和实验过程中，往往离不开对某个物理量的测量。物理实验除了定性地观察物理现象外，也需要对物理量进行定量测量，并确定各物理量之间的关系。

由于测量设备、环境、人员、方法等诸多因素的影响，使得测量值与真实值并不完全一致，这种差异在数值上表现为误差。随着科学水平的提高和人们经验、技巧、专门知识的丰富，误差虽然可以被控制得越来越小，却始终不能把它消除。因此，对实验中测量获得的数据，要选择合适的方法进行处理，并对其可靠性做出评价，否则测量结果是没有价值的。

误差与数据处理理论已发展为一门学科，它涉及的内容丰富，且较为复杂。在此，将简单介绍普通物理实验中常用的一些基本知识。

1.1 测量与误差

1.1.1 测量

(1) 测量的概念

所谓测量，就是借助于专门设备，通过一定的实验方法，以确定物理量值为目的所进行的操作。它是一个实验比较的过程，即把一个量（待测量）与另外一个量（标准量）相比较。

测量由测量过程与测量结果组成。

测量过程是执行测量所需的一系列操作，包括建立单位、设计工具、设计测量方法、研究分析测量结果、寻找减小误差的途径等方面。

测量结果表示由测量所获得的待测量的值，一般由数值、单位和精度评定三部分组成。

(2) 测量的分类

从不同的角度考虑，测量有不同的分类方法。

按照测量结果获得方法的不同，测量分为直接测量和间接测量。

用预先校对好的测量仪器或量具对被测量进行测量,直接读取被测量数值的大小,称为直接测量。例如,用米尺测物体的长度,用秒表测时间,用天平与砝码测物体的质量,用电压表(或电流表)测电压(或电流)等都属于直接测量,相应的被测物理量称为直接测量量。

如果待测量的量值是由若干个直接测量量经过一定的函数运算获得的,这种测量称为间接测量。例如,体积、密度等物理量的测量往往采用间接测量,相应的被测物理量称为间接测量量。

实际测量中多数为间接测量,但直接测量简单、直观,是一切间接测量的基础。

按照测量条件的不同,测量可分为等精度测量和非等精度测量。

在相同的测量条件下(同一测量水平的观测者,同一精度的仪器,同样的实验方法和环境等)对某一待测量所做的重复性测量,称为等精度测量。等精度测量获得的所有数据的可信赖程度是相同的,在数据处理过程中地位相同,应同等对待。

尽管实际测量中,很难保证所有条件不变,但由于等精度测量数据处理方法相对简单,因此只要测量条件变化不大,一般都可近似为等精度测量。大学物理实验学习阶段,主要考虑等精度测量。

在不同的测量条件下对某一待测量所做的重复性测量,称为非等精度测量。非等精度测量获得的所有数据的可信赖程度是不同的,在数据处理过程中应按精度高低区别对待。

按照被观测对象在测量过程中所处的状态,可分为静态测量和动态测量。

如果待测量在测量过程中是固定不变的,这时所进行的测量为静态测量。静态测量不需要考虑时间因素对测量结果的影响,应把被测量或误差作为随机变量进行处理。

如果待测量在测量过程中随时间不断变化,这时所进行的测量为动态测量。动态测量需考虑时间因素对测量结果的影响,应把被测量或误差作为随机过程来进行处理。

1.1.2 误差

(1)误差的概念

误差 δ 是指测量值 x 与被测量的真值 x_0 之差。用式子表示为

$$误差\ \delta = 测量值\ x - 真值\ x_0 \tag{1.1}$$

其中,误差可正可负,反映了测量值偏离真值的程度;测量值是通过测量得到的被测量的值;真值是某一物理量在一定条件下所具有的客观的、不随测量方法改变的真实数值。一般情况下,真值是未知的,所以误差的概念只具有理论意义。只是在某些特殊情况下,真值可认为是已知的,主要包括:

①理论真值:通过理论方法获得的真值。例如,三角形内角之和为 180°;理想电容或电感构成的电路,电压与电流的相位差为 90°等。

②计量学的约定真值:国际计量机构内部约定而确定的真值。例如,7 个 SI 基本单位量的确定,即:长度单位,米(m);时间单位,秒(s);电流单位,安[培](A);质量单位,千克(kg);热力学温度单位,开[尔文](K);物质的量的单位,摩[尔](mol);发光强度单位,坎[德拉](cd)。

③标准器的相对真值:当高一级的标准器的误差小于低一级的标准器或普通计量仪器的

误差一定程度后，高一级标准器的指示值可以作为级别低的仪器的相对真值。

(2)误差的分类

根据误差的性质，可将误差分为系统误差、随机误差和粗大误差三类。

1)系统误差

在同一测量条件下，多次测量同一物理量时，大小和符号保持恒定或随条件的改变而按某一确定规律变化的误差，称为系统误差。一个完整的测量系统，通常由实验源、实验体、观测系统、实验环境4部分组成，因此系统误差来源可以归纳为以下几个方面：

①仪器设备、装置误差

a.标准器误差：标准器是作为与被测量相比较时提供标准值的器具。例如，标准电池、标准量块、标准电阻等。由于使用条件或制作不够完善等原因，标准器本身也会产生附加误差。

b.仪器误差：测量仪器是指能将被测量转化为可直接观测的指示值或等效信息的计量器具。例如，天平、电桥等比较仪器；温度计、秒表、检流计等指示仪器。仪器设计制造不完善、调节使用不当、老化等原因都会造成测量误差。

c.附件误差：为使测量方便进行而使用的各种辅助配件，均属测量附件。例如，开关、导线、电源等各种辅助配件也会引起误差。

②环境误差

由于各种环境因素，如温度、湿度、压力、震动、电磁场等，与要求的标准状态不一致而引起的测量装置和被测量本身的变化所造成的误差。

③方法误差

由于测量方法或计算方法不完善、不合理等原因引起的误差。例如，瞬时测量时取样间隔不为零；用单摆测量重力加速度时，公式 $g=4\pi^2L/T^2$ 的近似性；用伏安法测电阻时，忽略电表内阻的影响等。

④人员误差

由于测量人员分辨力有限，感官的生理变化，反应速度及固有习惯等原因引起的误差。例如，测量滞后与超前、读数倾斜等。

从不同角度，系统误差又可分为不同种类。

按对误差掌握程度，系统误差可分为已定系统误差和未定系统误差。已定系统误差的大小和符号是可以确定的，如千分尺、电表的零位误差，伏安法测电阻电表内阻引起的误差等。这类误差可以修正。未定系统误差是大小和符号不能确定，只能估计出大小变化范围的系统误差，如仪器误差。

按误差的变化规律，系统误差又可分为不变系统误差和变化系统误差。不变系统误差的大小和符号保持恒定不变。变化系统误差的大小和符号按某一确定规律变化，如线性、周期性等规律。

2)随机误差

在同一测量条件下，多次测量同一物理量时，误差的绝对值时大时小，符号时正时负，以不可预知的方式变化，这种误差称为随机误差。随机误差是由测量过程中一些随机的或不确定的因素引起的。例如，人的感官灵敏度及仪器精度有限，实验环境(温度、湿度、气流等)变化,电源电压起伏,微小振动等都会导致随机误差。由于引起随机误差的因素复杂,又往往交叉在一起,不能分开,因此,随机误差是无法控制的,无法从实验中完全消除,一般通过多次测量来达到减小的目的。

从一次测量来看,随机误差是随机的。但当测量次数足够多时,随机误差服从一定的统计规律,可按统计规律对误差进行估计。

3)粗大误差

粗大误差又称疏失误差,它是由于工作人员疏失、仪器失灵等原因造成的超出规定条件下预期的误差。含有粗大误差的测量值明显偏离被测量的真值,在数据处理时,应首先检验,并将含有粗大误差的数据剔除。

应当指出,系统误差是测量过程中某一突出因素变化所引起的,随机误差是测量过程中多种因素微小变化综合引起的,两者不存在绝对的界限,变化的系统误差数值较小时与随机误差的界限不明显。随机误差和系统误差有时可以相互转化。

(3)误差的表示形式

1)绝对误差

用绝对大小给出的误差定义为绝对误差。用式子表示为

$$\text{绝对误差}\ \delta = \text{测量值}\ x - \text{真值}\ x_0 \tag{1.2}$$

绝对误差是带有单位的数,可正可负。绝对误差反映测量值偏离真值的大小与方向。

2)相对误差

绝对误差与被测量真值的比值称为相对误差 E。用式子表示为

$$\text{相对误差}\ E = \text{绝对误差} / \text{真值} \tag{1.3}$$

由于一般情况下真值未知,通常用测量值代替真值。相对误差是无量纲数,通常用"%"表示。相对误差可以反映测量的精度高低。

例 1.1 测量两个长度量,测量值分别为 $L_1 = 100.0$ mm,$L_2 = 80.0$ mm,其测量误差分别为 $\delta_1 = 0.8$ mm,$\delta_2 = 0.7$ mm。试比较两个测量结果精度的高低。

解:$E_1 = \dfrac{\delta_1}{L_1} \times 100\% = \dfrac{0.8}{100.0} \times 100\% = 0.8\%$

$E_2 = \dfrac{\delta_2}{L_2} \times 100\% = \dfrac{0.7}{80.0} \times 100\% = 0.9\%$

从绝对误差的角度看,第一个量测量值的误差大于第二个量的误差;但从相对误差的角度来看,第一个量的测量精度却高于第二个量。

3)引用误差(fiducial error)

引用误差定义为绝对误差与测量范围上限(或量程)的比值,即

$$\text{引用误差} = \text{绝对误差} / \text{测量范围上限} \tag{1.4}$$

引用误差通常用"%"表示,主要用于仪器误差的表示,实际是一种简化和使用方便的仪器仪表的相对误差。仪表量程或测量范围内各点的引用误差一般不相同,其中最大的引用误差称为引用误差限,去掉引用误差的正负号及"%"后,称为仪器的准确度等级。电工仪表的准确度等级分别规定为 0.05、0.1、0.2、0.3、0.5、1.0、1.5、2.0、2.5、3.0 和 5.0 等 11 级。

例 1.2　检定 2.5 级，上限为 100 V 的电压表，发现 50 V 分度点的示值误差为 2 V，并且比其他各点的误差大，试问该电表的最大引用误差为多少？该表是否合格？

解：由引用误差定义可知，该表的最大引用误差为 $\frac{2\ \text{V}}{100\ \text{V}}=2\%$。根据准确度等级的含义，$2\%<2.5\%$，显然该电表合格。

1.1.3　精度

精度又称为精确度，用来描述测量结果与真值的接近程度。它是一个定性的概念，不能用数值大小来表示，只能讲高低。主要分为以下几种。

1）精密度

精密度用来描述测量结果中随机误差的大小程度，即在一定条件下，进行多次重复测量时，各测量值之间的接近程度。精密度反映随机误差大小的程度。

2）正确度

正确度用来描述测量结果与真值的偏离程度，它反映系统误差的大小程度。

3）准确度（精确度）

准确度反映系统误差与随机误差综合大小程度。准确度高说明测量结果既精密又正确。

通过图 1.1 打靶弹着点的分布图，可以形象地说明上述三个概念。图中 1.1（a）表示精密度高，正确度低；图 1.1（b）表示正确度高，精密度低；图 1.1（c）表示正确度与精密度都高，即准确度高，或精确度高。

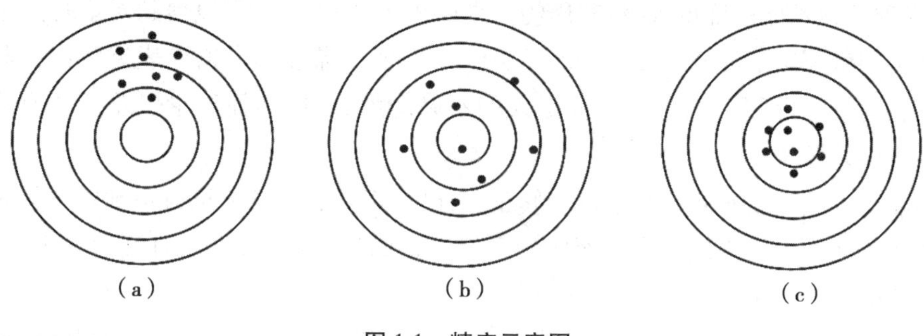

图 1.1　精度示意图

1.2　测量不确定度

由于真值的未知性，使得测量误差的大小与正负难以确定。因此，在对测量结果的质量进行定量评定时，往往只是给出误差以一定的概率出现的范围。而这个用来定量评定测量结果质量的参数，即为测量不确定度。

1.2.1　测量不确定度的概念

测量不确定度是表征合理赋予被测量值分散性的一个参数。

测量不确定度可以用标准差表示，称为标准不确定度，用符号 u 表示。如果是几个不确定度的合成，称为合成标准不确定度，用符号 u_c 表示。有时也可以将合成标准不确定度乘以某一倍数，即置信（包含）因子 k，这时称为扩展不确定度，用符号 U 表示。

测量不确定度与测量结果相联系，完整的测量结果表达中，应包括测量不确定度。例如，某一被测量 x 最佳估计值为$\bar{x}$，测量的标准不确定度为 u，则结果表示为 $x=\bar{x}\pm u$。

测量不确定度有绝对不确定度和相对不确定度两种表示形式。

误差与不确定度是两个不同的概念，不应混淆。误差是客观存在的测量结果与真值之差，是一个确定的值。但由于真值往往无法知道，因此误差一般不能准确得到。而测量不确定度是说明测量值分散性的参数，可由分析和评定得到，与人们的认识程度有关。一个测量结果可能误差很小，但由于认识不足，评定得到的不确定度可能较大；相反，可能测量结果误差较大，由于认识或分析不足，给出的不确定度却较小。测量误差与不确定度的区别可归纳为以下几方面：

①测量不确定度是一个无正负的参数，用标准差或标准差的倍数表示。而测量误差则可正可负，其值为测量结果减去被测量的真值。

②测量不确定度表示测量值的分散性。误差表示测量结果偏离真值的大小及方向。

③测量不确定度受人们对被测量、影响量及测量过程的认识程度影响。而测量误差是客观存在的，不以人的认识程度而改变。

④测量不确定度可根据实验、资料、经验等信息进行评定，可以定量确定。由于真值未知，测量误差往往不能准确得到，只有用约定真值代替真值时，才可以得到误差的估计值。

⑤评定测量不确定度各分量时一般不必区分其性质，需要区分时应表述为："由随机效应引入的不确定度分量"和"由系统效应引入的不确定度分量"。而测量误差按性质分为随机误差与系统误差两类。

⑥不能用不确定度对测量结果进行修正，对已修正的测量结果进行不确定度评定时应考虑修正不完善而引入的不确定度。而已知系统误差的估计值时，可以对测量结果进行修正，得到已修正的测量结果。

误差与测量不确定度，既有区别又有联系。误差理论是估算不确定度的基础，不确定度是误差理论的补充。

1.2.2 测量不确定度的来源

测量过程中影响不确定度的因素比较多，主要可以归纳为以下几方面：

①被测量的定义不完善及取样代表性不够所引起的测量不确定度。被测量在不同条件下的值是不一样的，在定义它时，必须考虑到具体的环境条件，否则会引起由于定义不完整带来的不确定度。例如，定义被测量是一根标称值为 1 m 的钢棒的长度，就属于被测量的定义不完整。因为被测钢棒的长度在测量精度要求比较高时，受温度和压力的影响比较明显，而这些条件没有在定义中说明。完整的定义应为：标称值为 1 m 的钢棒在 20.0 ℃和为 97.453 kPa 时的长度。另外，由于测量方法和仪器设备的限制，往往只能取待测材料的一部分作为样品

进行测量,如果待测材料的均匀性不好,则所取样品的代表性可能不够,由此会引起测量不确定度。例如,测量一批铜棒的线电阻率时,铜棒的粗细不均匀,或材料的成分不均匀,因此,所取出的一段样品代表性可能不够。

②实现被测量定义的方法不理想。按照被测量定义的要求,实际测量中某些条件达不到,只能采用近似或假定,这时必然会引起不确定度。例如,上述长度测量中,由于温度和压力达不到定义中的要求,就会引起不确定度。再如,被测量表达式的近似程度,电测量中由于测量系统不完善引起的绝缘漏电、引线电阻上的压降等,均会引起不确定度。

③测量仪器计量性能的局限性。测量中使用的仪器,由于其灵敏度、鉴别力、分辨力及稳定性等方面的局限性,测量过程中都会引起不确定度。

④作为计量标准的值不准确或引用的数据和参量不准确。通常测量是将被测量与测量标准的给定值相比较来实现的。因此,作为测量标准的不确定度必然引入测量结果。另外,测量中还常常要引用一些数据或参量,这些数据或参量的不确定度也会影响结果。例如,用天平称质量,测量结果的不确定度包含有标准砝码的不确定度;再如,确定某一温度下热敏电阻的阻值,可以应用已知的温度系数α_t,该引用值的不确定度会对结果产生影响。

⑤被测量在表面上完全相同的条件下重复测量中的变化。实际工作中有时会发现,无论如何控制环境条件或其他可能的影响因素,测量结果总有一定的分散性,这种现象是客观存在的,是由一些随机效应引起的。

⑥环境条件对不确定度的影响。测量过程中,由于对环境影响的认识不全面,或对环境条件的测量与控制不好,会引入一定的不确定度。例如,钢棒长度测量中,不仅温度和压力会影响长度,还有一些其他因素被忽略,如湿度、支撑方式等都有明显影响。如果认识不足,测量中没有采取措施,就会引起不确定度。

⑦测量人员的人为因素。对非数字显示的仪器,由于观测者观测位置、个人习惯的不同及生理因素差别等原因,可能同一状态下的数值会得到不同的读数,这些差异也将产生不确定度。

1.2.3 测量不确定度的分类

由上述归纳可知,测量不确定度的来源较多,因而测量不确定度是由许多分量组成的。而评定各分量值的方法各不相同,按评定方法一般可将其分为两大类:

1)A 类分量

用统计方法评定的不确定度称为不确定度 A 类分量,用 u_A 表示。

2)B 类分量

用非统计方法评定的不确定度称为不确定度 B 类分量,用 u_B 表示。

不确定度的分类是按评定方法进行的。它们都基于概率分布,都用方差或标准差表征,称为标准不确定度。其中,不确定度 A 类分量由观测列概率分布导出的概率密度函数得到;不确定度 B 类分量由一个认定的或假定的概率分布函数得到。不确定度的分类方法与误差分类相比,避免了由于误差之间界限不绝对,在判断和计算时不易掌握的缺点。评定不确定度时,不考虑影响不确定度因素的来源与性质,只考虑评定方法,从而简化了分类,便于评定与计算。

1.3 误差的处理

1.3.1 随机误差的处理

(1)随机误差的分布及其数字特征

1)正态分布及特点

尽管单次测量时随机误差的大小与正负是不确定的,但对多次测量来说却服从一定的统计规律。随机误差的统计分布规律有很多,正态分布是最常见的分布之一。

服从正态分布的随机误差的概率密度函数为

$$f(\delta)=\frac{1}{\sigma\sqrt{2\pi}}\mathrm{e}^{-\frac{\delta^2}{2\sigma^2}} \tag{1.5a}$$

或

$$f(x)=\frac{1}{\sigma\sqrt{2\pi}}\mathrm{e}^{-\frac{(x-x_0)^2}{2\sigma^2}} \tag{1.5b}$$

式中,x 为测量值;x_0 为真值;δ 为误差;f 表示在 δ(或 x)附近单位区间内,被测量误差(或测量值)出现的概率。分布曲线如图 1.2 所示。

由图 1.2 可以看出,正态分布的随机误差具有以下特点:

①单峰性:绝对值小的误差比绝对值大的误差出现的机会多;

②对称性(抵偿性):大小相同,符号相反的误差出现的机会相同;

③有界性:非常大的正误差或负误差出现的可能性几乎为零。

2)数字特征

数学期望与方差是定量描述统计规律分布的两个重要参数。

根据式(1.5a)或式(1.5b),满足正态分布的随机变量 δ 或 x,其数学期望为

$$E(\delta)=\int_{-\infty}^{+\infty}\delta f(\delta)\,\mathrm{d}\delta=0 \tag{1.6a}$$

或

$$E(x)=\int_{-\infty}^{+\infty}x f(x)\,\mathrm{d}x=x_0 \tag{1.6b}$$

上式说明,对于无限次测量,测量值的数学期望等于真值,或误差的数学期望等于零,即随机误差具有抵偿性。

根据式(1.5a)或式(1.5b),满足正态分布的随机变量 δ 或 x,方差 D 及标准差 σ 为

$$D(\delta)=\int_{-\infty}^{+\infty}\delta^2 f(\delta)\,\mathrm{d}\delta=\sigma^2 \tag{1.7a}$$

或

$$D(x)=\int_{-\infty}^{+\infty}(x-x_0)^2 f(x)\,\mathrm{d}x=\sigma^2 \tag{1.7b}$$

标准差

$$\sigma=\sqrt{D(x)} \tag{1.8}$$

方差与标准差反映测量值与真值的偏离程度,或各测量值之间的离散程度。标准差或方差越小,离散程度越小,测量的精密度高;反之,离散程度越大。如图 1.3 所示。

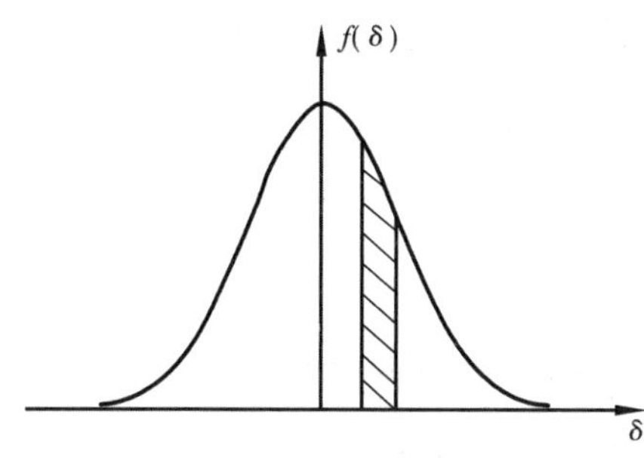

图 1.2　正态分布曲线

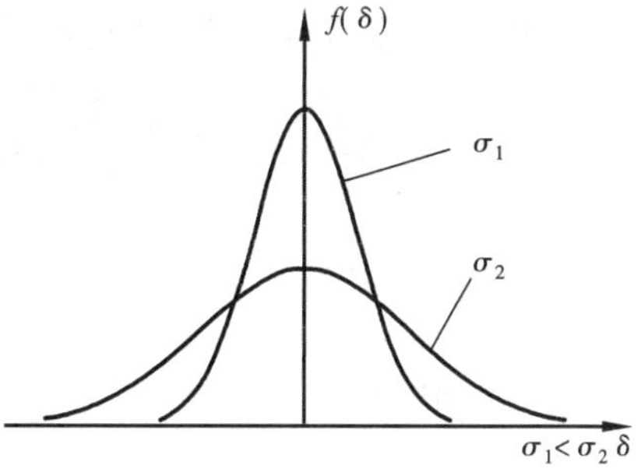

图 1.3　σ 对曲线的影响

标准差 σ 的物理意义也可以从下面这一角度理解:

根据概率密度函数的含义,误差出现在$[\delta,\delta+\mathrm{d}\delta]$范围内的概率为 $f(\delta)\mathrm{d}\delta$,则误差出现在区间$[-\sigma,\sigma]$内的概率为

$$P=\int_{-\sigma}^{\sigma}f(\delta)\,\mathrm{d}\delta=68.3\% \tag{1.9}$$

上式表示,在一组测量数据中,有 68.3%的数据测量误差落在区间$[-\sigma,\sigma]$内。也可以认为,任一测量数据的误差落在区间$[-\sigma,\sigma]$内的概率为 68.3%。把 P 称为置信概率,而$[-\sigma,\sigma]$为 68.3%的置信概率所对应的置信区间。

更广泛地,置信区间可由$[-k\sigma,k\sigma]$表示,k 称为包含因子(或置信因子),可根据需要选取不同大小的值。例如,除了上述 $k=1$ 的情况,还经常取 $k=2$ 或 3,这时的置信区间分别为$[-2\sigma,2\sigma]$和$[-3\sigma,3\sigma]$,对应的置信概率为 95.5%和 99.7%。

可以看出,如果置信区间为$[-3\sigma,3\sigma]$,则测量误差超出该区间的概率很小,只有 0.3%,即进行 1 000 次测量,只有 3 次测量误差可能超出$[-3\sigma,3\sigma]$。对于有限次测量(次数少于 20 次),超出该区间的误差可以认为不会出现,因此常将$\pm3\sigma$ 称为极限误差。

(2)算术平均值与标准偏差

对真值为 x_0 的某一量 x 做等精度测量,得到一测量列 $x_1\sim x_n$,则该测量列的算术平均值为

$$\bar{x}=\frac{\sum_{i=1}^{n}x_i}{n} \tag{1.10}$$

若测量数据中无系统误差和粗大误差存在,由正态分布随机误差的对称性特点和数学期望、标准差含义可知,在测量次数 $n\to\infty$时,有算术平均值

$$\bar{x}=\lim_{n\to\infty}\frac{\sum_{i=1}^{n}x_i}{n}=x_0 \tag{1.11}$$

测量列标准差

$$\sigma = \lim_{n \to \infty} \sqrt{\frac{\sum_{i=1}^{n} (x_i - x_0)^2}{n}} \tag{1.12}$$

在实际测量中,测量次数总是有限的,且真值不可知。因此,对于等精度测量列,可以用算术平均值作为真值的最佳估计值。而测量列标准差也需通过估计获得。估计标准差的方法很多,最常用的是贝塞尔法,即子样标准差。其公式为

$$S = \sqrt{\frac{\sum_{i=1}^{n} (x_i - \bar{x})^2}{n - 1}} = \sqrt{\frac{\sum_{i=1}^{n} v_i^2}{n - 1}} \tag{1.13}$$

式中,$v_i = x_i - \bar{x}$ 称为残差。

由于算术平均值也是一个随机变量,进行多组等精度重复测量时得到的算术平均值具有离散性。描述该离散性的参数是算术平均值的标准差,由误差理论可以证明,算术平均值标准差与测量列(或单次测量)标准差之间的关系为

$$\sigma_{\bar{x}} = \frac{\sigma}{\sqrt{n}} \tag{1.14}$$

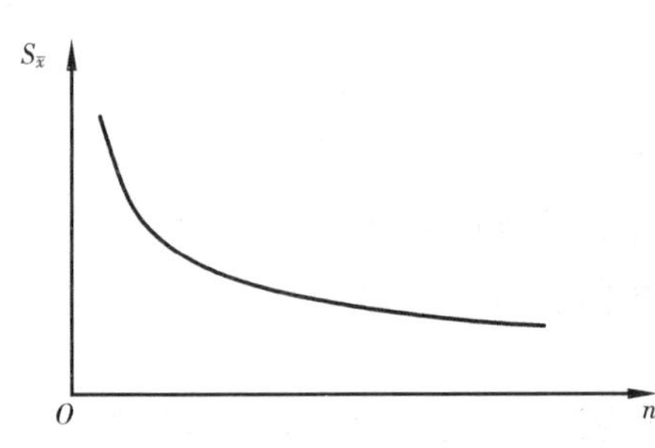

图 1.4　测量次数对 $S_{\bar{x}}$ 的影响

由式(1.14)可看出,平均值的标准差比单次测量的标准差小。随着测量次数的增加,平均值的标准差越来越小,测量精密度越来越高。但当测量次数 $n>10$ 以后,次数对平均值标准差的降低效果很小,如图 1.4 所示。所以,不能单纯通过增加次数来提高测量精度。在科学研究中测量次数一般取 10~20 次,而在大学物理实验中一般取 5~10 次。

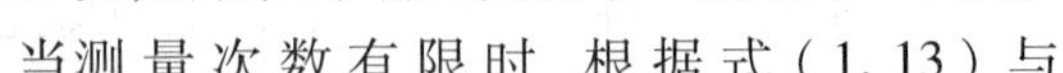

当测量次数有限时,根据式(1.13)与式(1.14),算术平均值的标准差可由下式进行估计

$$S_{\bar{x}} = \sqrt{\frac{\sum_{i=1}^{n} (x_i - \bar{x})^2}{n(n - 1)}} = \sqrt{\frac{\sum_{i=1}^{n} v_i^2}{n(n - 1)}} \tag{1.15}$$

本书中采用式(1.15)来计算直接测量量的标准差。

1.3.2　系统误差的处理

任何测量误差均由随机误差和系统误差两部分组成。因此,为了提高测量精度,在减少随机误差的同时,还应考虑系统误差的处理。研究系统误差的重要性主要体现在以下几个方面:

①随机误差的基本处理方法是统计方法,它的基本前提是完全排除了系统误差的影响,认为误差的出现纯粹是随机的。因此,实际测量中,必须设法最大限度地消除系统误差的影响,否则,随机误差的研究方法及由此而得出的精度评定就失去了意义。

②系统误差与随机误差不同,尽管有确定的变化规律,但往往隐藏于测量数据中,不易被发现。又因系统误差往往各自服从自己独特的规律,在处理时,没有一种通用的处理方法,只能具体情况具体分析。处理方法是否得当,很大程度上取决于测量者的经验、知识和技巧。所以,系统误差虽然有规律,但处理起来要比随机误差困难得多,必须认真研究。

③对于系统误差的研究,可以发现一些新事物。例如,惰性气体是通过对不同方法获取的实验数据进行误差分析而发现的。

(1)系统误差的发现

系统误差并不能通过多次测量来消除。因此,发现系统误差对后续的处理是至关重要的。发现系统误差的常用方法有以下几种:

1)理论分析法

包括分析实验所依据的理论和实验方法是否完善;仪器的工作状态是否正常,要求的使用条件是否得到满足;实验人员在实验过程中是否有产生系统误差的心理和生理因素等。

2)对比测量法

通过改变实验方法、测量方法、实验条件(如仪器、人员、参数等)等手段,对测量数据进行比较,对比研究数据之间的符合性,从而发现系统误差。

3)数据观察与分析法

在无其他误差存在的情况下,随机误差是服从统计规律的,如果测量结果不符合预想的统计规律,则可怀疑存在系统误差。对于一测量列,可采用列表或作图的方法,观察残差随测量顺序的变化规律,如有明确的变化规律(如线性、周期性等),则可判断存在系统误差,否则,无理由怀疑存在系统误差。另外,也可以采用按统计规律建立的方法进行判断,如残差校核法(又称马利科夫准则)、阿贝-赫梅特准则等。

(2)系统误差的处理

1)从产生误差根源上消除

测量之前,先对所采用的原理和方法及仪器环境等做全面的检查和分析,确定有无明显能产生系统误差的因素,并采取相应措施,不让系统误差在实验过程中出现。例如,为了防止系统误差产生,对仪器设备的工作状态进行调节、使用合理的测量方法和计算方法、在稳定的环境条件下进行测量等。

2)实验过程中采取相应措施消除

对难以避免的系统误差,有时测量过程中也可以采用一些专门的测量技术或方法使其减小或消除。常用的方法有以下四种:

①替代法

在一定条件下,对某一被测量进行测量后,不改变测量条件,再以一个标准量代替被测量,并使仪器呈现与以前相同的状态,此时的标准量即等于被测量值。这样就消除了除标准量本身的定值系统误差以外的其他系统误差。例如,用替代法测量电阻。

②异号法

改变测量中的某些条件(例如改变测试部件左右移动的方向、变换接线端上的接线、改变导线中电流方向等),保证其他条件不变,使两次测量结果中的系统误差的符号相反,通过求取平均值,可以消除系统误差。例如,灵敏电流计(光点反射式)测电流时,改变流经电流计的电流方向,使指针左右偏转,求平均可以消除起始零点不准引入的系统误差;拉伸法测量杨氏模量实验中,采用加减砝码的方法,记录不同拉力时的两组读数,最后对同一拉力的两个读数求平均,可以消除钢丝形变滞后效应引起的系统误差。

③交换法

交换法实质也属于异号法。它是将测量中的某个条件(如被测对象的位置等)相互交换,使产生的系统误差相互抵消。例如,用天平称量物体质量时,可将待测物与砝码交换位置,以消除天平不等臂所产生的系统误差。滑线电桥测量电阻时,可以交换被测电阻和标准电阻的位置,以消除接触电阻产生的系统误差。

④差值法

差值法是通过改变实验参数(如自变量)进行测量,并对测量数据求差值来获取未知量的方法。这种方法可以消除某些定值系统误差。例如,伏安法测量电阻实验中,改变电压读取电流值,通过差值法可以消除电表零位不准带来的系统误差。同样,在差值法基础上发展起来的逐差法,也具有消除系统误差的作用。

3)采用修正方法对结果进行修正

实验后,如果系统误差可以通过实验或计算得到其符号和大小,那么在实验结果中可以引入修正值加以消除。例如,对仪器、标准件等事先做检定,可以得到修正曲线或修正值,然后修正实验结果;某些量具或仪表的零点误差的修正等。

上述只是给出了部分针对定值系统误差的处理方法,如果系统误差是变化的,可根据系统误差的变化规律,采用合理的方法进行处理。例如,测量中还可用"对称测量法"消除线性变化的系统误差;用"半周期偶次测量法"可以消除周期性变化的系统误差等。实际测量过程中,由于系统误差的复杂性,处理系统误差的方法与措施是多种多样的,这在很大程度上取决于实验人员的经验和知识水平。对于未定系统误差,一般无法修正或消除,这时可估计出误差限,在结果中予以表示。

1.3.3 粗大误差的处理

含有粗大误差的测量值(称为异常值或坏值)必然导致测量结果的失真,从而使测量结果失去可靠性和使用价值,数据处理时应设法从测量数据中剔除;另一方面,测量数据含有随机误差和系统误差是正常现象,通常测量值具有一定程度的分散性,因此不能随意地将少数看起来误差较大的测量值作为异常值剔除,否则,所得结果是虚假的。因此,建立一些法则来判断实验数据的合理性是必要的,通常粗大误差的判别方法分为以下两种。

1)物理判别法

在测量过程中,及时分析和研究测量的各环节,若发现某数据明显不符合物理规律,找出造成粗大误差的原因,并将含有粗大误差的数据及时剔除。这种通过直观分析、研究各测量环节来消除异常值的方法称为物理判别法。比如:单摆实验中,可由所测数据大致估计出每摆动一次所用时间,如果几次测量的时间中,有一个与其他值的差大于摆动一次所用的时间,这就意味着把摆动次数数错了,这个数据应剔除。

2)统计判别法

对于不明显的粗大误差,在测量中难以发觉,可在测量结束后,对所有的测量数据用统计的方法进行判别检验。

统计判别法的基本思想是:在无系统误差的前提下,根据随机误差的统计规律,建立一个统计量,给定置信概率(或显著水平),确定出该统计量的界限,凡是超过这个界限的误差,就认为不属于随机误差范畴,而是粗大误差,相应的测量值为异常值,应剔除。如此反复,直至没有异常值。例如,莱以达准则中,对测量次数超过 10 的一测量列 $x_1, x_2, \cdots, x_n$,以极限误差 $\pm 3\sigma$ 作为判断标准,并根据公式(1.13)计算出它的估计值 $\pm 3S$。按照正态分布随机误差的特点,在有限次测量中,超出该极限误差的数据不会出现,如果出现则视为坏值,因此可以检验每一个测量值的残差,若 $|x_i - \bar{x}| > 3S$,则可以确定 x_i 为坏值予以剔除。对剔除坏值后的测量列数据再重复进行判断,直到无坏值为止。除此之外,肖维勒准则、格拉布斯准则等,也都是常用的判别粗大误差的方法,在此不做详细介绍。

需要注意,若应用统计判别法判断出的异常值过多,应对样本的代表性进行检验,确认假设的统计分布规律是否合理,所采用的方法条件是否满足。

1.3.4　仪器误差

(1)仪器的极限误差

仪器误差属于未定系统误差,它是由多种因素引起的,规律比较复杂,一般只给出最大允许误差的估计值,这个估计值即为仪器的极限误差,用 $\Delta_{仪}$ 表示。仪器的极限误差,一般由计量部门检定,具体数值可通过仪器说明书或标牌指示计算得到。有些仪器的极限误差或准确度等级无明确标示,这时,如果是数字式仪表,则可取末位数 1 个单位为极限误差,如果是通过刻度读数的仪器,可以取最小分度的一半作为极限误差。

(2)仪器误差的分布

与随机误差相同,由于影响因素的多种多样,仪器误差也存在不同的分布。但如果仪器的精度不高,一般情况下,仪器误差的分布近似服从均匀分布,即在 $[-\Delta_{仪}, \Delta_{仪}]$ 范围内,各种误差出现的概率相同,区间外出现的概率为零。服从均匀分布误差的概率密度函数为

$$f(\Delta) = \begin{cases} \dfrac{1}{2\Delta_{仪}} & |\Delta| \leqslant \Delta_{仪} \\ 0 & |\Delta| > \Delta_{仪} \end{cases} \tag{1.16}$$

图 1.5 给出均匀分布的曲线。

可以推导,均匀分布的数学期望、方差和标准差为

数学期望　　$$E(\Delta) = 0 \tag{1.17}$$

方差　　$$D(\Delta) = \frac{\Delta_{仪}^2}{3} \tag{1.18}$$

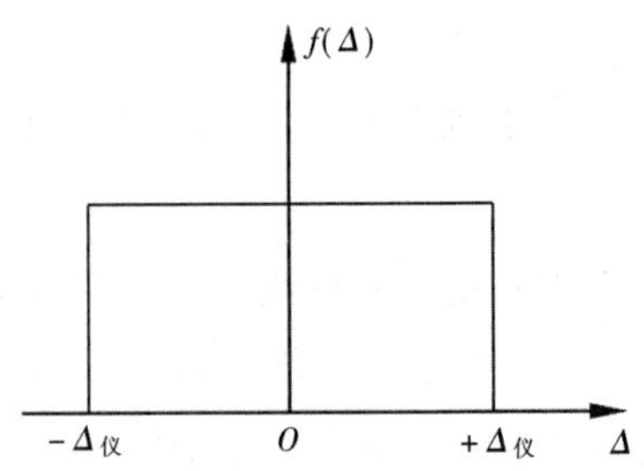

图 1.5　均匀分布曲线

标准差

$$\sigma = \sqrt{D(\Delta)} = \frac{\Delta_{仪}}{\sqrt{3}} \tag{1.19}$$

1.4　直接测量的数据处理

对某一量 x 做等精度直接测量,得到一测量列 $x_1, x_2, \cdots, x_n$,经判断无已定系统误差和粗大误差后,对该直接测量量的处理主要包括以下几方面。

1.4.1　最佳估计值

根据前面的讨论,算术平均值

$$\bar{x} = \frac{\sum_{i=1}^{n} x_i}{n} \tag{1.20}$$

可以作为直接测量量的最佳估计值。

1.4.2　不确定度评定

(1) A 类评定

直接测量量的不确定度 A 类分量用算术平均值的标准差估计公式计算,即

$$u_{\mathrm{A}} = S_{\bar{x}} = \sqrt{\frac{\sum_{i=1}^{n} (x_i - \bar{x})^2}{n(n-1)}} = \sqrt{\frac{\sum_{i=1}^{n} v_i^2}{n(n-1)}} \tag{1.21}$$

(2) B 类评定

本书只考虑仪器误差的影响,不确定度 B 类分量为

$$u_{\mathrm{B}} = \sigma_{仪} = \frac{\Delta_{仪}}{\sqrt{3}} \tag{1.22}$$

(3) 合成不确定度

假设不确定度各分量之间相互独立,则合成不确定度为

$$u_{\mathrm{c}} = \sqrt{u_{\mathrm{A}}^2 + u_{\mathrm{B}}^2} \tag{1.23}$$

根据需要,有时将合成标准不确定度乘以某一倍数,得到扩展不确定度为

$$U = ku_c \tag{1.24}$$

式中,k 为包含因子,它在确定的分布下与某个置信概率相对应,因此,在结果表示时应注明置信概率。一般精度要求不高时,可近似按正态分布处理,k 取 2~3。

1.4.3　测量结果的表示

在得到测量值和合成标准不确定度后,测量结果通常写为

$$x = \bar{x} \pm u_c (P = 68.3\%) \tag{1.25}$$

相对不确定度为

$$E = \frac{u_c}{\bar{x}} (\text{或} \times 100\%) \tag{1.26}$$

如果用扩展不确定度表示,则测量结果为

$$x = \bar{x} \pm U(P = m\%) \tag{1.27}$$

m 的大小由 k 的大小决定。

书写测量结果时应注意:

1)合成标准不确定度或扩展不确定度有效数字的取位

一般情况有效数字取 1~2 位,大学物理实验阶段,要求测量结果的不确定度有效数字取 1 位,为减小计算误差,中间过程的不确定度各分量有效数字可以多保留 1 位。相对不确定度的有效数字取 2 位。

按照这些约定对不确定度进行修约时,修约规则执行"1/3"原则,即如果要取舍的数字大于有效数字末位的 1/3 单位时,进位;否则,舍去。例如,不确定度计算数据为 0.023 4,有效数字取 1 位时,应为 0.03;若为 0.023 2,则应为 0.02。

2)测量结果有效数字的取位

测量结果有效数字的最后一位应与不确定度的末位对齐。测量结果有效数字取位时,应遵循"1/2"的修约规则,详见 1.6 节内容。例如,对某长度量测量算术平均值为 2.543 1 cm,不确定度为 0.032 4 cm,结果表示为

$$L = (2.54 \pm 0.03)\,\text{cm} \tag{1.28}$$

1.4.4　直接测量数据处理步骤及举例

(1)数据处理步骤

根据 1.3 及 1.4 节的主要内容,对直接测量列 $x_1, x_2, \cdots, x_n$ 进行处理的步骤可归纳为:

①判断测量数据中有无已定系统误差,并消除或尽量减小其影响。

②检验数据的合理性,发现含有粗大误差的测量数据后,将该数据剔除,再将剩余数据进行判别,直到没有粗大误差为止(大学物理实验阶段主要在实验过程中进行判断,用统计法对数据的判断不做要求)。

③对经过检验无已定系统误差和粗大误差的数据,由式(1.20)求算术平均值作为测量结果的最佳值。

④求残差 $v_i=x_i-\bar{x}(i=1,2,\cdots,n)$,并由式(1.21)计算出算术平均值的标准差 $S_{\bar{x}}$ 作为不确定度 A 类分量 u_A。

⑤根据仪器误差 $\Delta_{仪}$,由式(1.22)计算不确定度 B 类分量 u_B。

⑥由式(1.23)、式(1.26)求合成标准不确定度 u_c、相对不确定度 E,必要时按式(1.24)求出扩展不确定度 U。

⑦结果表示

$$x = \bar{x} \pm u_c (P = 68.3\%)$$

$$E = \frac{u_c}{\bar{x}}(\text{或} \times 100\%)$$

(2)数据处理举例

例 1.3 用 0~25 mm 的一级螺旋测微计测钢球的直径 6 次,测量数据为

$$D'(\text{mm}):3.115,3.122,3.119,3.117,3.120,3.118$$

若螺旋测微计的零点读数为-0.006 mm(即测量端对齐时,零刻度线在准线以上),测量数据中不存在粗大误差,求测量结果。

解:①由于螺旋测微计的零点不准,存在定值系统误差,按 $D=(D'+0.006)$ mm 进行修正,得

$$D(\text{mm}):3.121,3.128,3.125,3.123,3.126,3.124$$

注:也可先求算术平均值,再进行修正。

②修正后直径的算术平均值 $\bar{D}=3.124\ 5$ mm

注:为防止计算误差过大,多取 1 位有效数字。

③求不确定度 A 类分量

$$u_A = S_{\bar{D}} = \sqrt{\frac{\sum_{i=1}^{6}(D_i - \bar{D})^2}{n(n-1)}} = 0.000\ 99 \text{ mm}$$

④求不确定度 B 类分量

按国家计量标准,测量范围为 0~25 mm 的一级螺旋测微计的仪器极限误差 $\Delta_{仪}=0.004$ mm,故

$$u_B = \frac{\Delta_{仪}}{\sqrt{3}} = 0.002\ 3 \text{ mm}$$

⑤求合成标准不确定度

$$u_c = \sqrt{u_A^2 + u_B^2} = \sqrt{S_{\bar{D}}^2 + \left(\frac{\Delta_{仪}}{\sqrt{3}}\right)^2} = 0.003 \text{ mm}$$

⑥结果表示为

$$\begin{cases} D = (3.124 \pm 0.003)\,\text{mm} \qquad (P = 68.3\%) \\ E = \dfrac{0.003}{3.124} \times 100\% = 0.096\% = 0.1\% \end{cases}$$

1.5　间接测量的数据处理

设间接测量量 y 与直接测量量 $x_1, x_2, \cdots, x_k$ 的函数关系为

$$y = f(x_1, x_2, \cdots, x_k) \tag{1.29}$$

各直接测量量按 1.4 节步骤处理后的结果为

$$\begin{aligned} x_1 &= \bar{x}_1 \pm u_1 \\ x_2 &= \bar{x}_2 \pm u_2 \\ &\vdots \\ x_k &= \bar{x}_k \pm u_k \end{aligned} \tag{1.30}$$

1.5.1　间接测量量的最佳值

间接测量量的最佳值为

$$\bar{y} = f(\bar{x}_1, \bar{x}_2, \cdots, \bar{x}_k) \tag{1.31}$$

1.5.2　间接测量量不确定度合成

由于间接测量量 y 与 k 个直接测量量有关，因此，间接测量量的不确定度由各直接测量量的不确定度决定。如果各直接测量量之间是相互独立的，由统计理论可推出

$$u_c(y) = \sqrt{\left(\frac{\partial f}{\partial x_1}u_1\right)^2 + \left(\frac{\partial f}{\partial x_2}u_2\right)^2 + \cdots + \left(\frac{\partial f}{\partial x_k}u_k\right)^2} \tag{1.32}$$

$$E = \frac{u_c(y)}{\bar{y}} = \sqrt{\left(\frac{\partial \ln f}{\partial x_1}u_1\right)^2 + \left(\frac{\partial \ln f}{\partial x_2}u_2\right)^2 + \cdots + \left(\frac{\partial \ln f}{\partial x_k}u_k\right)^2} \tag{1.33}$$

式中，$\dfrac{\partial f}{\partial x_i}$及$\dfrac{\partial \ln f}{\partial x_i}(i=1,2,\cdots,k)$称为传播系数。

对于加减运算的函数，先用式(1.32)求不确定度 u_c，再用$\dfrac{u_c}{y}$求相对不确定度 E 比较简单；而对乘除运算的函数，先用式(1.33)求相对不确定度 E，再用 $E \cdot \bar{y}$ 求不确定度 $u_c(y)$ 比较简单。

1.5.3　间接测量数据处理步骤及举例

(1)数据处理步骤

①按直接测量数据处理步骤,求出各直接测量量的测量结果 $\bar{x}_1,\bar{x}_2,\cdots,\bar{x}_k$ 和不确定度 $u_1,u_2,\cdots,u_k$;

②式(1.31)求间接测量量的最佳估计值 $\bar{y}$;

③用不确定度计算式(1.32)和式(1.33),分别求出 y 的不确定度 u_c 和相对不确定度 E;

④结果表示

$$\begin{cases} y=(\bar{y}\pm u_c) \\ E=\dfrac{u_c}{\bar{y}}(\text{或}\times 100\%) \end{cases} \qquad (P=68.3\%)$$

(2)数据处理举例

例 1.4　用一 0~25 mm 的一级螺旋测微计测圆柱体的直径,50 分度的游标卡尺测圆柱体高度各 6 次,测量数据见表1.1。

表 1.1　圆柱体直径和高度的测量数据

测量次数	1	2	3	4	5	6
直径 d/mm	6.075	6.087	6.091	6.060	6.085	6.080
高度 h/mm	10.10	10.12	10.10	10.10	10.12	10.08

若测量数据无已定系统误差和粗大误差,试求该圆柱体的体积。

解:显然,体积 V 为间接测量量,直径 d 与高度 h 为直接测量量,故应按间接测量数据处理方法来求测量结果。

1)直径 d 的处理

①最佳值 $\bar{d}$

$$\bar{d}=\frac{\sum_{i=1}^{6} d_i}{6}=6.079\ 7\ \text{mm}$$

②不确定度 u_d

A 类分量

$$u_A(d)=S_{\bar{d}}=\sqrt{\frac{\sum_{i=1}^{6}(d_i-\bar{d})^2}{6(6-1)}}=0.004\ 5\ \text{mm}$$

按技术规程,所用螺旋测微计的极限误差 $\Delta_{\text{仪}}=0.004$ mm,则

B 类分量

$$u_B(d)=\frac{\Delta_{仪}}{\sqrt{3}}=0.002\ 3\ \text{mm}$$

d 的合成不确定度

$$u_c(d)=\sqrt{u_A^2+u_B^2}=\sqrt{S_{\bar{d}}^2+\left(\frac{\Delta_{仪}}{\sqrt{3}}\right)^2}=0.005\ 1\ \text{mm}$$

注:上述各计算结果的有效数字,都比有效数字运算规则和不确定度取位规则要求的位数多一位,目的是减小后续计算误差,以下类同。

2)高度 h 的处理

①最佳值 $\bar{h}$

$$\bar{h}=\frac{\sum_{i=1}^{6}h_i}{6}=10.103\ \text{mm}$$

②不确定度 u_h

A 类分量

$$u_A(h)=S_{\bar{h}}=\sqrt{\frac{\sum_{i=1}^{6}(h_i-\bar{h})^2}{6(6-1)}}=0.006\ 1\ \text{mm}$$

按技术规程,所用 50 分度的游标卡尺的极限误差 $\Delta_{仪}=0.02$ mm,则

B 类分量

$$u_B(h)=\frac{\Delta_{仪}}{\sqrt{3}}=0.01\ 2\ \text{mm}$$

h 的合成不确定度

$$u_c(h)=\sqrt{u_A^2+u_B^2}=\sqrt{S_{\bar{h}}^2+\left(\frac{\Delta_{仪}}{\sqrt{3}}\right)^2}=0.01\ 3\ \text{mm}$$

3)体积 V 的处理

①最佳值 $\bar{V}$

$$\bar{V}=\frac{1}{4}\pi\bar{d}^2\bar{h}=293.29\ \text{mm}^3$$

②合成不确定度 $u_c(V)$

体积 V 与高度、直径之间的函数为简单乘除关系,所以选用式(1.24)先求相对不确定度 E

$$E=\frac{u_c(\bar{V})}{\bar{y}}=\sqrt{\left(\frac{\partial\ln\bar{V}}{\partial\bar{h}}u_{\bar{h}}\right)^2+\left(\frac{\partial\ln\bar{V}}{\partial\bar{d}}u_{\bar{d}}\right)^2}=\sqrt{\left(\frac{u_h}{\bar{h}}\right)^2+\left(2\frac{u_{\bar{d}}}{\bar{d}}\right)^2}=0.002\ 1=0.21\%$$

体积的合成不确定度

$$u_c(V)=\bar{V}\cdot E=0.6\ \text{mm}^3$$

③最终结果为

$$V=(293.3\ \pm 0.6)\ \text{mm}^3\quad (P=68.3\%)$$
$$E=0.21\%$$

1.6 有效数字及其运算规则

1.6.1 有效数字

有效数字是指能正确表达某物理量数值和精度的一个近似数,由准确数字和可疑数字组成。(如果该数值绝对误差界是最末位数据的半个单位,那么从这个近似数左边第一个非零数字起到最后一位数字止,都叫有效数字。)

为了便于理解,举一例子加以说明。如图 1.6 所示,用最小刻度为 1 mm 的米尺测量一物体的长度,不同的测量者测得结果不同,可能为 2.55 cm,2.56 cm,2.57 cm 等。其中,前两位数是根据米尺的刻度准确读出的,不随观测者变化,是可靠的,称为准确数字,最后一位数是在两个刻度之间估计读出的,随观测者个人情况可能略有不同,显然是不准确的,称为可疑数字。尽管可疑数字不准确,但它能客观、合理地反映出该物体比 2.5 cm 长,比 2.6 cm 短的事实,是有效的。因此,测量结果的有效数字是由若干位准确数字和一位可疑数字组成的。

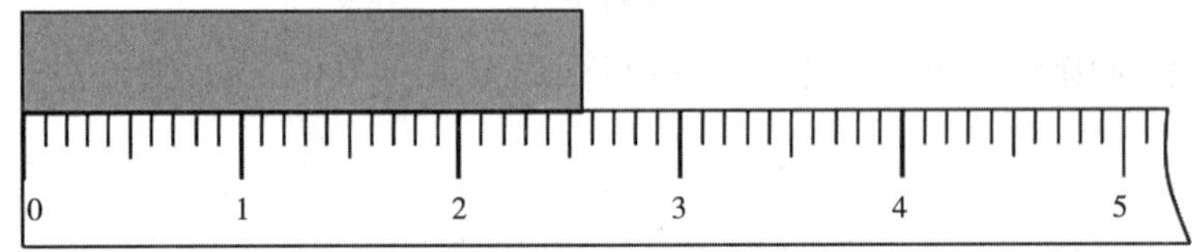

图 1.6 长度测量示意图

学习有效数字应注意以下几个问题:

1)有效数字与测量条件密切相关

从上面测量结果可以看出,测量结果的有效数字位数由测量条件和待测量的大小共同决定。对于大小已定的物理量,测量仪器的精度越高,有效数字位数越多,因此,有效数字可以在某种程度上反映出测量仪器的精度。例如,上述物体的长度,用米尺测量是 3 位有效数字,而采用 1/50 游标卡尺测量,可得 4 位有效数字,用螺旋测微计测量,可得 5 位有效数字;当测量条件一定时,待测量越大,有效数字位数越多。

2)数字"0"在有效数字中的作用

"0"在数据中的位置不同,可能是有效数字,也可能不是有效数字。例如,0.030 20 m 这个数中共有 4 个"0",其中数字"3"前面的两个"0"只用来表示小数点位置,不是有效数字,而其余两个"0"是有效数字,即数字中间和末尾的"0"是有效的。

既然数字末尾的"0"是有效数字,那么就不能在数字的末尾随意加 0 或去掉 0,否则物理意义将发生变化。要注意,一个物理量的测量值和数学上的一个数意义是不同的。数学上,0.030 2 m 与 0.030 20 m 没有区别,但在物理上,0.030 2 m≠0.030 20 m,因为 0.030 20 m 中的

“2”是准确测量出来的，是可靠的，而 0.030 2 m 中的“2”则是可疑数字，是不准确的。

由于数字“3”前面的两个“0”只用来表示小数点位置，不是有效数字，那么数字 0.030 20 m，3.020 cm，30.20 mm 的有效数字都是 4 位。因此，在十进制单位进行换算时，有效数字的位数不应发生变化。例如，3.5 A 的电流值，若用 mA 单位表示，不能写成 3 500 mA，而应采用科学记数法，写成 3.5×10^3 mA。

3）不确定度有效数字的确定

一般情况下，绝对不确定度只取 1 位有效数字，对重要的、比较精密的测量或其他特殊情况，可取 2 位或 2 位以上有效数字，相对不确定度可取 1~2 位。本书如无特殊说明，绝对不确定度取 1 位有效数字，相对不确定度取 2 位有效数字。

4）有效数字的确定

对于直接测量量有效数字的确定，实际上就是如何读数的问题。

由于测量结果的有效数字应是由若干位准确数字和一位可疑数字组成的，因此，从测量仪器上读取数据时应注意完整性，即除了读取整刻度数值外，还应进行整刻度以下的估读。特别是读取的数据数值恰好为整数时，则需在后面补“0”，一直补到可疑位为止。例如，上述物体的末端恰好与刻度 25 mm 对齐时，则测量结果应记为 2.50 cm，而不能写为 2.5 cm。总之，直接测量读数的原则是：应读到仪器产生误差的那一位。

对于间接测量量有效数字的确定，原则上应遵循由不确定度来确定测量量的有效数字，即间接测量量有效数字的末位与不确定度的末位对齐。例如，为得到某一长方形面积 S，直接测量其长度和宽度后，经计算得到 $S=3.850\ 25\ \text{cm}^2$，绝对不确定度 $\sigma_S=0.02\ \text{cm}^2$，则面积 S 的正确结果 $S=3.85\ \text{cm}^2$。但在中间运算过程中，由于参与运算的量可能很多，有效数字的位数可能不一致，使得数据计算显得烦琐和复杂。

1.6.2　有效数字的舍入（修约）规则

当数字位数较多而需要取舍时，应按以下原则：

①舍入部分的数值，如果大于保留部分末位的半个单位，则舍去后末位加 1。

②舍入部分的数值，如果小于保留部分末位的半个单位，则舍去后末位不变。

③舍入部分的数值，如果等于保留部分末位的半个单位，则舍去后末位凑偶，即当末位为奇数时末位加 1，末位为偶数时保持不变。

例 1.5　按照上述舍入规则，将下面各个数据保留四位有效数字。

解：

原有数据	舍入后数据
3.171 52	3.172
5.101 50	5.102
5.102 50	5.102
4.376 501	4.377
4.376 499	4.376
2.717 29	2.717

1.6.3 有效数字的运算规则

为了简化运算过程,同时又不会造成过大的计算误差,一般可采用以下规则进行运算:

①进行加减运算时,应以参与运算各数据中末位数数量级最大的数据为准,其余各数据在中间计算过程中向后可多取一位,最后结果与末位数数量级最大的那一位对齐。例如,$71.3-0.753+6.262+271=71.3-0.8+6.3+271=347.8=348$。

②进行乘除法运算时,应以参与运算各数据中有效数字位数最少的为准,其余数字在中间运算过程中可多取一位有效数字,最后结果的有效数字与有效数字位数最少的那个数相同。例如,$39.5\times4.084\ 37\times0.001\ 3=39.5\times4.08\times0.001\ 3=0.21$。

乘方和开方运算规则与乘除法运算规则相同,即结果的有效数字与被乘方、开方数的有效数字位数相同。例如,$1.40^2=1.96$,$\sqrt{200}=14.1$。

③进行函数运算时,结果有效数字一般可根据间接测量不确定度计算公式进行计算来确定(参见 1.5 节)。对常用的函数,也可按简单规则确定。对数函数运算结果的有效数字中,小数点后面的位数与真数的有效数字位数相同。例如,$\lg\ 1.983=0.297\ 3$;指数函数运算结果的有效数字中,小数点后面的位数与指数中小数点后面的位数相同。例如,$10^{6.25}=1.79\times10^6$。

④间接测量计算过程中,计算公式中还会遇到自然数与常量。例如,球体的面积 S 与半径 R 有关系式 $S=4\pi R^2$。式中,“4”是自然数,π 是常量。自然数不是测量得到的,不存在误差,故有效数字是无穷多位,而不是一位;常量在运算过程中有效数字位数,不能少于参与运算的各数据中有效数字位数最少的那个数据,一般可以多取 1 位。

上述有效数字的运算规则,只是一个基本原则。实际问题中,为了防止取舍所造成的误差过大,常常在运算过程中多取几位,特别是随着计算机和计算器的普及,这种处理不会带来太多的麻烦,只是在最后结果根据不确定度所在位进行截断。

1.7 实验数据处理的基本方法

数据处理是实验的重要组成部分,它贯穿于实验的始终,与实验操作、误差分析及评定形成一有机整体,对实验的成败、测量结果精度的高低起着至关重要的作用。

数据处理的能力,往往代表着实验者水平的高低。高明的实验者可以利用精度不高的仪器,通过选择合适巧妙的数据处理方法,如作图法、列表法、逐差法和最小二乘法等,发现极其有价值的自然规律或自然界的新事物。因此,掌握基本的数据处理方法,提高数据处理的能力,对提高实验能力是非常有用的。

1.7.1 列表法

列表法是实验中常用的记录数据、表示物理量之间关系的一种方法。它具有记录和表示数据简单明了,便于表示物理量之间对应关系,在测量和计算过程中随时检查数据是否合理,可及早发现问题及提高处理数据效率等优点。列表的要求如下：

①简单明了，便于表示物理量的对应关系，处理数据方便。

②表的上方写明表的序号和名称，表头栏中标明物理量、所用单位和量值的数量级等。

③表中所列数据应是正确反映结果的有效数字。

④测量日期、说明和必要的实验条件记录在表外。

例 1.6　测量刚体转动惯量见表 1.2。

表 1.2　r-t 对应数值表

r/cm t/s i	1.00	1.50	2.00	2.50	3.00
1	13.55	8.80	6.70	5.65	4.60
2	13.50	8.90	6.80	5.60	4.50
3	13.40	8.85	6.70	5.70	4.60
4	13.42	8.85	6.73	5.65	4.57
平均值	13.47	8.85	6.73	5.65	4.57
$\frac{1}{t}(s^{-1})$	0.074 24	0.113	0.149	0.177	0.219

注：r——绕线半径；t——下落时间。

1.7.2　作图法

(1)作图法的优点

①能够直观地反映各物理量之间的变化规律，帮助找出合适的经验公式。

②可从图上用外延、内插方法求得实验点以外的其他点。

③可以消除某些恒定系统误差。

④具有取平均、减小随机误差的作用。

⑤通过作图还可以对实验中出现的粗大误差做出判断。

(2)作图规则

①根据各量之间的变化规律，选择相应类型的坐标纸，如毫米直角坐标纸、双对数坐标纸、单对数坐标纸等；坐标纸的大小要适中，一般应根据测量数据的有效数字来确定。

②正确选择坐标比例，使图线能均匀位于坐标纸中间；两坐标轴的交点可以不为零。

③写明图名及各坐标轴所代表的物理量、单位和数值的数量级。

④用削尖的铅笔把对应的数据标在图纸上，描点应采用“×”“△”“○”等比较明显的标识符号。

⑤对变化规律容易判断的曲线以平滑线连接，曲线不必通过每个实验点，各实验点应均匀分布在曲线两边；难以确定规律的曲线可以用折线连接。图 1.7 和图 1.8 给出了两种不同连线方法的例子。

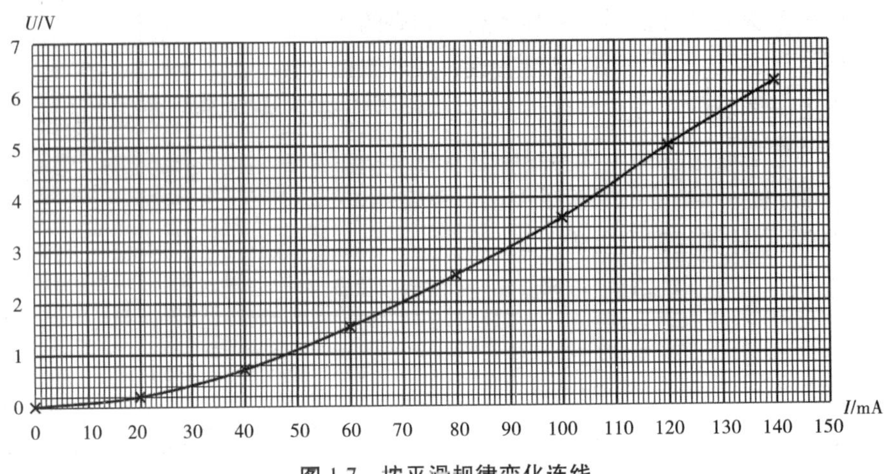

图 1.7　按平滑规律变化连线

(小灯泡伏安特性曲线)

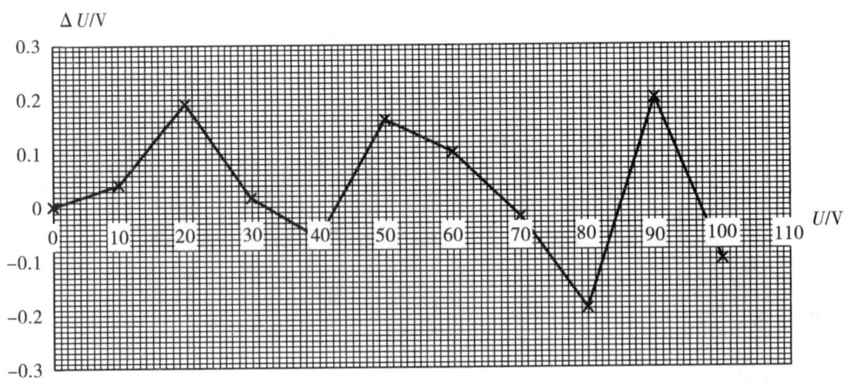

图 1.8　按折线规律变化连线

(电压表校准曲线)

(3)作图法的应用

作图法的应用主要表现在以下两方面。

1)判断各量的相互关系——图示法

通过作图可以判断各量的相互关系,特别是在还没有完全掌握科学实验的规律情况下,或还没有找出合适的函数表达式时,作图法是找出函数关系式并求得经验公式的最常用的方法之一。如二极管的伏安特性曲线、电阻的温度变化曲线等,都可通过作图清楚地表示出来。

2)图上求未知量——图解法

①从直线上求物理量

线性关系的函数中未知量往往包含在斜率和截距之中。例如,匀速直线运动 $s=s_0+vt$,若作 s-t 直线,其斜率就是速度,截距为运动物体的初始位置。因此,从直线上可以通过求斜率和截距来获取未知量。

求斜率时要在图中接近实验范围的两端,从直线上取两点(x_1,y_1)和(x_2,y_2),一般应避免使用实验点,则斜率为

$$k = \frac{y_2 - y_1}{x_2 - x_1} \tag{1.34}$$

截距的求法是:把图线延长到 $x=0$ 时,y 的值即为截距。如果 x 坐标轴的起点不为零,则利用图线上第三点的数据(x_3,y_3),代入公式 $y=a+kx$ 求出,即

$$a = y_3 - \frac{y_2 - y_1}{x_2 - x_1}x_3 \tag{1.35}$$

②非线性函数中未知量的求法——曲线改直问题

物理实验中经常遇到的图线类型见表 1.3。由于直线是最能够精确绘制的图线,因而总希望通过坐标代换将非直线变成直线。这被称为曲线改直技术。

如表 1.3 单摆的摆动一例中,单摆的摆长 L 随周期 T 的变化关系,具有 $y=ax^b$ 形式(a,b 为常量)。若观测单摆的周期 T 随摆长 L 的变化,得到一系列数据$(T_i,L_i)(i=1,2,\cdots,n)$,如果在直角坐标纸上画出 L-T 曲线,则得到一条抛物曲线;如用 L 作纵轴,T^2 作横轴,结果将得到一条通过原点的直线,其斜率等于 $g/(4\pi^2)$,从图上求出斜率后,可以计算出实验所在地的重力加速度。

表 1.3　常见图线类型

图线类型	方程式	例子	物理公式
直线	$y=ax+b$	金属棒的热膨胀	$L_t=(L_0a)t+L_0$
抛物线	$y=ax^2$	单摆的摆动	$L=gT^2/4\pi^2$
双曲线	$xy=a$	玻意耳定律	$pV=$常数
指数函数曲线	$y=Ae^{-Bx}$	电容器放电	$q=Qe^{-\frac{t}{RC}}$

对上述 $y=ax^b$ 函数形式,也可以将方程两边取对数(以 10 为底),得到

$$\lg y = b \cdot \lg x + \lg a$$

在直角坐标纸上,以 $\lg y$ 为纵坐标,$\lg x$ 为横坐标作图,可得到一条直线,从而可以求出系数 a 和 b。

再如,电容器的放电过程 $q=Qe^{-\frac{t}{RC}}$,具有 $y=Ae^{Bx}$ 形式,A,B 为常数。对这种形式的函数,两边取对数得到

$$\ln y = Bx + \ln A$$

显然,$\ln y$ 和 x 具有线性关系,在直角坐标纸上呈现一条直线。通过求斜率和截距可以求出常数 A 和 B。对于其他较为复杂的关系式,也可用类似的方法处理。读者若有兴趣,可以参考数据处理方面的专著。

③作图举例

例 1.7　为确定电阻随温度变化的关系式,测得不同温度下的电阻值见表 1.4,试用作图法作出 R-t 曲线,并确定关系式 $R=a+bt$。

解:选用直角坐标纸作图,横坐标表示温度,最小刻度为 1.0 ℃;纵坐标表示电阻 R,最小刻度为 0.1 Ω,如图 1.9 所示。

表 1.4　R-t 对应数值表

t/℃	19.1	25.0	30.1	36.0	40.0	45.1	50.0
R/Ω	76.30	77.80	79.75	80.80	82.35	83.90	85.10

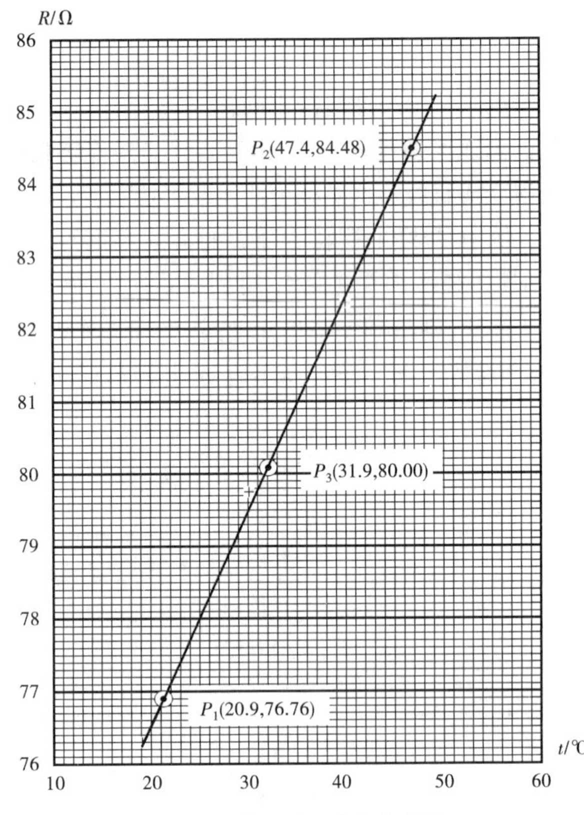

图 1.9　电阻随温度变化曲线

在图中任选两点 $P_1(20.9,76.76)$ 和 $P_2(47.4,84.48)$，由式(1.34)得到斜率

$$b = \frac{84.48 - 76.76}{47.4 - 20.9} = 0.291(\Omega \cdot ℃^{-1})$$

由于图中无 $t=0$ 点，将第三点 $P_3(31.9,80.00)$ 代入式(1.35)得到截距

$$a = 80.00 - 0.291 \times 31.9 = 70.72\ \Omega$$

因此电阻与温度的关系为

$$R = 70.72 + 0.291t$$

1.7.3　逐差法

所谓逐差法，就是把测量数据中的因变量进行逐项相减或按顺序分为两组进行对应项相减，然后将所得差值作为因变量的多次测量值进行数据处理的方法。逐差法是实验中常用的一种数据处理方法，特别是当变量之间存在多项式关系，且自变量等间距变化时，这种方法更显现出它的优点和方便。

(1)逐差法的主要应用及特点

下面以一个例子来说明。

例 1.8　用伏安法测电阻,所得数据见表 1.5。

表 1.5　伏安法测电阻数据表

i	1	2	3	4	5	6
U_i/V	0	2.00	4.00	6.00	8.00	10.00
I_i/mA	0	3.85	8.15	12.05	15.80	19.90
$\Delta_1 I=(I_{i+1}-I_i)$/mA	3.85	4.30	3.90	3.75	4.10	
$\Delta_1 I=(I_{i+3}-I_i)$/mA	12.05	11.95	11.75			

表中 I_i 为电压等间距变化时的电流测量值。

解:逐项逐差 $\Delta_1 I=I_{i+1}-I_i$ 得表中第 4 行数据。通过逐项逐差,使原来在不同电压下测得的电流值变为在相同电压 $\Delta U=2$ V 下多次测量的电流值,最佳估计值即算术平均值为

$$\overline{\Delta_1 I}=\frac{\sum\limits_{i=1}^{n-1}\Delta_1 I_i}{n-1}=\frac{I_6-I_1}{5}$$

隔 3 项逐差得表中第 5 行数据。采用隔 3 项来处理,电压每次改变 $\Delta U=6$ V 时电流改变值的算术平均值为

$$\overline{\Delta_3 I}=\frac{(I_4-I_1)+(I_5-I_2)+(I_6-I_3)}{3}$$

可以看出,逐项逐差值的算术平均值只与首尾两次测量值有关,其他值在运算过程中相互抵消,从而失去了多次测量的意义,因此逐项逐差不宜用来求未知量。而隔 3 项逐差则充分利用了所有数据,可大大降低随机误差对结果的影响。同样可以证明,隔 2 项逐差仍不能充分利用数据。因此,数据处理应按隔 3 项(即 $n/2$ 项)逐差进行,$\overline{\Delta_3 I}=11.92$ mA。

由欧姆定律可得电阻,即

$$R=\frac{\Delta U}{\overline{\Delta_3 I}}=\frac{6.00}{11.92\times 10^{-3}}\Omega=503.4\ \Omega\approx 503\ \Omega$$

还可以看出,逐项逐差结果 $\Delta_1 I$ 值趋于某一常数,这与 I、U 所遵循的线性关系有关。可以验证,如果变量之间为二次多项式形式,则在一次逐项逐差的基础上进行两次逐项逐差所得值也趋于某一常数,依次类推。因此,往往用逐项逐差来验证多项式的形式,即若一次逐项逐差值趋于某一常数,则说明变量间具有线性关系;若经两次逐项逐差值趋于某一常数,变量之间具有二次多项式形式,依次类推。

归纳上述讨论,逐差法主要可以用来验证多项式、通过计算线性函数的斜率求物理量。除此之外,还可以用逐差法来发现系统误差或实验数据的某些变化规律。

从例 1.8 中的数据处理过程可以看出,逐差法具有下列优点:

①充分利用了测量所得的数据,对数据具有取平均的效果。如例 1.8 中所有数据都参与了运算。

②可以消除一些定值系统误差,求得所需要的实验结果。如用电流表测量时,如果存在零点误差,进行了差值运算,结果就不受零点误差的影响。

(2)逐差法的应用条件

在具备以下两个条件时,可以用逐差法处理数据。

①函数为多项式形式,即

$$y = a_0 + a_1 x + a_2 x^2 + a_3 x^3 + \cdots \tag{1.36}$$

或经过变换可以写成以下形式的函数。如弹簧振子的周期公式 $T=2\pi\sqrt{m/K}$,可以写成,$T^2=\dfrac{4\pi^2}{K}m$,T^2 是 m 的线性函数。再如阻尼振动的振幅衰减公式 $A=A_0\mathrm{e}^{-\beta t}$,可以写成 $\ln A=\ln A_0-\beta t$,$\ln A$ 是 t 的线性函数等。

实际上,由于测量精度的限制,3 次以上逐差已很少应用。

②自变量 x 是等间距变化,即

$$x_{i+1} - x_i = c(\text{常数}) \tag{1.37}$$

1.7.4 最小二乘法

根据前面介绍,作图法或逐差法都可以用来确定两个物理量之间的定量函数关系。然而,两者也都存在着某些缺点和限制。不同的人用相同的实验数据作图,由于主观随意性,拟合出的直线(或曲线)往往是不一致的,因此通过斜率或截距计算的结果也是不同的,逐差法也受到函数形式和自变量变化要求的限制,且两种方法的精度都较低。相比而言,最小二乘法是更严格、精度更高的一种数据处理方法。

最小二乘法是回归分析法的重要环节,是建立在数理统计理论基础之上的一种方法,被广泛地应用在工程和实验技术等方面。一个完整的回归分析过程应包括回归方程的假设、方程系数的确定、回归方程合理性分析和检验等三个环节。限于本课程教学要求,在此只讨论如何用最小二乘法确定方程中的系数,而且只讨论一元线性函数。

1)最小二乘原理

所谓最小二乘原理,就是在满足各测量误差平方和最小的条件下得到的未知量值为最佳值。用公式表示为

$$\sum_{i=1}^{n} (x_i - x_{\text{最佳}})^2 = \min \tag{1.38}$$

最小二乘中的“二”指的是平方。

2)用最小二乘法进行线性拟合

设已知函数形式为

$$y = a + bx \tag{1.39}$$

在等精度测量条件下得到一组测量数据为

$$x_1, x_2, \cdots, x_n$$
$$y_1, y_2, \cdots, y_n$$

由此得到 n 个观测方程

$$y_1 = a + bx_1$$
$$y_2 = a + bx_2$$
$$\vdots$$
$$y_n = a + bx_n$$

一般情况下,观测方程个数大于未知量的数目时,a,b 的解不确定。因此,如何从这 n 个观测方程中确定出 a,b 的最佳值,或者说如何从以 $x_i,y_i(i=1,2,\cdots,n)$ 为实验点画出的直线中确定出最佳直线是关键问题。使用最小二乘法可以解决这个问题。

假定最佳直线方程为

$$y = \hat{a} + \hat{b}x \tag{1.40}$$

式中,$\hat{a}$ 和 $\hat{b}$ 为直线方程的最佳系数。为了简化,设测量中 x 方向的误差远小于 y 方向的,可以忽略,只研究 y 方向的差异,则有

$$v_i = y_i - (\hat{a} + \hat{b}x_i) \quad i = 1,2,\cdots,n \tag{1.41}$$

根据最小二乘原理,系数 $\hat{a}$、$\hat{b}$ 的最佳值应满足

$$\sum_{i=1}^{n} v_i^2 = \sum_{i=1}^{n} (y_i - \hat{a} - \hat{b}x_i)^2 = \min \tag{1.42}$$

要使上式成立,显然应有

$$\frac{\partial}{\partial \hat{a}}\left(\sum_{i=1}^{n} v_i^2\right) = 0 \text{ 及 } \frac{\partial}{\partial \hat{b}}\left(\sum_{i=1}^{n} v_i^2\right) = 0$$

将 $\sum v_i^2$ 代入,整理后得以下两个方程

$$\begin{cases} n\hat{a} + \hat{b}\sum_{i=1}^{n} x_i = \sum_{i=1}^{n} y_i \\ \hat{a}\sum_{i=1}^{n} x_i + \hat{b}\sum_{i=1}^{n} x_i^2 = \sum_{i=1}^{n} x_i y_i \end{cases} \tag{1.43}$$

或

$$\begin{cases} \hat{a} + \hat{b}\,\overline{x} = \overline{y} \\ \hat{a}\,\overline{x} + \hat{b}\,\overline{x^2} = \overline{xy} \end{cases} \tag{1.44}$$

式中,$\overline{x} = \frac{1}{n}\sum_{i=1}^{n} x_i$ 为 x 的算术平均值;$\overline{y} = \frac{1}{n}\sum_{i=1}^{n} y_i$ 为 y 的算术平均值;$\overline{x^2} = \frac{1}{n}\sum_{i=1}^{n} x_i^2$ 为 x^2 的算术平均值;$\overline{xy} = \frac{1}{n}\sum_{i=1}^{n} x_i y_i$ 为 xy 的算术平均值。

求解方程组(1.44)得

$$\hat{a} = \frac{\overline{x} \cdot \overline{xy} - \overline{y} \cdot \overline{x^2}}{(\overline{x})^2 - \overline{x^2}} \tag{1.45}$$

$$\hat{b}=\frac{\overline{x}\cdot\overline{y}-\overline{xy}}{(\overline{x})^2-\overline{x^2}} \tag{1.46}$$

由 $\hat{a}$,$\hat{b}$ 所确定的方程即是最佳直线方程。

3)最小二乘法应用举例

例 1.9 根据例 1.7 数据,试用最小二乘法确定关系式 $R=a+bt$。

解:① 由表 1.5 算出 $\sum t_i$, $\sum R_i$, $\sum t_i^2$, $\sum R_i t_i$。

②由表 1.6 可得

$$\overline{t}=\frac{\sum_{i=1}^{n}t_i}{n}=\frac{245.3}{7}=35.04(℃)$$

$$\overline{R}=\frac{\sum_{i=1}^{n}R_i}{n}=\frac{566.00}{7}=80.857(\Omega)$$

$$\overline{t^2}=\frac{\sum_{i=1}^{n}t_i^2}{n}=\frac{9\ 326}{7}=1\ 332.3(℃^2)$$

$$\overline{Rt}=\frac{\sum_{i=1}^{n}R_i t_i}{n}=\frac{20\ 044}{7}=286\ 3.4(\Omega\cdot℃)$$

a,b 的最佳值 $\hat{a}$,$\hat{b}$ 为

$$\hat{a}=\frac{\overline{t}\cdot\overline{Rt}-\overline{R}\cdot\overline{t^2}}{(\overline{t})^2-\overline{t^2}}=\frac{35.04\times 2\ 863.4-80.857\times 1\ 332.3}{35.04^2-1\ 332.3}=70.71(\Omega)$$

$$\hat{b}=\frac{\overline{t}\cdot\overline{R}-\overline{Rt}}{(\overline{t})^2-\overline{t^2}}=\frac{35.04\times 80.857-2\ 863.4}{35.04^2-1\ 332.3}=0.289\ 5(\Omega\cdot℃^{-1})$$

表 1.6 最小二乘法处理数据表

n	t/℃	R/Ω	t^2/℃^{2}	$R\cdot t$/(Ω·℃)
1	19.1	76.30	365	1 457
2	25.0	77.80	625	1 945
3	30.1	79.75	906	2 400
4	36.0	80.80	1 296	2 909
5	40.0	82.35	1 600	3 294
6	45.1	83.90	2 034	3 784
7	50.0	85.10	2 500	4 255
$n=7$	$\sum_{i=1}^{7}t_i=245.3$	$\sum_{i=1}^{7}R_i=566.00$	$\sum_{i=1}^{7}t_i^2=9\ 326$	$\sum_{i=1}^{7}R_i t_i=20\ 044$

③待求关系式

$$R=(70.71+0.289\,5t)\,\Omega$$

思考题

1.举例说明什么是直接测量？什么是间接测量？

2.误差主要分哪几大类？举例说明。

3.学习有效数字应注意哪些问题？

4.简述有效数字的修约规则。

5.服从正态分布的误差有什么特点？

6.误差与不确定度有什么区别和联系？

7.简述直接测量和间接测量数据处理的主要步骤。

8.用逐差法处理数据有什么优点？其应用条件有哪些？

9.严格、规范地进行数据处理和工程实践、科学研究有什么重要意义？

习　题

1.指出下列各量有效数字的位数。

(1) $U=1.000$ kV　　(2) $L=0.000\,123$ mm

(3) $m=10.010$ kg　　(4)自然数 4

2.判断下列写法是否正确，并加以改正。

(1) $I=0.035\,0$ A $=35$ mA　　(2) $m=(53.270+0.3)$ kg

(3) $h=(27.3\times10^4\pm2\,000)$ km　　(4) $x=(4.325\pm0.004)$ A

3.试按有效数字修约规则，将下列各数据保留三位有效数字。

3.854 7，2.342 9，1.545 1，3.875 0，5.434 9，7.685 0，3.661 2，6.263 8

4.按有效数字的确定规则，计算下列各式。

(1) $343.37+75.8+0.638\,6=$　　(2) $88.45-8.180-76.543=$

(3) $0.072\,5\times2.5=$　　(4) $(8.42+0.052-0.47)\div2.001=$

5.分别写出下列各式的不确定度传播公式。

(1) $Q=\dfrac{1}{2}K(A^2+B^2)$（K 为常数）　　(2) $N=\dfrac{1}{A}(B-C)\,D^2-\dfrac{1}{2}F$

(3) $f=\dfrac{A^2-B^2}{4A}$　　(4) $V=\dfrac{\pi d^2h}{4}$

6.用螺旋测微计（仪器极限误差为±0.004 mm）测量一钢球直径 6 次，测量数据分别为：14.256、14.278、14.262、14.263、14.258、14.272 mm；用天平（仪器极限误差为±0.06 g）测量它的质量 1 次，测量值为 11.84 g，试求钢球密度的最佳值与不确定度。

7.示波管磁偏转实验中,偏转距离与电流之间关系数据见表 1.7。

表 1.7 偏转距离与电流关系数据

I/mA	6.0	10.5	15.5	21.0	26.2	31.6	36.8	42.1
L/mm	5.0	10.0	15.0	20.0	25.0	30.0	35.0	40.0

(1)用直角坐标纸作图,并求出 I-L 之间的关系式;

(2)用逐差法求出 I-L 之间的关系式。

挑战题

在习题 6 中,可用测钢球直径的方式测量其体积。在进行数据处理时,小王和小李的方法不一样,并得到了不同的处理结果。小王通过每次测量的直径值计算体积 V_i,然后再求体积的平均值$\overline{V}$和不确定度 $S_{\overline{V}}$,而小李先求直径平均值$\overline{d}$和不确定度 $S_{\overline{d}}$,再通过公式$\overline{V}=\frac{\pi}{6}\overline{d}^3$,$S_{\overline{V}}=\frac{\pi}{2}\overline{d}^2 S_{\overline{d}}$计算体积的平均值和不确定度。两人僵持不下,请你当裁判,你认为谁正确?为什么?

【阅读材料】

不确定度概念的引入

1993 年,国际标准化组织等七个国际组织先后出版了两部国际标准文件 International Vocabulary of Basic and General Terms in Metrology(国际通用计量学基本术语,VIM)和 Guide to the Expression of Uncertainty in Measurement(测量不确定度表示指南,GUM1993),在国际上推广不确定度的概念。1995 年国际标准化组织又对 GUM1993 作了局部修改后,重印 Guide to the Expression of Uncertainty in Measurement(简称 GUM1995)。GUM1995 在测量不确定度及有关术语定义、概念、评定方法和报告的表达方式上都作了更明确的统一规定,它代表了当前国际上表示测量结果及其不确定度的约定做法,从而使不同国家、不同学科、不同领域在表示测量结果及其不确定度时具有一致的含义。

1999 年,中国计量科学研究院颁布了《测量不确定度规范》,开始在计量基准、标准的研究和评价中实施测量不确定度评定方法。1998 年和 1999 年,国家质量技术监督局等采用 GUM1995 为国家标准,先后批准发布了《通用计量术语及定义》和《测量不确定度的评定与表示》(JFF1059—1999)计量规范,正式在全国推广应用测量不确定度的评定方法。随后,我国的相关认证部门也相继制定了相应的关于不确定度的规范应用条例,如 2003 年中国实验室国家认可委员会制定了《测量不确定度政策 CNAL/AR11:2003》,2006 年中国合格评定国家认可委员会先后制定了《测量不确定度要求的实施指南 CNAS-GL05:2006》和《测量不确定度评估和报告通用要求 CNAS-CL07:2006》。

以下为制定《测量不确定度表示指南》的七个国际组织:

ISO:International Organization for Standardization(国际标准化组织)

BIPM:International Bureau of Weights and Measures(国际计量局)

IEC:International Electrotechnical Commission(国际电工委员会)

IFCC:International Federation of Clinical Chemistry and Laboratory Medicine(国际临床化学和实验室医学联合会)

IUPAC:International Union of Pure and Applied Chemistry(国际理论化学与应用化学联合会)

IUPAP:International Union of Pure and Applied Physics(国际理论物理与应用物理联合会)

OIML:International Organization of Legal Metrology(国际法制计量组织)

第2章 基本实验技能

2.1 基本物理量的测量

物理学是一门高度定量化的实验科学,常常需要对各种物理量进行测量。对一个物理量的测量结果包括测得的数值和所用的单位,两者缺一不可。只有极少数的物理量是无单位的纯数。物理量之间存在着各种联系,这些有规律的联系使我们不必对每个物理量的单位都独立地规定,只需选出一些最基本的物理量作为基本量,并为每个基本量规定一个基本单位,其他物理量的单位则可以从它们与基本物理量之间的关系式(定义或定律)导出。国际单位制(SI)规定了7个基本单位,其他计量单位均可由此导出,它们分别是:长度——米(m),时间——秒(s),质量——千克(kg),电流——安[培](A),热力学温度——开[尔文](K),发光强度——坎[德拉](cd),物质的量——摩[尔](mol)。除质量单位之外,其他基本单位的定义均建立在物理现象的基础上。摩尔是系统的物质的量,1摩尔物质所包含的结构粒子的数目等于0.012 kg碳12所包含的原子数。1971年的第14届国际计量大会上,将摩尔定为国际单位制的7个基本单位之一,另外规定了2个辅助单位:平面角——弧度(rad),立体角——球面度(sr)。其他一切物理量的单位都可以由这些基本单位和辅助单位导出。常用的导出单位可参阅中华人民共和国法定计量单位。本节主要介绍长度、时间、质量、温度、电流、发光强度6个基本量的定义、测量范围和方法。

2.1.1 长度

长度是最基本的物理量,是构成空间的最基本的要素。在SI中,长度的基准是米,一旦定义了米的长度,其他长度单位就可以用米来表示。

“米”制1791年开创于法国。多年来,铂铱合金(铂含量90%,铱含量10%)米原器一直保留在巴黎附近。随着人们对客观世界认识的不断深入,科学技术的飞速发展,原有的长度标准已无法满足人们的需求。实验证明,光波波长是一种可取的长度自然基准,1960 年第 11 届国际计量大会重新定义了米的标准为:米的长度等于氪 86 原子的 $2p^{10}$ 和 $5d^{5}$ 能级之间跃迁的辐射是真空中波长的 1 650 763.73 倍,其测量精度达到 4×10^{-9} m,从而开创了以自然基准复现米基准的新纪元。

随着原子钟的诞生、发展和应用,时间测量精度高于长度测量 4 个数量级,以致米、秒无法相匹配。1983 年第 17 届国际计量大会正式通过米的新定义:米是光在真空中 1/299 792 458 s 时间间隔内所经路径的长度。

这个新定义的特点是基本单位的定义本身与复现方法分开,这样有益于使复现方法随科学技术的发展而不断完善,其复现精度不断提高。

所谓长度测量,实际上是人们用“尺子”去度量空间。早期的量具和测量仪器都是机械式的。随着人们对世界探索的加深,对长度测量精度要求的提高,陆续创造出各种测量长度的仪器,其放大倍数愈来愈大,测量范围愈来愈广。20 世纪初,除用机械构造来增加放大倍数以外,利用光学放大原理设计的光学测量仪器也逐步发展起来,从读数显微镜、投影仪开始发展到光学计、测长仪、万能工具显微镜以及各种干涉仪等。20 世纪 60 年代以后,传感测距仪(人造卫星激光雷达)的量程可达10^{8} m 以上,精确度可达 1 cm。电子显微镜和扫描隧穿电子显微镜等的分辨率为10^{-1}~100 nm,可测量原子、分子的几何尺寸。广义的长度测量,覆盖了整个物理学研究的尺度范围,小到微观粒子,大到宇宙深处(10^{-15}~10^{27} m),跨越了从微观的粒子到现代天文学的整个研究领域。

长度测量包含了如此丰富的内容,所以,人们根据被研究物体的尺寸划分了若干领域。对于不同研究领域的长度测量,可以采用不同的实验方法和仪器装置。

2.1.2　时间

时间测量在科学研究和日常生活中都有着极其重要的作用。时间被定义为基本物理量之一,配以其他几个基本物理量可以推导出物理学中所有的物理量。

时间测量的基准经历了世界时、历书时,现已发展到原子时。

1955 年英国皇家物理实验室研制成功了世界上第一台铯原子频率标准,此后每隔 5 年左右,时间标准的精确度就提高一个数量级(表 2.1)。

表 2.1　时标精确度

年份	1955	1960	1965	1970	1975
精确度/s	10^{-9}	10^{-10}	10^{-11}	10^{-12}	10^{-13}

原子钟的出现是时间计量史上的一次革命,它使时间计量标准从此由传统的天文学的宏观领域过渡到一个崭新的物理学的微观领域。

1967 年 10 月举行的第 13 届国际计量大会上,通过了国际单位制中秒的新定义:秒是铯-133 原子基态的两个超精细能级间跃迁所对应辐射的 9 192 631 770 个周期的持续时间。

迄今为止,时间标准及其派生物——频率标准是被最精密定义和测量的量。近二三十年来,高精度时间或频率的测量方法和技术研究十分活跃,许多专门的测量仪器不断涌现,实用频率标准有铯原子钟、氢原子钟、铷原子钟等。而光学频标、离子阱原子频标和铯原子喷泉频标等已成为时间测量研究的新热点。

20 世纪 80 年代以来,我国已成为世界八大先进授时国之一,我国采用的原子钟的精度为 3×10^{-13} s,属国际先进行列,已为我国运载火箭、核潜艇、远程战略武器的发射、入轨、落区测控等提供了高精度的时间频率信号,为电台和电视台提供了标准时间,为卫星测距、定位、通信、导航和天文测量等许多方面做出了贡献。原子钟不仅在上述领域得到广泛应用,而且在基础研究方面也大有用武之地,如用原子钟验证相对论和量子论,时间的精确确定导致长度标准的改变。1975 年第 15 届国际计量大会决定,将光速定义为 c = 299 792 456.2 mg · s^{-1};1983 年第 17 届国际计量大会正式通过米的新定义:米是光在真空中 1/299 792 458 s 时间间隔内所经路径的长度,从此把时间和长度统一关联在原子上。根据定义,只要测量频率的精度提高,则长度单位的测量精度同时提高,无须另行定义,故具有划时代的意义。

随着时间测量方法和技术的改进,以及测量精度的提高,新频标不断完善和实用化,原子钟将在 21 世纪为人类和平与进步发挥更大的作用。

时间测量包含两个最基本的内容:

①时间间隔的测量——测量客观物质运动(或变化)的两个不同状态之间所经历的时间历程。

②时刻的测量——测量客观物质在某一运动(或变化)状态的瞬间。

广义的时间测量指在$10^{-24}\sim10^{38}$ s 这一时间区域内的测量。所以,人们不可能用单一的物质运动过程来测量时间,而必须根据所要研究问题的实际情况,选用不同的时间测量仪器和方法。一般来说,最常用的时间测量在计时学和微计时学范围之内。

2.1.3 质量

质量是基本物理量之一。在 SI 中,质量的基准单位是千克(kg)。2018 年第 26 届国际计量大会(CGPM)决定,由普朗克常数(h)定义,1 千克是普朗克常量为 $6.626\ 070\ 15\times10^{-34}$ J · s ($6.626\ 070\ 15\times10^{-34}$ kg · m^2 · s^{-1})时的质量。

在原子物理中,还常用一种同位素——碳 12($^{12}_{6}C$)原子的质量的 1/12 作为质量单位,称为原子质量单位(u),1u = $1.660\ 540\ 2\times10^{-27}$kg。

时空计量都已采用自然基准替代实物基准,由于自然基准具有稳定性好、再现性好、易复制、不怕战争和自然灾害破坏等优越性,因此人们期待用原子质量基准代替实物基准(国际千克原器)。这个新基准可由一定数目的某一类型的原子组成,其集合质量为 1 kg。但现在质量实物基准的测量精度高于测量给定质量中原子数目的精度,故仍以千克原器为基准。但自然基准取代实物基准将是科学发展的趋势。

质量的范围很广,小到微观粒子,大到宇宙天体,大约横跨 72 个数量级。我们日常用的测量方法和手段,一般不超出$10^{-7}\sim10^{6}$ kg 的范围。最常用的仪器就是各种秤和天平。天平的测量原理都是基于引力平衡,因而测量的都是引力质量。

2.1.4 温度

物质的各种宏观性质都与其冷热程度有关,即与温度有关。温度是基本物理量之一。

温标是用以确定温度数值的规定。建立一种温标需要做三件事:选择一种物质(测温物质)的某一随温度变化的属性(测温属性)以标志温度;选择参考点并赋予它指定的温度值;规定测温属性与温度的关系。用依照不同的经验温标制成不同温度计测量同一温度,除参考点外,所得数值多少会有些差别。其中,理想气体温标和热力学温标是与测温物质无关的科学温标。

国际温标(ITS—90)是一种使用方便、容易实现,并与热力学温标高度一致的协议温标。1990 年,国际温标规定热力学温度(符号为 T)的单位为开尔文(符号为 K)。1990 年,国际温标规定热力学温度(符号为 T)的单位为开尔文(符号为 K)。2018 年第 26 届国际计量大会通过“修订国际单位制”决议,将 1 开尔文定义为是玻尔兹曼常数为 $1.380\ 649\times10^{-23}\ \mathrm{J\cdot K^{-1}}$ ($1.380\ 649\times10^{-23}\mathrm{kg\cdot m^2\cdot s^{-2}\cdot K^{-1}}$)时的热力学温度。开尔文定义为水的三相点热力学温度的 1/273.15。摄氏温度(符号为 t)定义为 $t(℃)=T(\mathrm{K})-273.15$,摄氏温度的单位为摄氏度(符号为℃),根据定义,0 ℃ = 273.15 K。

常用温度计有水银温度计、电阻温度计、温差电偶温度计、光学高温计等,使用时要确保它们对国际温标甚至热力学温标的偏差在允许的范围之内。

2.1.5 电流

电流是基本的物理量之一,以安[培](A)为单位。2018 年第 26 届国际计量大会通过“修订国际单位制”决议,将 1 安培定义为“1s 内(1/1.602 176 634)$\times10^{19}$个电子移动所产生的电流强度”。实际上可以用电流天平法、磁共振法等所做的绝对测量复现电流单位。电流天平法是利用恒定电流通过标准尺寸线圈时所产生的力作用于天平一端,以标准砝码作用于另一端,求得线圈间作用力的数值,从而复现电流单位。磁共振法是在弱磁场中测量质子的旋磁比,所测电流单位的不确定度是10^{-6}数量级。

由于安培单位难于长期保持,且复现准确度不高,因此实际上使用复现准确度高的电压单位(V)和电阻单位(Ω)根据欧姆定律来保持电流单位。在世界各国的实验室中用标准电池组和标准电阻组来保持伏特和欧姆作为体现电流单位的实物基础。1962 年利用交流约瑟夫森效应建立了伏特的量子标准。1980 年发现在弱磁场、液氮温度下 N 沟道增强的 MOS 场效应管的表面反转层的霍尔电阻的量子化。利用上面两项工作的结果和公式建立了国际电路单位的量子标准。在实验室和工程技术应用中测量电流一般采用模拟式和数字式两大类仪表。

2.1.6 发光强度

光度学是研究可见光能量计量的科学,眼睛看不见的射线(X 射线、紫外线、红外线)和其他电磁辐射能量的计量称为辐射量度学。这两者在研究方法和概念上的相同点很多。

发光强度是光度学中的基本物理量。早年发光强度的单位叫作“烛光”,是以标准蜡烛的发光来定义的。1979 年第 16 届国际计量大会通过决议,规定发光强度的新定义为:坎德拉

(cd)是一光源在给定方向上的发光强度,该光源发出频率为 540×10^{-12} Hz 的单色辐射,且在此方向上的辐射强度为 1/683 W · sr^{-1}。

测量发光强度的常用仪器有陆末-布洛洪光度计、本生油斑光度计以及浦耳弗里许光度计等。

2.2 物理实验的基本方法

物理实验可分为三种类型——再现自然界的物理现象、寻找物理规律和对指定物理量的测量。具体还可以细分为探索性实验与验证性实验、定性实验与定量实验、析因实验与判断实验、对比实验与模拟实验等。由此可以看出,严格说来物理实验与物理测量并非一回事,但任何物理实验几乎都离不开物理量的测量,可见物理测量是物理实验的基础、关键和重点。因此,人们常把物理测量称为物理实验,而把归纳起来的有共性的测量方法称为物理实验方法。

物理实验方法是人们根据一定的目的和计划,利用仪器、设备等物质手段,在人为控制、变革或模拟自然现象的条件下,根据实验要求,尽可能地消除或减小系统误差以及减小随机误差,获得更为准确的测量值或结果的方法。而测量方法是指测量某一物理量时,根据测量要求,在给定的条件下,尽可能地消除或减小系统误差以及减小随机误差,使测量值更为精确的方法。现代物理实验离不开定量的测量,所以实验方法和测量方法两者之间相辅相成、相互依存,甚至无法予以严格区分。由于物理实验有许多种类型,因此实验方法也是多种多样的。在这里仅就一些常见的实验方法作简单介绍。

2.2.1 比较法

比较法是测量方法中最基本、最常用的方法。它分为直接比较法和间接比较法。测量就是将待测物理量与规定的该物理量的标准单位进行比较,以确定待测量是标准单位的几倍,从而得到该待测量的测量值。

(1)直接比较法

①将待测量与标准量具进行直接比较测出其大小,称为直接比较法(如用米尺测量长度)。直接比较法的测量精度受到测量仪器自身精度的限制,要提高测量精度就需要提高量具的精度。有些物理量难于制成标准量具,就需要先制成与标准量值相关的仪器,再将这些仪器与待测物理量比较,这些仪器也可称为量具,如温度计、电表等。

②通过一定机械装置或电路使待测物理量与标准量具达到平衡、补偿或零示状态,也可进行直接比较。在物理实验中常采用的有:平衡比较(如物理天平等)、补偿比较(如电位差计等)、零示比较(如检流计等)。必须指出,要有效地运用直接比较法,应考虑下面两个问题:创造条件使待测量能与标准件直接对比;无法直接对比时,则视其能否用零示测量法比较,此时只要注意选择灵敏度足够高的平衡指示仪即可。

(2)间接比较法

许多物理量是无法通过直接比较而测出的,通常需要利用物理量之间的函数关系将待测物理量与同类标准量进行间接地比较而得到待测物理量,这种方法称为间接比较法。间接比较法在测量中的应用是较为普遍的。例如:将待测电阻 R 与电源和电流表串联成一回路,记下电流表的示数,用一可调标准电阻 R_0 替换待测电阻 R,调节 R_0 使电流表示数与接待测电阻时相等,此时 R_0 的值即为待测电阻的阻值;磁电式电流表是利用通电线圈在磁场中受到的磁力矩与游丝的扭转力矩平衡时,电流与电流表指针的偏角成正比制成的,通过电流表指针的偏转角的间接比较,测出电路中的电流强度。

2.2.2　放大法

在实验中,常常会遇到一些微小量,此时采取直接测量会带来很大误差,甚至无法进行。因此,需要把待测的物理量按一定规律加以放大,再进行测量,这种方法称为放大法。放大法分为累计放大法、机械放大法、电磁放大法和光学放大法等。

(1)累计放大法

在待测物理量能够简单重叠的条件下,将它延展若干倍再进行测量的方法,称为累计放大法。例如,测单摆的周期时,先测出 100 次全振动的时间 t,则周期为 $t/100$。

在使用累计放大法时要注意两点:一是展延过程中待测量不能发生变化;二是在展延过程中应尽可能避免引入新的误差。

(2)机械放大法

利用机械部件之间的几何关系,使标准单位量在测量过程中得到放大的方法,称为机械放大法。机械放大法可以提高测量仪器的分辨率,增加测量结果的有效数字位数。例如,螺旋测微计利用螺杆鼓轮机构,使仪器的最小刻度从 1 mm 变为 0.01 mm,从而提高测量精度。

(3)电磁放大法

在电磁学物理量的测量中,要对微弱的电信号有效地进行观察和测量,常需借助电学中的放大线路以便检测。另外,在非电学量测量中将被测量转换成电学量再进行放大而测量之,几乎成为科技人员的惯用方法。例如,在用霍尔效应法测磁场的实验中,通过对放大的霍尔电压进行测量,以达到对磁场的测量;在用光电效应法测普朗克常量时,将微弱的光电流通过微电流测量放大器放大后,再进行测量。

(4)光学放大法

光学放大法大体分两种:一种是使被测物体通过光学仪器(如测微目镜、读数显微镜等)形成放大的像,以便观察判别;另一种是通过测量放大的物理量来获得本身较小的物理量。例如,光杠杆法就是一种常用的光学放大法。光学放大法不易受环境的干扰,它被广泛地应用于各个科技领域。

2.2.3　平衡法与补偿法

(1)平衡法

平衡状态是物理学中一个重要概念。在平衡状态下,许多复杂的物理现象可以简单化,便于进行定性与定量研究。利用平衡状态测量待测物理量的方法,称为平衡法。例如,用等臂天平测量物体的质量,用惠斯登电桥测电阻。

(2)补偿法

根据某一测量原理,在提供一种可调的标准量来抵消所显示的作用的条件下进行测量的方法,称为补偿法。补偿法在实验中的应用是比较广泛的。例如,利用电势差计测电动势;在迈克尔逊干涉仪中,虽然两反光镜到半反膜的距离相等,但由于两路光所经过的介质不完全相同,因此产生光程差,当加入补偿板后,将这一光程差补偿(抵消),使光路中的光程对称。

由于补偿法可以减弱甚至消除某些测量状态产生的影响,可大大提高实验的精度,因此,补偿法在精密测量和自动控制等方面得到广泛的应用。例如,用电压补偿法弥补因电压表在直接测量电压时引起被测支路电流的变化(电位差计);用温度补偿法弥补因某些物理量(如电阻)随温度变化而对测试状态带来的影响;用光程补偿法弥补光路中光程的不对称性等。

2.2.4 转换法

根据物理量之间的各种效应和定量的函数关系,通过对有关物理量的测量求出待测物理量的方法,称为转换法。转换法大致分为两种:参量换测法与能量换测法。

(1)参量换测法

利用各种参量在一定条件下的相互关系及其变化规律来实现待测量的变换测量,称为参量换测法。例如,"测定金属丝的杨氏弹性模量""用光栅测波长"等。

(2)能量换测法

电测方法具有控制方便、反应速度快、灵敏度高并能进行自动记录和动态测量等优点,因此在实验中可以利用物理学中物理量间存在的各种效应与关系,把被测的非电量转化成电量进行测量,最后求出非电量物理量。这种利用能量变换器将一种形式的能量转换成另一种形式的能量进行测量的方法,称为能量换测法。此方法的核心是换能器。下面介绍几种典型的能量换测方法。

①热电换测。这是将热学量转换成电学量再进行测量的一种方法。例如在导热系数的测定中,将温度的测量转换成热电偶温差电动势的测量。

②压电换测。通过压力与电压之间的变换进行测量。例如,产生超声波的"探头"(晶体换能器)具有压电效应。话筒能把声波的变化转换成相应的电压变化;扬声器则把电信号转换成声波。医用心电图是将心脏跳动对压电陶瓷(换能器)产生的压力转换成电压输出。

③光电换测。通过光学量的变化转换为电学量变化的测量称为光电换测。光电换测的变换原理是光电效应。因其机理不完全相同,光电效应又可分为外光电效应、内光电效应和光生伏特效应。利用外光电效应做成的转换器有光电管、光电倍增管等。"光电效应法测普朗克常量"实验中用到的就是光电管。利用内光电效应做成的转换器有光敏电阻、光敏二极管和光敏三极管。利用光生伏特效应做成的转换器就是光电池,光电池可把光能直接转换为电能,因此可作电源用。

④磁电换测。这是磁学量与电学量之间的转换测量。磁感应强度 B 直接测量很困难,利用磁电换测后,可使测量变得简便、快速。在具体测量中,可根据被测磁场的类型和强弱来选择合适的方法。例如,实验"用霍尔元件测螺线管磁场"中,是利用霍尔效应,把对磁感应强度

的测量转换为对霍尔元件的工作电流和电压的测量。此外，常用的方法还有冲击法和感应法。冲击法是将磁感应强度的测量转化为冲击电流计最大偏转角度的测量；感应法是将磁感应强度的测量转换为交变感应电动势有效值的测量。

2.2.5　模拟法

在科学研究中，当很多课题不能实际地反复实验，或是受实验条件限制，许多物理过程难以真实再现或很不经济时，可以采用模拟法来进行实验。如要设计一项水利工程，不可能对设计的工程进行实地的测试，只能首先模拟。这种以相似理论为基础，不直接研究某物理现象或过程本身，而是用与该现象或过程相似的模型来进行研究的方法，称为模拟法。模拟法是弥补实验室有限条件的方法，可分为物理模拟、数学模拟和计算机模拟。

(1) 物理模拟

保持同一物理本质的模拟方法即为物理模拟法。例如，用风洞（高速气流装置）中的飞机模型模拟实际飞机在大气中的飞行；又如用水泥造出河流的落差、弯道、河床的形状，一些不同形状的挡水物质，模拟河水流向、泥沙的沉积、水坝对河流运动的影响等都属于物理模拟。

(2) 数学模拟

两个不同本质的物理现象和过程，如果具有相同的数学表达式来反映它们的规律，就可以根据数学形式的相似性而进行模拟，这种模拟方法称为数学模拟法。例如，在实验“用模拟法描绘静电场”中，由于反映稳恒电流场性质的场方程与反映静电场性质的场方程相似，所以用稳恒电流场来模拟静电场。

(3) 计算机模拟

计算机模拟实验就是通过计算机控制仿真实验画面动作来模拟真实实验的过程。随着计算机多媒体功能的不断提高，计算机模拟实验由单纯的过程模拟发展到具有很强真实感的仿真，因此也称为计算机仿真实验。计算机仿真实验利用计算机丰富了实验教学的思想、方法和手段，改变了传统的实验教学模式。

2.2.6　对称测量法

对称测量法是消除测量中出现的系统误差的重要方法。当系统误差的大小与方向是个确定值（或按一定规律变化）时，在测量中可以用对称测量法予以消除。例如，“正向”与“反向”测量，平衡情况下的待测量与标准量的位置互换，测量状态的“过度”与“不足”（如超过平衡位置与未达平衡位置的对称、过补偿与未补偿的对称）等，这类测量方法常常可以帮助测量人员消除部分系统误差。

(1) 双向对称测量法

双向对称测量法对于大小及取向不变的系统误差，通过正、反两个方向测量，可得到加减相消的结果。如静态法测杨氏弹性模量实验中，通过对被测材料增加外力和减小外力的对称测量，可消除因材料的弹性滞后效应而引起的系统误差；霍尔效应法测磁场的实验中，分别对霍尔片通以正向和反向电流的对称测量，可消除副效应对测量结果的影响。

(2)平衡位置互易法

在应用平衡比较法测量时,将待测量与标准量位置互换,交换前后两次测得的数据,通过乘除来消除部分直接测量的系统误差。如天平平衡时,对因天平两个臂的不等长而引起的系统误差,可通过交换被测物与砝码的位置来消除;电桥测量中,比率臂电阻的误差可通过交换比较臂电阻与被测电阻的位置来消除。

2.3 实验仪器的基本调整与操作简介

物理实验的基本技术包括调整、操作和测量等,这些技术在实验中十分重要。正确地调整、操作和测量不仅可将系统误差减到最低限度,而且可以提高实验结果的准确度,所以任何正确的测量结果都是来自仔细的调节,严格的操作,认真的观察和合理的分析。另外,掌握基本的实验技术还可以保护仪器,延长仪器的使用寿命。有关实验基本技术的内容相当广泛,需要通过具体的实验逐渐积累起来,熟练的实验技能只能来源于自身的实践。下面仅简单地介绍一些最基本的实验技术,其他一些特殊的调整、操作技术将在有关的实验中加以讨论。

2.3.1 水平、铅直的调整

在实验中,有些仪器和实验装置必须在水平或铅直状态下才能正常地进行实验,否则就会产生附加误差。例如,需要水平放置的电表,若垂直或倾斜放置,就会因增大表针转轴的摩擦或产生附加力矩等原因而产生附加误差。因此,在实验中要经常对仪器进行水平、铅直调整。

需要调整水平或铅直状态的实验装置,一般在平台或支柱上装有水准仪或悬锤,调整时只要调整底座上的三个底脚螺丝使水准仪中的气泡居中,或使悬锤的锤尖对准底座上的座尖即可。例如,刚体转动实验仪平台水平的调整和天平立柱铅直的调整等。

对没有装置水平仪或悬锤的仪器,可利用自身的装置进行调整,如焦利秤可以通过调整底脚螺丝使悬镜处在玻璃管的中间;对杨氏模量仪,可以通过调整底脚螺丝使砝码托处在两立柱的中间,以达到立柱的铅直。对于不能利用自身装置来调整的仪器,可取一长方形的水准仪,先放在与任意两底脚边线平行的方位,调节该两底脚螺丝使气泡居中,然后将水准仪置于与前位置垂直的方位,调节另一底脚螺丝使气泡居中,再反复进行调节,逐次迫近,直至水准仪置于任意位置时气泡都居中,这时立柱即处于铅直状态。

2.3.2 零位调整

仪器在使用前应首先检查其零点是否正确。由于搬运、使用磨损或环境条件的改变等原因,其零点可能会发生变化。对于有偏差的零点要进行调整或校准,否则,将对测量结果引入系统误差。绝大多数测量工具及仪表,如游标卡尺、螺旋测微计、检流计、电流表、电压表、万用表等都有其零位(零点)。在使用它们之前,都必须检查校正仪器零位。对于一些特殊的仪器或精度要求较高的实验,还必须在每次测量前校正仪器零位。

零点校准的方法应根据不同的仪器采用不同的方法，对有校准器的仪器如电表等，应调整校准器，使仪器处于零位置。例如，万用表有两个调零旋钮，一个是机械调零旋钮，用于机械调零，一个是电子调零旋钮，用于欧姆调零。对于电路调零可以通过调整电位器进行（称电器调零），如开尔文电桥检流计放大器的电器调零是通过调整“w”旋钮。有的仪器可以使用专门工具（如小扳手）进行零位调整，如螺旋测微计等。对于没有进行调整或者暂不能进行调整零点的仪器，可在测量前先记下初读数，再在测量结果中加以修正。如端点已经磨损的米尺、钳口已被磨损的游标卡尺，对于这类仪器，则应先记下零点读数，然后对测量数据进行零点修正。

2.3.3 光路调整

（1）直线光路调整

在由两个或两个以上的光学元件组成的光学系统中，为了获得好的像质，满足近轴光线的条件，必须进行共轴调整。调整一般分为两步：第一步进行粗调——目测调整，将各光学元件紧靠在一起，使元件的中心（光心）重合于一条直线上，并使该直线与仪器的调整基线（如光具座的导轨）平行，将各元件的光轴也与其平行；第二步根据光学成像规律进行细调，常用的方法有自准法和共轭法。如果在光具座上进行实验，为了获得正确的读数，还必须把光轴调整到与光具座的导轨的距离等高，并且使光学元件的截面与导轨垂直。

（2）折线光路调整

折线光路调整的首要问题是垂轴调整，在可能的情况下，先将部分直线光路进行调整，然后放置折光器件进行垂轴调整，最后根据折光方向寻找光路，观察折光后现象。例如，分光计的调整，首先，调整平行光管望远镜光轴共线并与分光计中心轴垂直，然后放置棱镜或光栅再进行垂轴调整，最后根据棱镜或光栅的折光方向寻找光路，并调整成像。再如，牛顿环干涉的调整，首先将显微镜和光源调整好，再将半反射镜（玻璃片）法线调整于垂直测量显微镜的移动方向上，转动半反射镜，找到反射光路，即可进行牛顿环条纹的清晰度调整。

2.3.4 视差的消除

在实验测量读数时，经常会遇到仪器的读数标线（指针、叉丝）与标度尺（盘）不重合的情况，例如，电表的指针和标度面总是具有一定的距离，当眼睛在不同位置观察时，读得的指示值就会有一定的差异，这就是视差。有无视差可根据观察时人的眼睛稍稍移动，标线与标尺刻度是否有相对运动来判断。为了消除视差，应做到正面垂直观察。对有反射镜的电表读数时，人的视线应垂直盘面，使指针与刻度槽下平面镜中的像重叠，读出指针与刻度盘上重合处的读数，即为无视差的读数。

在光学测量时，常用到带有叉丝的测微目镜、望远镜或读数显微镜，它们的共同特点是在目镜的焦平面附近装有一个十字叉丝（或带有刻度的玻璃分划线），使用时应通过旋转（或推拉）目镜和调节物镜，分别使十字叉丝和待观测物体同时成像在目镜的焦平面上，此时叉丝与物体的虚像都在明视距离的同一平面内，这样便无视差。要判断是否有视差，可上下轻微晃动眼睛，若叉丝与物体间无相对运动，说明无视差。要消除视差，可先放松眼睛，然后仔细调节目镜(连同叉丝)使像成在明视距离上(可长时间轻松看清),再调节物镜(焦距),使被观察物体成像与叉丝的像重合,即可消除视差。杨氏模量实验中望远镜的调节、等厚干涉实验中读数显微镜的调节均可这样操作。

2.3.5 等高、共轴的调整

在光具座上应用激光做实验时,先以导轨为准,调节激光束的方向平行于导轨,用光屏沿导轨平稳地移动较长一段距离,若屏上激光斑点的中心位置不变,则表明光束的方向已平行于导轨,再以激光束为准,依次放置并调节各元件的高低和左右,使光束通过各元件后光斑的中心仍在原来的位置。

在光具座上使用普通光源做实验时,应以光具座的导轨为准,先用目测法进行粗调,使光源、物体、透镜和光屏的中心大致等高共线,各元件均不倾斜,再利用光学系统本身,依据透镜或成像规律进行细调。例如,用共轭法细调时,使物与屏的间距大于四倍焦距,逐步将凸透镜从物移向屏,在移动过程中,屏上将先后获得一次大的和一次小的清晰的像,若两次成像的中心重合,即表示已达到等高、共轴的要求。

安排二维光路(如全息照相光路)时,应以平台为准,调整激光束的俯仰,使光束平行于台面。当光屏在平台上滑动较长一段距离时,屏上光斑的中心应保持同一高度;放置其他元件时,应使经反射或折射后的光束保持原高度;经扩束镜形成的光锥轴线也保持原高度。

2.3.6 逐次逼近调节

在物理实验中,仪器的调节大多不能一步到位。例如,电桥达到平衡状态、电势差计达到补偿状态、灵敏电流计零点的调节、分光计中望远镜光轴的调节等,都要经历反复多次调节才能完成。“逐次逼近调节”是一个能迅速、有效地达到要求的调节技巧。

依据一定的判断标准,逐次缩小调整范围,较快地获得所需状态的方法称为逐次逼近调节法。判断标准在不同的仪器中是不同的,如天平是观察其指针在标度前来回摆动,左右两边的振幅是否相等;平衡电桥是看检流计的指针是否指零。逐次逼近调节不仅在天平、电桥、电势差计等仪器的平衡调节中用到,而且在光路的共轴调整、分光计的调节中也会用到,它是一种经常使用的调节方法。

2.3.7 先定性、后定量原则

在测量某一物理量随另一物理量变化的关系时,为了避免测量的盲目性,应采用先定性、后定量的原则进行测量,即在定量测量前,先对实验的全过程进行定性观察,在对实验数据的变化规律有一定初步了解的基础上,然后进行定量测量。例如,在测绘晶体二极管的伏安特性曲线时,对于电流 I 随电压 U 变化的情况先进行定性观察,然后在分配测量间隔时,采用不等间距测量,在电压增量 ΔU 相等的两点之间,如果电流 I 的变化较大,就应多测几个点。这样采用由不同间隔测得的数据作图就比较合理。

2.3.8　回路接线法

在电磁学实验中,常遇到按电路图接线问题。一张电路图可分解为若干个闭合回路,接线时,由回路 I 的始点(往往为高电势点或低电势点)出发,依次首尾相连,最后仍回到始点,再依次连接回路,这种接线方法称为回路接线法。按此法接线或查线,可确保电路连接正确。

2.3.9　先串联、后并联原则

在电磁学实验中,经常把一些仪表连接到电路中测量数据。为了使仪表能准确地连到电路中或能使电路准确、快速地连好,应采取先串联、后并联的原则。例如,先把电流表连同其他元件串联到电路中,再把电压表并联进去,或把仪表的电流部分先串联到电路中,再并联电压部分。

2.4　常用实验仪器介绍

2.4.1　长度测量

物理实验中,长度测量是最基本的测量。测量长度的方法和仪器多种多样,而最基本的测量工具是米尺、游标卡尺和螺旋测微计等。通常用量程和分度值表征这些仪器的规格。量程表示仪器的测量范围;分度值是仪器所能准确读到的最小数值,它的大小反映仪器的精密程度。一般来说,分度值越小,仪器越精密。学习使用这些仪器要注意掌握它们的构造特点、规格性能、读数原理、使用方法以及维护知识等,并注意在之后的实验中适当地选择和使用。游标卡尺和螺旋测微计的具体使用介绍将在第3章的实验3.1中详细给出。

2.4.2　时间测量

(1)停表

停表(又称“秒表”)有各种规格和样式,它们的构造和使用方法略有不同。这里只介绍一种。

多功能电子手表的停表,具有基本秒表显示、累加计时、取样等计时功能,最小测量单位为1/100 s,可累计59′59.99′,其外形如图2.1所示。

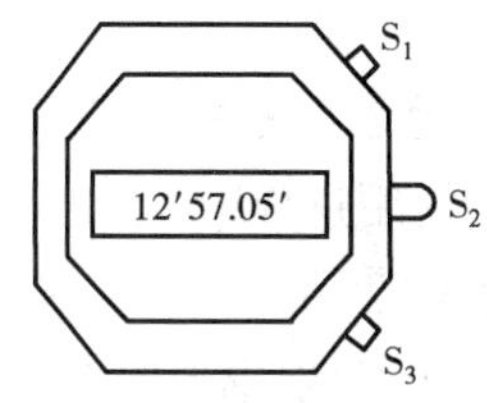

图2.1　多功能电子手表的停表

S_1 按钮——启动/停止钮;

S_2 按钮——调正位置;

S_3 按钮——计时和秒表状态选择钮,秒表复零

停表的使用方法如下:

①基本秒表显示(即相当于机械秒表的单针功能)。当 S_3 在秒表状态时,应先使它复零;然后按 S_1,秒表开始计时;再按 S_1 一次,秒表计时停止;再按 S_3,秒表即刻复零。

②累加计时。按 S_1 秒表开始计时,再按一下 S_1,秒表停止计时;若继续再按 S_1,即开始累加计时,如此可以重复继续累加。

(2)数字毫秒计

数字毫秒计是以石英晶体振荡周期控制计时,它的工作过程如图 2.2 所示。

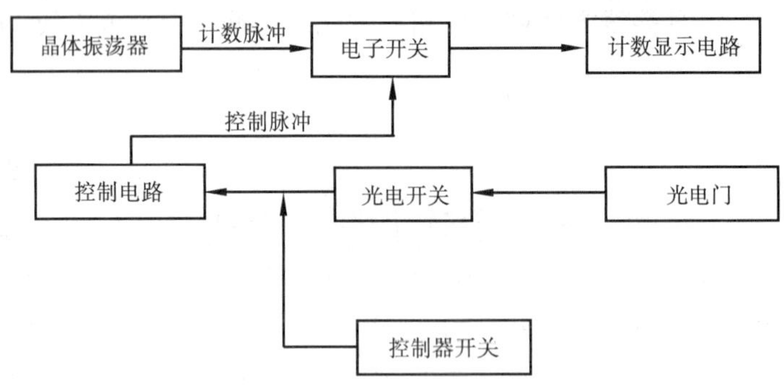

图 2.2　数字毫秒计的工作过程图

数字毫秒计的工作原理:首先将晶体振荡器产生的等时高频振荡通过专门的电路转换成频率较低的计数脉冲,计数显示电路的作用是记录进入的电脉冲,并用数码管显示出脉冲累计数字,计数的开始与终止是由电子开关来控制的。当电子开关接通时,计数脉冲进入计数电路,开始计数;电子开关断开时,终止计数。假如每秒钟产生 10^4 个计数脉冲,那么,一个计数脉冲就相当于 0.1 ms。由累计的点脉冲数可以计算出电子开关由接通到断开的时间间隔,计数显示电路中把这个时间间隔已经换算成毫秒显示出来。数字毫秒计有两种计时控制方法:一种为机控,用机械接触来控制电子开关的通和断,使毫秒计“开始计时”和“停止计时”;另一种为光控,利用光信号来控制“开始计时”和“停止计时”。

2.4.3　电磁学部分

(1)电源

直流稳压电源虽型号各不相同,但在结构上都是大同小异,都是将交流电经整流、滤波和稳压后变为直流输出。它的特点是稳压性好、内阻小、功率大、输出连续可调。但使用时要注意不能超过它的最大允许输出电压和电流。如 WYJ-30 型电源,最大输出电压是 30 V,最小输出电流为 3 A。

干电池是很方便的直流电源,但它的功率较小,稳定性不高。每节干电池的电动势为 1.5 V。在使用过程中,干电池的电动势不断下降,内阻不断增加,最后因内阻过大而报废。

(2)电阻

电阻可分为固定电阻和可变电阻两大类。无论使用哪一类电阻,使用时除了注意其阻值的大小外还要注意其额定功率。下面介绍两种可变电阻的结构和使用方法。

①电阻箱。电阻箱的具体使用介绍将在后面章节介绍。

②滑线变阻器。滑线变阻器的外形构造与等效电路如图 2.3 所示,涂有绝缘层的电阻线绕在长直瓷管上,电阻丝的两端固定在接线柱 A 和 B 上,瓷管上方有一滑动触头与接线柱 C 相连。

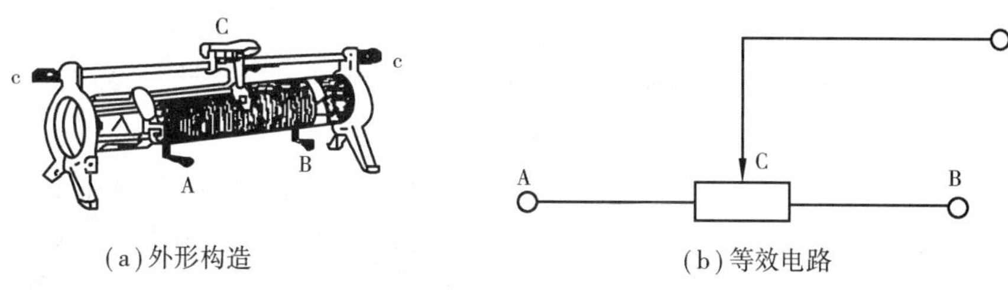

(a)外形构造　　(b)等效电路

图 2.3　滑线变阻器

滑线变阻器的用途是控制电路中的电压和电流，它不像电阻箱那样能确切地读出电阻值。它在电路中有两种接法：

a.限流电路。限流电路接法如图 2.4 所示。

当滑动 C 时，改变了 A 和 C 之间的电阻 R_{AC}，也就改变了回路的总电阻，从而改变了回路中电流的大小，因而称为限流电路。

为了安全起见，在实验开始时，C 应滑到 B 端，使得 R_{AC} 最大，回路中电流最小，然后逐渐增大回路中的电流，但应注意不要超过滑线变阻器的额定电流。

为了能有效地调节回路中的电流，应使滑线变阻器的总电阻 $R>R_L$。需要精细调节电流时，还可采用二级限流，即将两个滑线变阻器 R_1 和 R_2 按限流的方式串联起来，阻值的选取应使得 R_1 是 R_2 的 10 倍以上，R_1 作粗调，R_2 作细调。

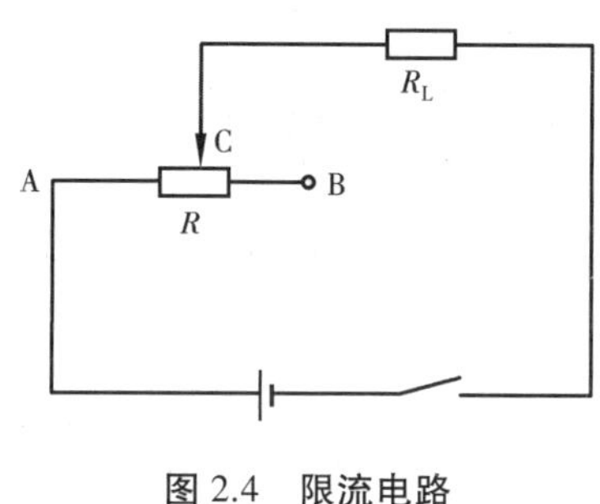

图 2.4　限流电路

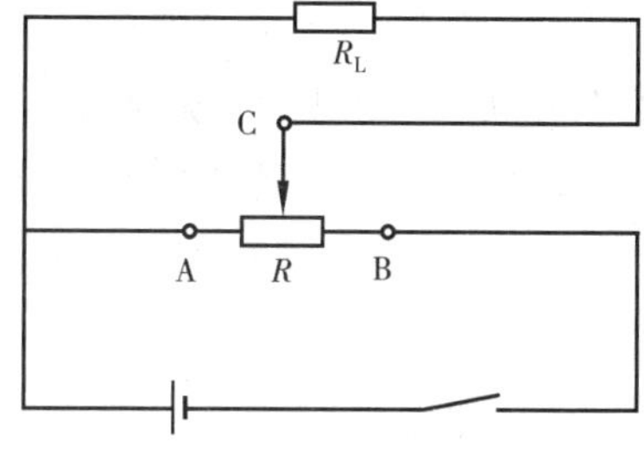

图 2.5　分压电路

b.分压电路。分压电路接法如图 2.5 所示。

A 和 B 两端分别与电源的两级相连，再由 A 端和 C 端向负载 R_L 提供分压 U_{AC}。改变 C 在 A 和 B 之间的位置，即可改变输出电压，因此称为分压电路。当 C 与 A 重合时，输出电压为 0；当 C 与 B 重合时，输出电压等于电源电压。实验开始时，应使 C 与 A 之间的电压为 0，以后逐渐增加，并且注意不要使变阻器上的电流超过额定值。

(3)直流电表

1)电流计

电流计是最基本的直流电流表，也称表头。直流电流表是磁电系仪表，它由永久磁铁、转动线圈、游丝和指针构成。其基本原理是：处在磁场中的线圈通电时，受到一力矩的作用而转动，从而带动指针转动，直到与游丝的反扭力矩平衡。它的特点是：指针偏角的大小与通过线圈的电流成正比，电流方向不同时，指针偏转的方向也不同。电流计能直接测量的电流在几十微安到几十毫安间，如果要用它测较大的电流，则需要加分流电阻。

2)检流计

专门用来检验电路中有无电流通过的电流计称为检流计。检流计只要求有较高的灵敏度(单位电流引起指针偏转的格数),而不要求很高的精度。

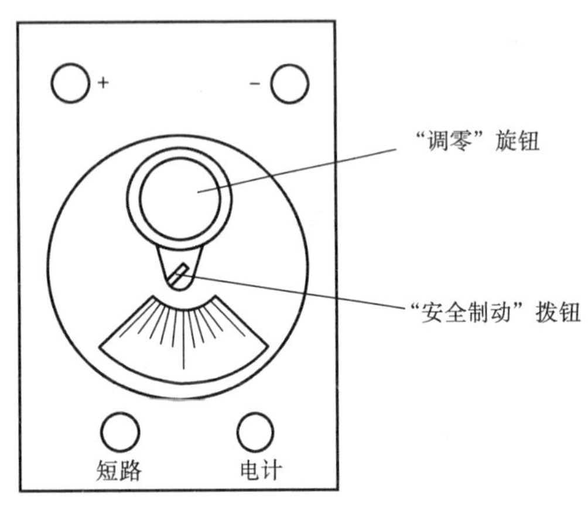

图 2.6 磁电式指针电流计

外形如图 2.6 所示的检流计为磁电式指针电流计在电桥中做示零器。它的零点位于刻度盘中央,有“调零”旋钮,若通电前指针偏离了零点,则应先利用检流计上的调零旋钮调零,然后方可使用。“安全制动”拨钮平时处于锁定位置(拨钮指向红色圆点),检流计处于断开状态,以防止因震动造成机心损坏,只有使用时才打开(拨钮指向白色圆点),使指针能自由摆动。直接将检流计线圈短路的按键称为“短路”按键。检流计指针偏离零位时断电,指针会在零位左右摆动不停,影响下一次测量,这时只需在指针过零位时,按下此键,指针便在电磁阻尼作用下迅速停止于零位。“电计”按钮的作用相当于串接在桥路中的开关,按下此键桥路才会接通。这种指针式检流计常用来检测电路中的小电流和小电压。

3)电流表(安培表、毫安表、微安表)

在表头上并联一个小电阻,就构成了一个电流表。由于小电阻的分流作用,使电流表的量程扩大了。并联不同阻值的电阻就可以分别得到不同量程的电流表。

使用电流表时,应将它串联到待测电流的电路中,并注意正负端的接法,使电流从正端流入,从负端流出。

4)电压表(伏特表)

在表头上串联一个高电阻,就构成了一个电压表。由于高电阻具有限流分压的作用,使电压表的量程扩大了。串联不用阻值的电阻就可以得到不同量程的电压表。

使用电压表时,应将它并联在待测电压电路的两端,电压表的正端与高电位端相连,负端与低电位端相连。

(4)数字式电表

由于近年来电子技术的快速发展,随之出现的许多新技术、新元件也促进了交流电表的发展与更新。如普通数字万用表,其价格已与普通指针式电表相当。其中的交流测量挡采用有效值变换电路或精密整流电路,因此准确度有较大提高。缺点是使用频率有所降低。又如较高档的数字电表,采用交流——有效值变换专用集成电路,准确度可以达到 1.0 级以上。各类新式电表一般具有功能多、使用方便、精度高等优点,因此应用越来越广。例如,用于电力测量的多功能数字电表同时具有测量电压、电流、功率因数、频率、电能(即电度表)等功能,并配有通信接口,便于实现自动测量,广泛应用于电力控制与管理,以及电机、家电等制造业的生产或产品检测线上。

(5)使用电表时的注意事项

各类电气仪表的面板上注有各种符号以表明其用途、构造、准确度等。常用电器仪表符号见表 2.2。在使用电表时,应首先观察其面板上的标记符号,了解电表的规格和使用方法。

①电表的量程。电表的量程指指针指满刻度时的电压值或电流值。有的电表是单量程的,有的电表是多量程的,如伏特表上有 1.2,3,6,12,30 V 五个量程。使用 1.2 V 量程时,指针指满刻度时测量电压为 1.2 V;使用 3 V(或 6 V)量程时,指针指满刻度时测量电压为 3 V(或 6 V),以此类推。

测量时,应根据待测量的大小,选择合适的量程。如所选量程过小,待测量的值已超过了量程,则容易将电表烧坏;如果量程选择过大,指针的偏转就会偏小,读到的数据就不准确。

表 2.2 常见电器仪表面板的标记符号

名称	符号	名称	符号
指示测量仪表的一般符号		磁电系仪表	
检流计		静电系仪表	
安培计	A	直流	−
毫安表	mA	交流(单相)	~
微安表	μA	直流和交流	≃
伏特表	V	以刻度尺量程百分数表示的准确度量级	1.5
毫伏表	mV	以指示值的百分数表示的准确度量级	1.5
千伏表	kV	标度尺位置为垂直	⊥
欧姆表	Ω	标度尺位置为水平	∩
兆欧表	MΩ	绝缘强度试验电压为 2 kV	2
负端钮	−	接地端钮	
正端钮	+	调零钮	
公共端钮	*	级防外磁场及电场	Ⅱ Ⅱ

通常要使得指针偏转在满刻度的 2/3 以上。对选择好的量程,测量值按下式计算:

$$测量值=\frac{所选电表量程}{电表满偏格式}\times指针所指格数$$

②电表的等级。电表的准确度等级分为七级，分别为 0.1，0.2，0.5，1.0，1.5，2.5 和 5.0。利用等级为 K 的电表测得的数据可能包含的最大误差（绝对误差）为

$$\Delta_m = \pm A_m K\%$$

式中，A_m 为所使用量程可测的最大值。如一个 0.5 级量程为 100 μA 的微安表，用它测得的任一数值的最大可能误差都是±100 μA×0.5＝±0.5 μA。

③电表的放置。使用标有"∩"标志的电表时，只能水平放置，不得垂直放置。使用标有"⊥"标志的电表时，只能垂直放置，不得水平放置。

(6)电磁学实验操作规程

①了解各仪器的规格和使用方法。

②正确理解和连接电路。

③自己先检查电路及各仪器的初始状态（此时不可通电）。

④经教师检查电路后方可通电，进行观察测量。

⑤记录完数据后，断电，经教师检查数据后再拆线路，并调整好仪器。

2.4.4 光学实验部分

(1)光学实验知识简介

光学实验有它自己的特点。光学实验中遇到的两个最突出的问题，一个是精密仪器的调节和使用，另一个是理论和实验更紧密的结合。光学仪器的精密度较高，这些仪器在投入使用前，首先要进行调整和检验。仪器的调节不是一个纯粹的技术问题，判断仪器是否处于正常的工作状态，选择最有效、最准确的方法，都要求调节者头脑中有明确的物理图像。

理论联系实际的问题往往在光学实验中显得特别突出。如果不掌握基本理论，几乎无从做起，更不用说对实验结果进行详细的理论分析了。为了取得良好的效果，在实验前，要求学生做好理论上的准备；在实验过程中要尊重客观实际，详细地观察各种条件下得到的现象，记录有关数据，认真思考，对实验结果作出理论上的分析和解释。同学们应做到课前准备充分；课上认真操作，认真观察，认真思考；课后加以反思，自觉提高科学实验工作的素质，培养动手能力、理论联系实际能力、提出问题和解决问题的能力。

(2)光学器件和仪器使用的注意事项

①光学元件多为玻璃器件，使用时要轻拿轻放，防止碰撞和摔坏。

②光学元件的工作表面（即"光学表面"）是经过精密研磨抛光的，甚至经过精密镀膜的，其光洁度和厚度不可破坏，不允许直接用手触摸元件的光学表面，也不许对着光学表面说话、咳嗽和打喷嚏。

③拿元件时只能接触非光学表面（如边框或磨砂面等），以免留下指纹等。

④暂时不用的元件应放在安全的位置，不可放在书上或桌边，以免被无意扫落地面打破。

⑤若光学表面已被污染（如有指纹、污痕、霉点和灰尘等），应请示老师，采取妥善措施处理，不可擅自擦拭。

⑥光学仪器的机械部件大多数都加工和装配得很精密,造价也很昂贵,使用之前必须熟悉其结构,轻缓调节,不可蛮扭强旋,更不可随便拆卸。暂不使用的附件不可随意乱放,以免丢失和损坏。

(3)光学器件和仪器的保养维护注意事项

①光学仪器应在通风、干燥和洁净的环境中使用和保存,以防光学元件受潮、发霉或结雾,受到腐蚀。

②从仪器箱内取出时,要注意各部件在箱内的安放位置和方法。取时要先取附件后取主件;放回时要按原来位置,先放主件后放附件。

③对长期搁置不用或备用仪器,要装箱或加盖罩,并定期检查和保养。仪器箱内的干燥剂要及时烘干,以保持其去潮能力。在活动的金属部件间隙可注入少量的润滑油。

④光学表面(或某些镀膜面)如有油污、斑痕,绝不要随便擦拭,可以用50%的无水乙醇和50%的无水乙醚混合液处理。首先用脱脂棉球蘸一下溶液,并在洁净的纱布上挤出多余的液体(液体过多不易干燥,还会留下擦痕),沿着一个方向轻轻擦拭部分表面,而后再用棉球的另一侧擦拭其他部分(棉球切勿重复使用)。

当初次接触原来没有使用过的仪器时,必须首先了解它的工作性能,以及使用方法、使用注意事项等,然后在教师的指导下开始工作,否则,容易造成不应有的损坏,以至影响教学工作的正常进行。

2.5 手机物理工坊软件 Phyphox 介绍

Phyphox 手机软件由德国亚琛工业大学第二物理研究所开发,可以在安卓和苹果手机上免费下载。该应用将根据各种手机上已有的传感器,不限时间地点地自行设计物理实验,并记载数据剖析以及导出数据来为将来的剖析做准备;还能够在 phyphox.org 网站上设计自己的实验,并共享给搭档和同学,如图2.7 所示。

Phyphox
软件介绍

图 2.7 Phyphox 网站标志

2.5.1 软件介绍

(1)智能手机传感器

智能手机上自带很多丰富的传感器:压力、环境光、加速度、湿度、麦克风、扬声器、光线、磁力、距离、重力、GPS、相机、陀螺仪、温度传感器等。当然 iPhone X 上还有点阵投影做人脸识别如图 2.8 所示。这个 App 充分利用了一些通用的传统传感器,开创了很多花样物理实验。

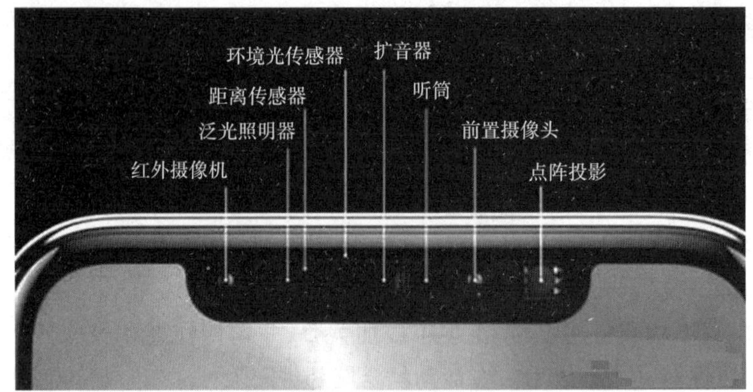

图 2.8　iPhone X 传感器

(2)主要功能

1)传感器组件

Phyphox 能在实验中利用手机自带的传感器。例如,利用加速度计可以测量摆的频率,利用麦克风可以测试多普勒效应。

2)导出数据

用各种常见格式导出数据并在最爱的软件中分析它们。通过你手机的任意一个 App 可以保存或共享数据。

3)远程控制

在任意一个浏览器网页控制实验。比如,可以用笔记本电脑控制 Phyphox 并直接下载数据结果到你的电脑。

4)个性化实验

若有特别的实验还未出现在 Phyphox,可以登录 Wiki 学者尝试创作自己的智能手机实验。

(3)软件实验清单

软件实验清单如图 2.9 所示。

2.5.2　下载方式

(1)安卓版

①通过浏览器搜索百度手机助手或者下载百度手机助手 App,进入其官方平台,搜索“phyphox”找到手机物理工坊软件。

或通过电脑浏览器搜索后手机扫描二维码进入下载界面。

②点开可查看应用简介与说明,需注意应用内各模块需要手机具有相应传感器才能使用。

③点击普通下载可直接下载软件,而点击安全下载将先下载百度手机助手,然后从百度手机助手进行下载。

④下载完毕后允许安装即可。

⑤软件安装完毕后需勾选权限,允许软件使用存储、麦克风等功能。

原始传感器

光
从光传感器获取原始数据。

加速度（不含g）
从所谓的线性加速度计获得原始数据，能得到...

压力
从气压计获得原始数据。

含（g）的加速度
获得加速度计的原始数据。这个传感器不会扣...

定位（GPS）
从卫星导航获得原始位置数据。

磁力计
从磁力计获得原始数据。

陀螺仪（转动速率）
从陀螺仪获得原始数据。

声学

历史频率
测量单个音调随时间的频率变化。

声呐
通过回声与声速测量距离。

声音振幅
得出声音的振幅大小。

声音频谱
显示一个声音信号的频谱。

多普勒效应
测试多普勒效应的小范围频率偏移。

音频发生器
产生一个特定频率的音调。

音频自相关
测量单个音调的频率。

音频范围
显示已录制声音数据。

力学

向心加速度
利用角速度函数可将向心加速度可视化。

弹簧
分析一个弹簧振子的频率和周期。

摆
通过将你的手机当作摆来确定重力常数（g=9.8...

滚筒
将你的手机放到一个滚筒内并确定其速度。

（非）弹性碰撞
确定弹跳中的球在（非）弹性碰撞中的能量损...

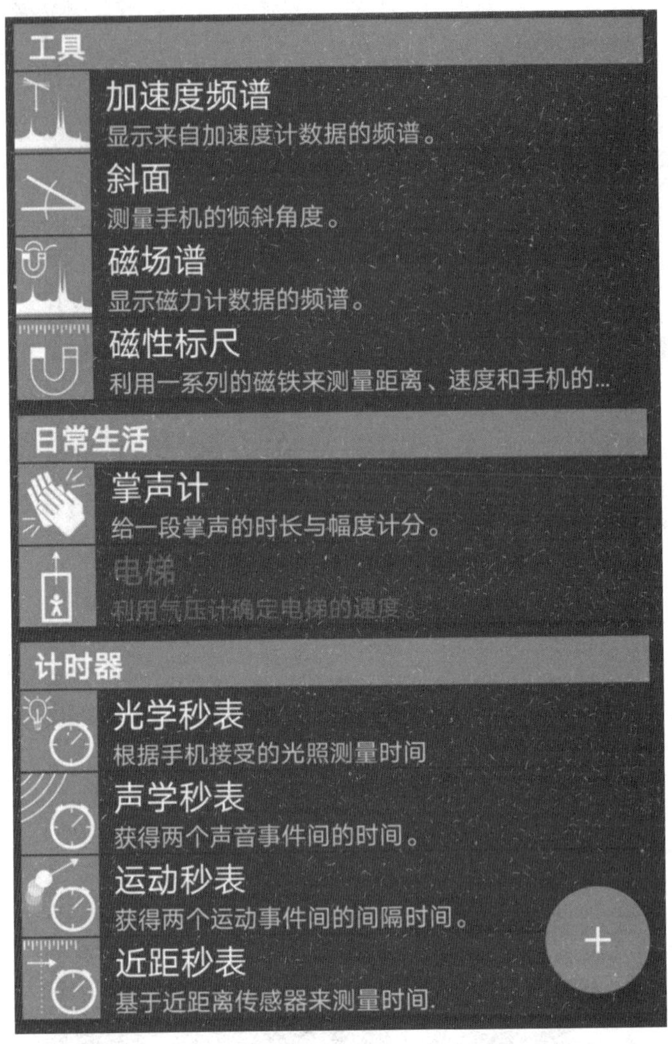

图 2.9　Phyphx 软件实验清单

⑥打开软件开启手机物理实验之旅。

(2) IOS 版

进入 App Store，搜索“phyphox”，点击下载即可。其余安装步骤可参照安卓版。

2.5.3　基本应用

(1) 实验前的准备

安装 Phyphox 软件到手机上，软件打开页面如图 2.10 所示。第一栏为原始传感器菜单，有加速度(不含 g)、加速度(含 g)、陀螺仪、亮度、位置、磁力、压力传感器，再往下为声学传感器菜单，还有已经开发好的力学类和工具类实验项目。点击菜单“加速度(不含 g)”后(图 2.11)，点击“▶”按钮，程序开始运行。第二个按钮是“删除”按钮。第三个按钮是“更多选项设置”按钮，点击后，弹出菜单栏如图 2.12 所示。

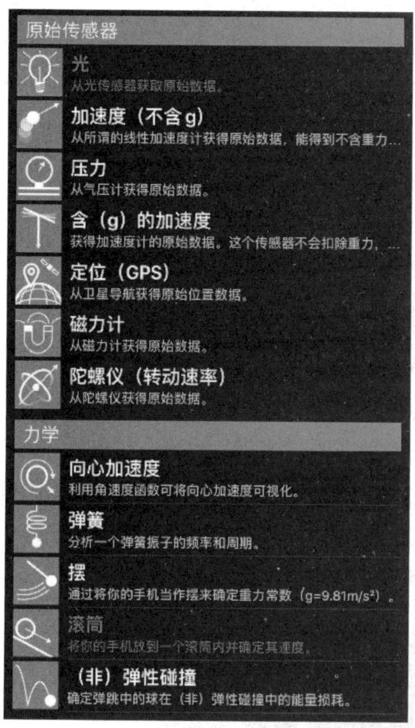

图 2.10　原始传感器菜单

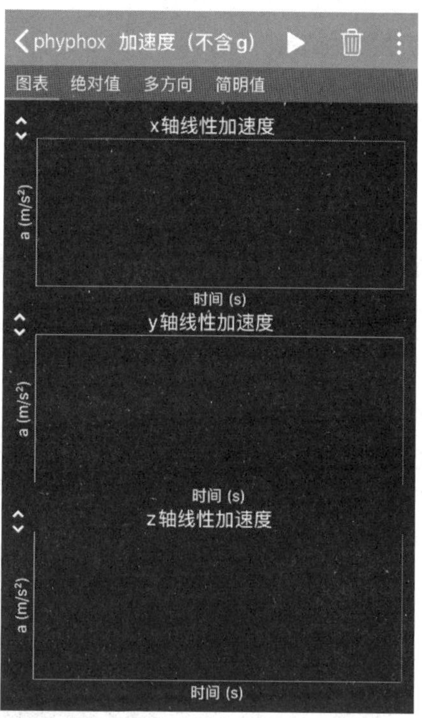

图 2.11　加速度（不含 g）图表界面

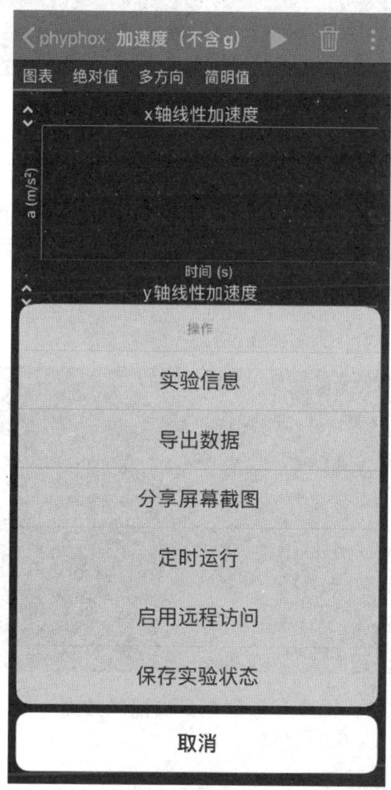

图 2.12　更多设置界面

(2)用加速度传感器做的实验

加速度传感器有“加速度(不含 g)”和“加速度(含 g)”,只提供加速度测量的原始数据。二者的区别是第一个不包含重力加速度 g,手机静置时的加速度显示为0;第二个包含重力加速度,手机静置时加速度显示值当地重力加速度值,输出数据会显示三个方向的加速度,X 方向为手机长度方向,Y 方向为手机宽度方向,Z 方向为与手机面垂直方向。下面列举几个加速度的应用实例。

1)研究超重失重

人站立,手机平放在手上,打开软件,点击“加速度(不含 g)”运行按钮,下蹲,过一会儿再站起来。显示数据如图2.13所示,由于手会晃动,X 轴和 Y 轴方向也有加速度,我们只分析 Z 轴方向。下蹲过程中,加速度先为负值,后为正值,表示加速度先向下后向上,即手机先失重后超重;站起来的过程中,加速度先为正后为负,表示加速度先向上后向下,即手机先超重后失重。还可以将手机平放在电梯中的水平面上,让电梯上升或下降,利用加速度传感器就可以自动记录电梯的加速、减速过程。

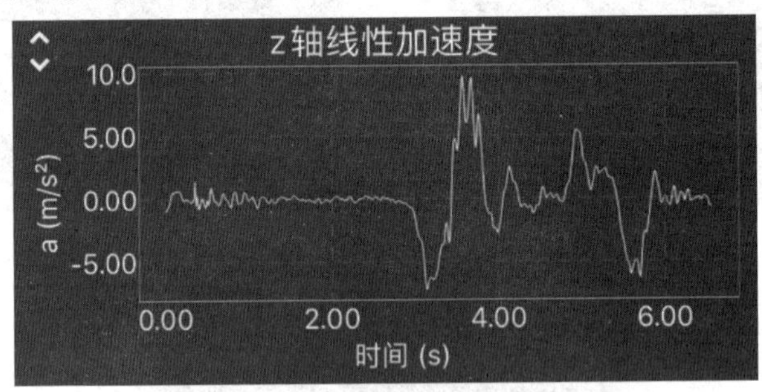

图2.13 研究超重失重数据

2)研究自由落体运动

在地上放一块软垫,手机平放在手上离软垫一定高度,打开软件,点击“加速度(含 g)”运行按钮,放手,手机下落到软垫上。截取 Z 轴的数据如图2.14,容易看出放手前 Z 方向加速度约为9.8 m/s^2,下落过程中 Z 方向加速度为零,说明自由落体过程中手机处于完全失重状态。落到软垫上加速度突然增大后减小为9.8 m/s^2左右。

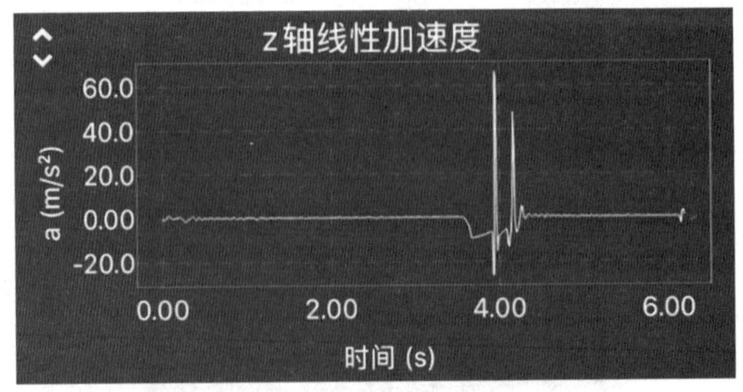

图2.14 研究自由落体数据

3)研究蹦极

将长橡皮筋一端固定在竖直墙面上,另一端与手机长端中点连接牢固,将手机拿到与橡皮筋固定端等高的位置(手机面与墙面平行),打开软件,点击“加速度(含 g)”运行按钮,由静止释放手机。放手前竖直方向加速度约为 9.8 m/s^2,下落过程中竖直方向加速度为零,说明自由落体过程中手机处于完全失重状态,橡皮筋绷紧后加速度逐渐增大,增大到最大后又减小。

(3)用陀螺仪传感器做的实验

陀螺仪传感器会给出陀螺仪的原始数据,角速度以 rad/s 为单位记录。软件还利用陀螺仪传感器开发了两个实验:向心加速度,使用陀螺仪和加速度计探测加速度和向心加速度的关系;摆利用陀螺仪传感器可测量单摆的频率,从而测定重力加速度。

1)利用单摆测重力加速度

将细绳一端固定在竖直墙面上,另一端固定在手机上,让手机面与墙面平行,做成一个摆。打开软件,下拉菜单找到“力学”下的“单摆”,让手机偏离平衡位置一个小角度,点击“▶”按钮,放手后,软件会根据陀螺仪测量的数据自动记录单摆的周期和频率。软件设置了几个功能,其中“结果”栏目可以反馈单摆的周期和频率;在“g”栏目中可以输入摆长,系统会自动计算重力加速度 g;在“摆长栏目”中,g 默认值为 9.81 m/s^2,系统就会自动计算出摆长。注意测量摆长时,应从悬点的位置测量到手机的中心。实验数据如图 2.15、图 2.16 所示。

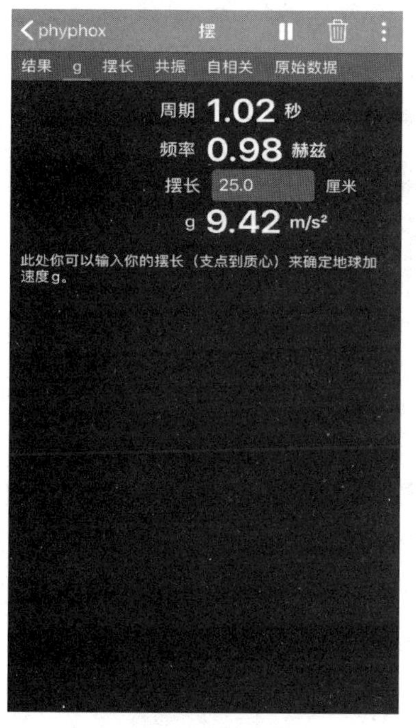

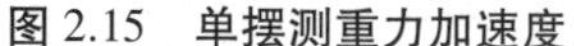
图 2.15　**单摆测重力加速度**

图 2.16　**测单摆摆长**

2)研究向心加速度与角速度的关系

将手机固定在一旋转装置上,打开软件,下拉菜单找到“力学”下的“向心加速度”,点击进入后在“⋮”中设置远程控制,在电脑浏览器中输入地址,让旋转装置旋转起来,点击“▶”按钮,装置转一段时间后点击“‖”按钮,系统自动记录了向心加速度和角速度,并画出角速度与加速度的关系图线以及角速度的平方与加速度的关系图。容易看出:向心加速度 a 与角速

度 ω 的平方成正比,由此可以验证,向心加速度的公式 $a=\omega^2 r$。改变手机的旋转半径,重复上述实验,则得到的 $a\text{-}\omega^2$ 图像的斜率不同。

2.6 影像追踪分析软件 Tracker 介绍

当我们在做科学实验的时候,经常会需要测量物体的运动轨迹,或者是位置、速度、加速度随时间的改变,这时候就可以用到 Tracker 软件(图 2.17)。

Tracker
软件介绍

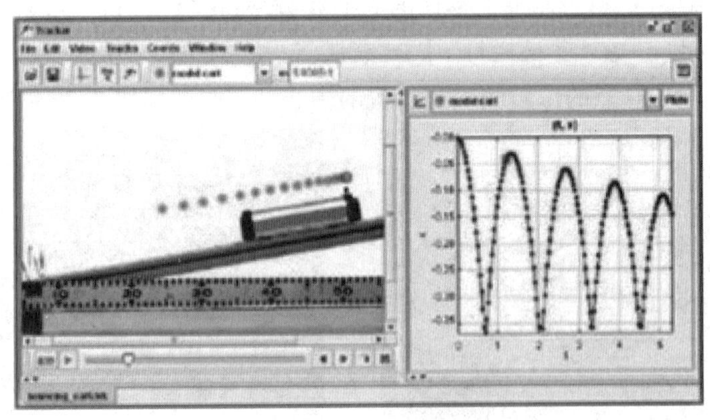

图 2.17 Tracker 工作窗口

Tracker 是一个免费的视频跟踪分析和建模软件,是国外根据物理教育而设计,可以手动或自动跟踪对象的位置、速度和加速度并动态显示的工具。

基本应用:通过一个运动影像直接得到轨迹图或数据,并适用于多情景。例如,二维运动:如抛体运动;轨迹分析:利用拟合的方程式做轨迹预测;周期运动:单摆;多体问题:二维碰撞等。

2.6.1 软件功能

(1)追踪

手动和自动地追踪对象的位置,速度和加速度覆盖以及数据跟踪;质量的轨道中心;交互式图形向量和向量关系;在任何角度,与时间有关的 RGB 区域。

(2)造型

模型构建器创建点质量粒子和双体系统的运动学和动力学模型;模型叠加自动同步,并调整为与现实世界的直接视觉比较的视频;从外部模型,包括 Ejss 模拟新的数据跟踪数据使用。

(3)视频

免费 Xuggle 视频引擎播放和记录大多数格式在 Windows/OSX/Linux 操作系统(MOV/AVI/FLV/MP4/WMV 等);

QuickTime 视频引擎还支持 Windows 和 OSX;

视频滤镜,包括亮度/对比度,轨道和隔行扫描过滤器;

径向失真校正滤镜与鱼眼镜头相关联的畸变;

导出视频向导,可以编辑和转码视频;

视频属性对话框中显示的视频尺寸、路径、帧速率、帧计数,等等。

(4)数据的生成和分析

固定或随时间变化的坐标系统;

多种校准选项:带、棒、校准点和(或)偏移原点;

轻松切换到质量和其他参考帧的中心;

量角器和卷尺提供方便的距离和角度的测量;

圆钳工工具适合圈子 3 分以上;

可以绘制和分析定义自定义变量;

添加可编辑的文本列征求意见或手动输入的数据;

数据分析工具,包括强大的自动和手动曲线拟合;

导出格式或原始数据到文本文件或剪贴板。

2.6.2　Tracker 在物理中的应用

Tracker 利用跟踪视频来建模是一种功能强大的教学新方法,它解决了过去物理教学过程中所呈现的视频只能看现象,不能定量分析的问题。更主要的是不需要借助什么新型设备或专业人才,就能在课堂上随时对一段视频进行定量或建模分析,利用软件所带的功能还能创造类似闪光照片等效果,输出所需要的数据表格或图像,还可以对所画图形进行曲线拟合、积分等操作。为了提供真实的分析处理,Tracker 软件提供了比例标度的设置功能。只要在视频场景中找到一个已知尺度的物体,将标度移到该物体并设置好其真实长度,在后面的视频分析中软件将自动按照该比例标度将物体在屏幕上移动长度转化为真实场景的尺寸,从而能够还原真实的运动过程。另外,软件还提供了各种坐标设置,可以沿不同角度建立直角坐标系,也可用极坐标系进行分析,为物理现象和物理规律的探究提供了极大的方便。

2.7　函数绘图软件 Origin 介绍

Origin 软件介绍

在科学实验中,我们经常有对数据进行分析、函数拟合的需要,这就要用到专业函数绘图软件 Origin(图 2.18)。

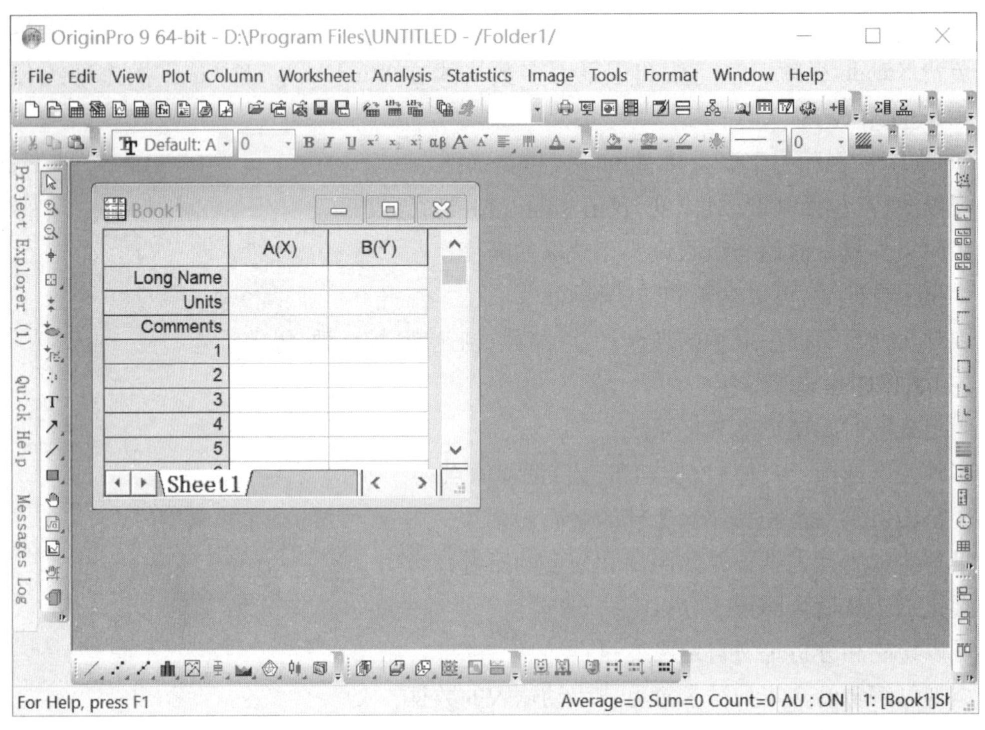

图 2.18 Origin 工作窗口

Origin 为 OriginLab 公司出品的较流行的专业函数绘图软件,是公认的简单易学、操作灵活、功能强大的软件,其操作简便,功能开放,很快就成为国际流行的分析软件之一。

2.7.1 软件功能

(1)软件界面

菜单栏:顶部,一般可实现大部分功能。

工具栏:菜单栏下面,一般最常用的功能都可以通过此实现。

绘图区:中部,所有工作表、绘图子窗口等都在此区域。

项目管理器:下部,可以方便切换各个窗口。

状态栏:底部,标出当前的工作内容。

(2)导入数据

打开软件后,在默认名为 Book1 的 Worksheet 中输入数据,通常默认为 A、B 两栏,需要增加数据栏,可在窗口空白处右击,选择“Add New Column”,增加一列(图 2.19)。

在 Worksheet 中输入数据,也可以直接从 Excel 中直接复制过来,当数据量过大时,也可以采用直接导入表格的方式。打开 Origin 软件,单击“File→Import”,可以导入多种类型数据,以 Excel 为例(图 2.20)。

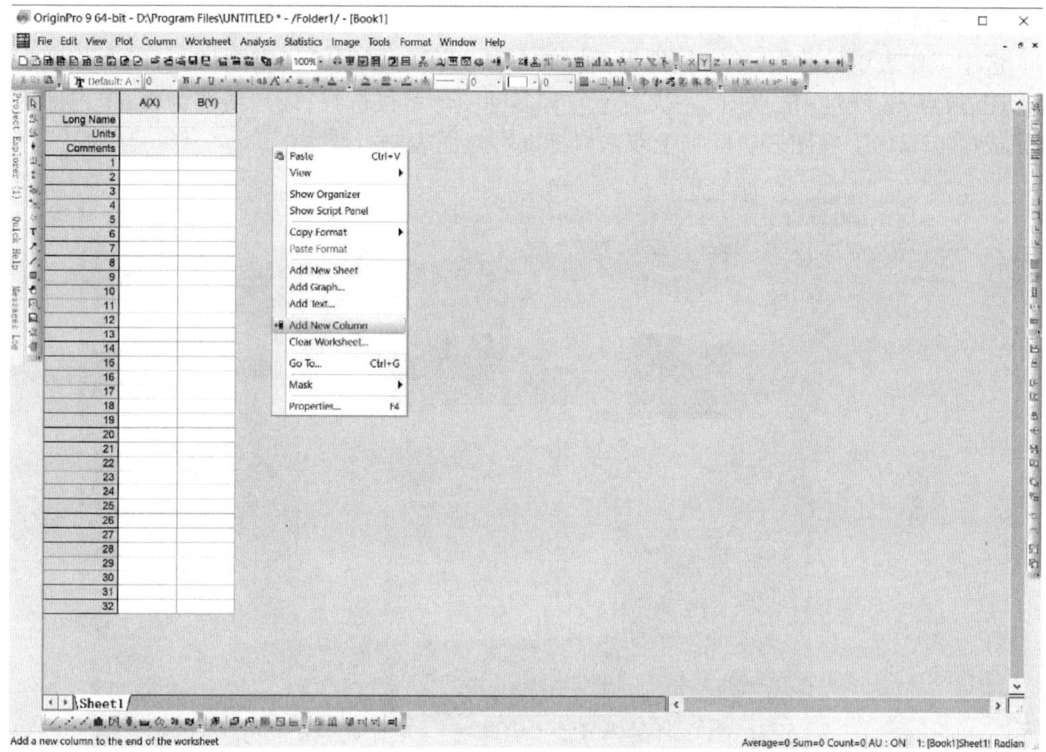

图 2.19　增加数据栏

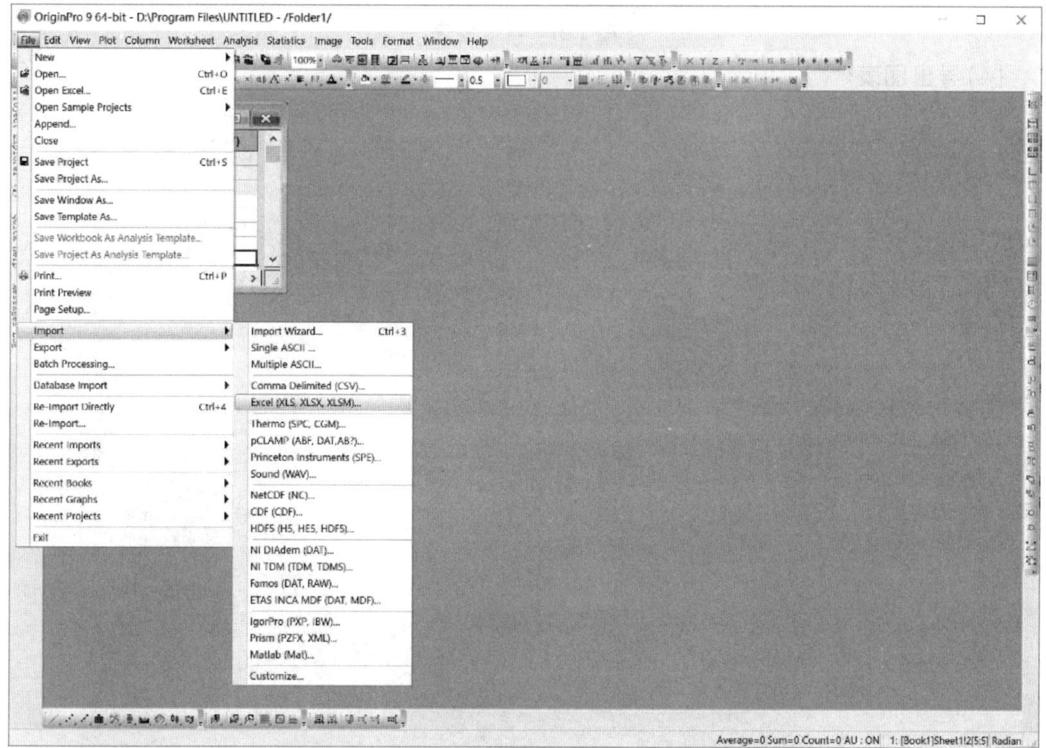

图 2.20　数据导入

(3)绘制图表

选中工作表中的数据,单击软件界面下方的按钮可初步生成相应图像,前四个分别表示线形图、散点图、线性+散点图、柱状图等。有多种图形可供选择,以点线图为例,单击即可绘制完成(图 2.21)。在图表坐标轴上双击鼠标即可对图表进行修饰。

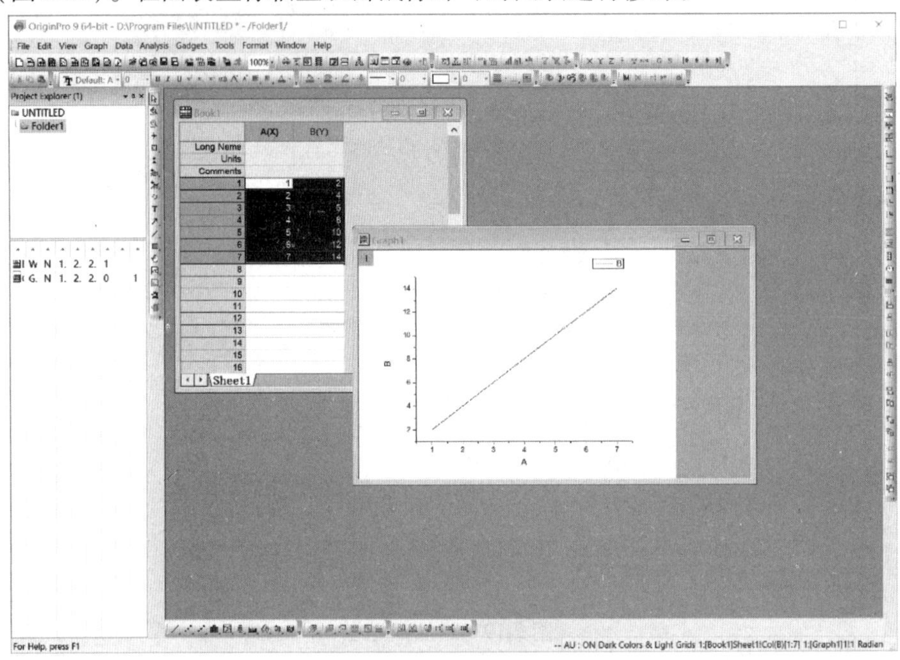

图 2.21　绘制图表

(4)导出图表

鼠标单击“Edit→Copy Page”,就可以导出图表粘贴到其他的地方(图 2.22)。

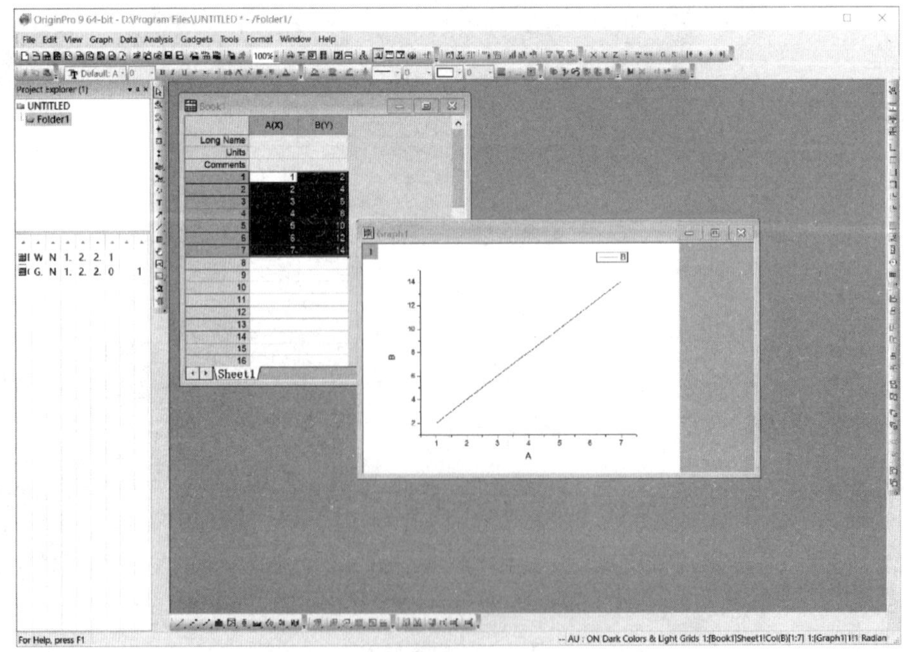

图 2.22　导出图表

2.7.2　Origin 软件在物理中的应用

Origin 中的数据分析功能包括统计、信号处理、曲线拟合以及峰值分析。Origin 中的曲线拟合是采用基于 Levernberg-Marquardt(LM)算法的非线性最小二乘法拟合。Origin 强大的数据导入功能,支持多种格式的数据,包括 ASCII、Excel、NI TDM、DIADem、NetCDF、SPC 等。图形输出格式多样,如 JPEG、GIF、EPS、TIFF 等。内置的查询工具可通过 ADO 访问数据库数据。

【阅读材料】

最小二乘法的发明优先权之争

1801 年,意大利天文学家朱赛普·皮亚齐发现了第一颗小行星——谷神星。经过 40 天的跟踪观测后,谷神星运行至太阳背后,使得皮亚齐失去了谷神星的位置。随后全世界的科学家利用皮亚齐的观测数据开始寻找谷神星,但是根据大多数人计算的结果来寻找谷神星都没有结果,时年 24 岁的高斯也计算了谷神星的轨道,所使用的最小二乘法发表在 1809 年他的著作《天体运动论》中。奥地利天文学家海因里希·奥尔伯斯根据高斯计算出来的轨道重新发现了谷神星。

最小二乘法最先出现在法国科学家勒让德于 1805 年发表的《计算彗星轨道的新方法》著作的附录中,该附录占据了全书 80 页的最后 9 页。勒让德在这本书前面几十页关于彗星轨道计算的讨论中没有使用最小二乘法,可见在他刚开始写作时,这一方法尚未在他头脑中成形。历史资料表明,勒让德在参加量测过巴黎子午线长这项工作很久以后还未发现这个方法。考虑到此书发表于 1805 年且该法出现在书末的附录中,可以推测他发现这个方法当在 1805 年或之前不久的某个时间。

勒让德的工作没有涉及最小二乘法的误差分析问题。这一点由高斯在 1809 年发表的正态误差理论加以补足。高斯的这一理论对于将最小二乘法用于数理统计具有极其重要的意义。这一点在 20 世纪哥色特、费歇尔等发展了正态小样本理论后表现尤其明显。正因为高斯这一重大贡献,以及他声称自 1799 年以来一直使用这一方法,所以后来人多把这一方法的发明优先权归于高斯。当时这两位大数学家之间曾为此发生优先权之争,其知名度仅次于牛顿和莱布尼兹之间关于微积分发明的优先权之争。

最小二乘法在 19 世纪初发明后,很快得到欧洲一些国家的天文学和测地学工作者的广泛使用,据不完全统计,1805—1864 年的近 60 年间,有关这一方法的研究论文约 250 篇,一些百科全书,包括 1837 年出版的不列颠百科全书第 7 版,都收入了有关这个方法的介绍。最小二乘法在数理统计学中具有非常显赫的地位。其他方法虽也可能具有某种优点,但由于缺乏最小二乘法所具备的线性表达式简单、有较完善的小样本理论等特性,故仍不可能取代最小二乘法的地位,这就是此法得以长盛不衰的原因。

第 3 章

基础和综合性实验

实验 3.1　长度测量与数据处理

【实验目的】

长度测量与数据处理理论

①掌握游标卡尺、螺旋测微计的测量原理和使用方法；

②学会多次等精度测量误差的估算方法与有效数字的基本运算法则。

【实验原理】

(1) 游标卡尺

1) 结构

游标卡尺是能够准确测量长度的装置。它由主尺(米尺)和游标尺(标有 N 个刻度的游标尺)两部分组成。游标与尺身之间有一弹簧片,利用弹簧片的弹力使游标与尺身压紧。游标上部有一紧固螺钉,可将游标固定在尺身上的任意位置。尺身和游标都有量爪,利用内测量爪可以测量槽的宽度和管的内径,利用外测量爪可以测量零件的厚度和管的外径(图3.1)。深度尺与游标尺连在一起,可以测槽和筒的深度。主尺的分度值为 1 mm,与游标尺上分度值 $\frac{N-1}{N}$ mm 相差一个小量 $\Delta x=\frac{1}{N}$ mm。常见的三种卡尺分别为:$\Delta x=0.1$ mm,$\Delta x=0.05$ mm 和 $\Delta x=0.02$ mm,分别称为十分游标、二十分游标和五十分游标(图 3.2)。以十分游标为例,游标尺的 10 个分度值(游标尺刻度总长)与主尺的(10-1) mm 重合。故使用游标卡尺测长度时,读数可精确到 0.1 mm。同理可知,二十分游标读数可精确到 0.05 mm,五十分游标读数可精确到 0.02 mm。

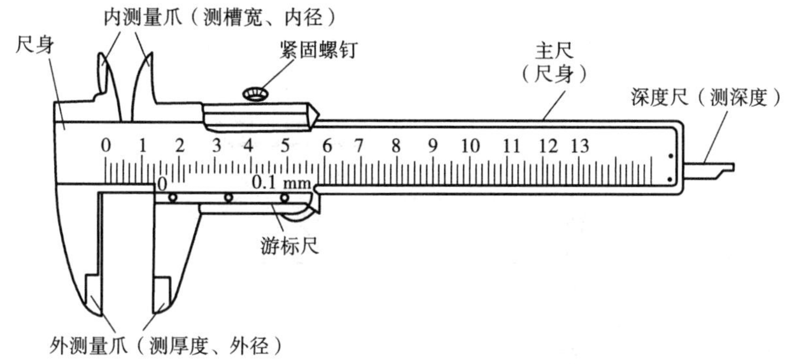

图 3.1　游标卡尺

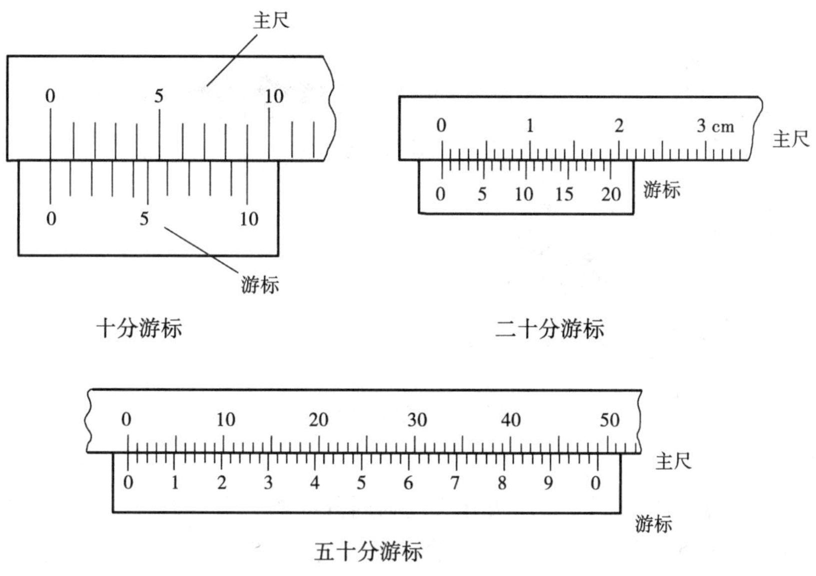

图 3.2　三种不同刻度的游标卡尺

2）读数方法

以测量外径为例：先使游标尺量爪和主尺量爪接触，看游标尺的零刻度和主尺的零刻度是否对齐。若没有对齐，其读数称零点读数，应将其读出（方法见后）。将被测物夹持在游标尺量爪和主尺量爪之间，设游标尺的零刻度线落在主尺的第 k 和 $k+1$ 个刻度之间，则在主尺上的读数为 k mm。若游标上某个刻度（设为第 n 个）与主尺上某刻度重合或最为接近，则 $\Delta L=n\Delta x$。物体长度为 $L=k+\Delta L$。如图 3.3 所示，$\Delta x=0.05$ mm，$k=6$，$n=13$，所以读数 $L=6+0.05\times 13=6.65$ mm。若零点读数不为零，应从最终读数中减去。

（2）螺旋测微计

1）结构

螺旋测微计又称千分尺，是利用测微螺杆的外螺纹和套管的内螺纹紧密配合、将测微螺杆的角位移变为直线位移的原理，来实现长度测量的量具，如图 3.4 所示。测微螺杆的螺距为 0.5 mm，可转动的套管（又称“微分筒”）的圆周上均匀刻画 50 个分度，所以每旋转一个分度，螺杆移动 0.5 mm/50 = 0.01 mm。也就是说，螺旋测微计的精密度（分度值）为

0.01 mm。

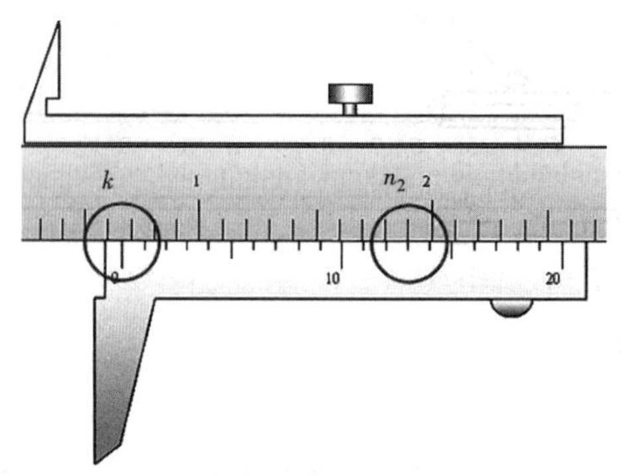

图 3.3　游标卡尺的读数

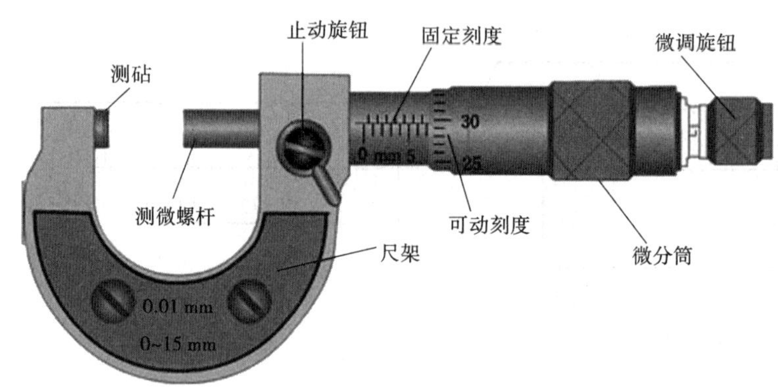

图 3.4　螺旋测微计

2）读数方法

固定套筒上有一轴向横刻线，它是微分筒上圆周分度的读数准线。轴向横向的一侧是分度值为 1 mm 的分度刻线，另一侧是 0.5 mm 的分度刻线，组成固定标尺，微分筒的棱边是固定标尺的读数准线。

①先读固定标尺上的数值：以微分筒棱边为准线，读出整数毫米值，若已露出相邻的 0.5 mm刻线，应再加上 0.5 mm。

②读微分筒上数值：它的分度值为 0.01 mm。以轴向横刻线为准线，读出微分筒上的数值（包括估读位）。

③将两数相加即得被测物体的尺寸，如图 3.5 所示。

3）注意事项

①测量后应进行零点修正，即要从测量读数中减去零点读数。零点读数时，顺刻度序列记为正值，反之为负值。

②测量时，左手握住尺架上绝热部分，右手转动微分筒，当测微螺杆的测量端面快要与工件表面相接触时，再轻旋微调旋钮（也叫棘轮）至发出“咔咔”响声后，将锁紧装置推向左边，便可读数。

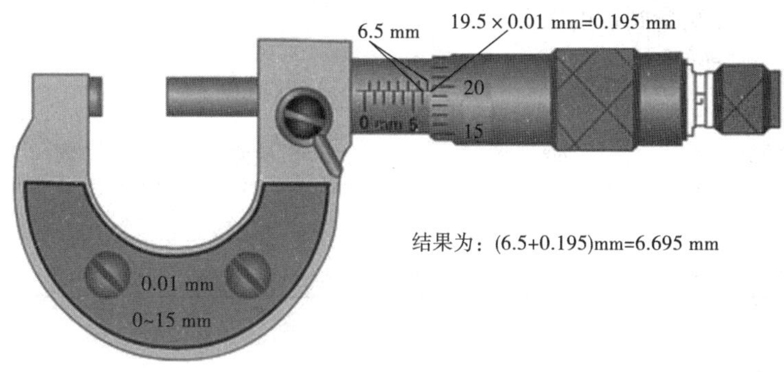

图 3.5　螺旋测微计的读数

【实验仪器】

游标卡尺，螺旋测微计，待测物体（长方体、圆球）。

【实验内容与步骤】

长度测量与数据处理实验

①用游标卡尺测量长方体的长、宽、高，并求其体积。

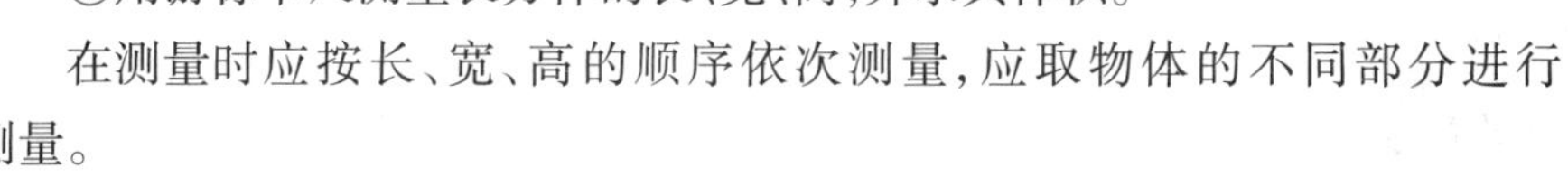

在测量时应按长、宽、高的顺序依次测量，应取物体的不同部分进行测量。

②用螺旋测微计测量圆球的直径，并求其体积。

在测量时，应做交叉测量，即在同一截面上，在相互垂直的方向上进行测量。

【数据记录与处理】

(1)数据记录

1)用游标卡尺测量长方体的长、宽、高

游标卡尺测量长方体的长、宽、高，并将数据记录到表 3.1。

表 3.1　长方体尺寸

游标尺的分度值：　　mm　　　　游标尺的零点读数：　　mm

次数	长 a/mm	宽 b/mm	高 c/mm
1			
2			
3			
4			
5			
6			
平均			

2)用螺旋测微计测量圆球的直径

螺旋测微计测量圆球的直径,并将数据记录入表3.2。

表3.2 钢球直径

螺旋测微计的分度值:________ mm　　　　螺旋测微计的零点读数:________ mm

次数	1	2	3	4	5	6	平均
读数 d/mm							

(2)数据处理

1)用游标卡尺测量长方体的体积

①长度(a)的计算

$$\bar{a} = \frac{1}{6}\sum_{1}^{6} a_i$$

可比读数多保留一位,精确至0.001 mm。

$$u_A(a) = \left[\frac{\sum_{1}^{6}(a_i - \bar{a})^2}{6 \times (6-1)}\right]^{\frac{1}{2}}$$

可保留两位有效数字。

按中华人民共和国计量检定规程,游标卡尺的允许误差等于分度值,所以$\Delta = 0.02$ mm。

$$u_B(a) = \frac{\Delta}{\sqrt{3}} = \frac{0.02}{\sqrt{3}}(\text{mm})$$

可保留两位有效数字。

而$u_c(a) = \sqrt{u_A^2(a) + u_B^2(a)}$

对b和c可进行同样的运算。

②体积V的计算

最佳值为$\bar{V} = \bar{a}\,\bar{b}\,\bar{c}$,最后结果有效数字的位数与有效数字位数最少的那个数相同。

不确定度由相对不确定度的计算公式

$$E = \frac{u_c(y)}{\bar{y}} = \sqrt{\left(\frac{\partial \ln f}{\partial x_1}\cdot u_1\right)^2 + \left(\frac{\partial \ln f}{\partial x_2}\cdot u_2\right)^2 + \cdots + \left(\frac{\partial \ln f}{\partial x_k}\cdot u_k\right)^2}$$

得

$$u_c(V) = \bar{V}\left[\left(\frac{u_c(a)}{\bar{a}}\right)^2 + \left(\frac{u_c(b)}{\bar{b}}\right)^2 + \left(\frac{u_c(c)}{\bar{c}}\right)^2\right]^{\frac{1}{2}}$$

只保留一位有效数字。

根据$u_c(V)$所在的位数,按照末位对齐的原则,对$\bar{V}$进行取舍。

结果表示为

$$V=\bar{V}\pm u_c(V)$$

2)用螺旋测微计测量圆球体积

圆球直径的处理方法同上。

按《中华人民共和国国家计量检定规程》,对螺旋测微计,允许误差为 0.004 mm。由 $V=\frac{4}{3}\pi R^3=\frac{1}{6}\pi d^3$ 知,V 仅是直径 d 的函数。

计算时,π 的位数应比 d 的有效数字多一位,且 $u_c(V)=\bar{V}\frac{3u_c(d)}{\bar{d}}$。

【思考与讨论】

①用十分游标卡尺和五十分游标卡尺测同一物体的直径,测得的有效数字位数是否相同,为什么?如果用五十分游标卡尺和螺旋测微计测同一金属丝的直径,测得的有效数字位数是否相同,为什么?

②如果要测定一长方体铝块的体积,铝块长约为 30 cm,宽约为 5 cm,厚约为 0.1 cm,问各应选哪种仪器进行测量,才能使其体积的测量结果有四位有效数字?

③如图 3.6 所示,这些游标卡尺(仅画出读数部分)的分度值是多少?它们的读数又是多少?

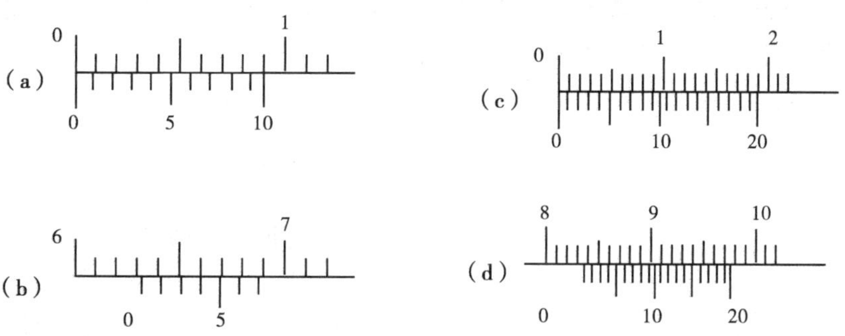

(每一张图的上一支尺用来确定分度值,下一支尺用来读数,主尺上一分格上 1 mm)

图 3.6　③题图

【阅读材料】

长度测量的应用

长度测量主要是对物体几何量的测定。长度测量应用范围十分广泛,各种工业都离不开长度的测量。生产中的各种零部件要经过测量才能知道尺寸是否合要求。精度低的,用游标卡尺等机械类量具即可;精度高的,需用光学仪器测量。机械中的许多关键零部件,还要使用专用的测量仪器，如汽车发动机凸轮轴的凸轮，需用凸轮轴检查仪来检测。手表中的宝石轴承，需用测量显微镜测量它的内圆、外圆和内孔光洁度。安装大型喷气飞机机身型架，要求在30 m长度内误差不能超过0.1 mm，这就要有激光准直仪来进行测量和定位。

实验3.2 液体表面张力系数的测定

液体表层厚度约10^{-10}m内的分子所处的条件与液体内部不同，液体内部每一分子被周围其他分子所包围，分子所受的作用力合力为零。由于液体表面上方接触的气体分子，其密度远小于液体分子密度，因此液面每一分子受到向外的引力比向内的引力要小得多，也就是说所受的合力不为零，力的方向是垂直于液面并指向液体内部，该力使液体表面收缩，直至达到动态平衡。因此，在宏观上，液体具有尽量缩小其表面积的趋势，液体表面好像一张拉紧了的橡皮膜。这种沿着液体表面的、收缩表面的力称为表面张力。表面张力能说明液体的许多现象，例如润湿现象、毛细管现象及泡沫的形成等。因此，了解液体表面性质和现象，掌握测定液体表面张力系数的方法是具有重要实际意义的。本实验介绍了一种直接测定表面张力系数的方法——拉脱法。

【实验目的】

液体表面张力系数的测定理论

①了解FB326型液体的表面张力系数测定仪的基本结构；
②掌握用标准砝码对测量仪进行定标的方法；
③学会测量表面张力系数的方法。

【实验原理】

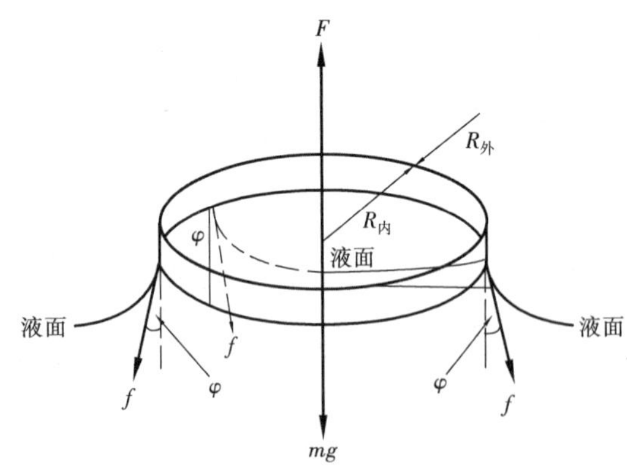

图3.7 圆形吊环从液面缓慢拉起受力示意图

(1)液体表面张力

如果将一洁净的圆筒形吊环浸入液体中，然后缓慢地提起吊环，圆筒形吊环将带起一层液膜。使液面收缩的表面张力f沿液面的切线方向，角φ称为湿润角(或接触角)。当继续提起圆筒形吊环时，如图3.7所示，φ角逐渐变小而接近为零，这时所拉出的液膜的里、外两个表面的张力f均垂直向下，设拉起液膜破裂时的拉力为F，则有

$$F=(m+m_0)g+2f \tag{3.1}$$

式中，m为黏附在吊环上的液体的质量；m_0为吊环质量，因表面张力的大小与接触面周边界长度成正比，则有

$$2f=\pi(D_1+D_2)\alpha=l\alpha \tag{3.2}$$

式中,D_1 为内径;D_2 为外径;l 为圆筒形吊环内、外圆环的周长之和。

比例系数 α 称为表面张力系数,单位是 N/m。α 在数值上等于单位长度上的表面张力。

$$\alpha = \frac{F - (m + m_0)g}{l} \tag{3.3}$$

由于金属膜很薄,被拉起的液膜也很薄,m 很小可以忽略,于是公式简化为

$$\alpha = \frac{F - m_0 g}{l} \tag{3.4}$$

表面张力系数 α 与液体的种类、纯度、温度和它上方的气体成分有关。实验表明,液体的温度越高,α 值越小,所含杂质越多,α 值也越小。只要上述这些条件保持一定,α 值就是一个常数。

(2)力敏传感器

1)力敏传感器的压力特性

力敏传感器的原理是:将电阻应变片用黏合剂牢固地粘贴在被测试件的表面上,随着测试件受力变形,应变片的敏感栅也获得同样的形变,使应变片的电阻随之发生变化。这样应变片就可以把力应变转换成电阻值的变化,通过测量电阻值的变化可反映出外力作用的大小。实际使用时,常用电桥电路将电阻的变化转化为电压或电流的变化进行输出,这样更有利于显示和记录应变的大小。

2)用标准砝码测量力敏传感器的压力特性,计算其灵敏度

假如作用在传感器上的力的大小为 F,输出的电压是 V,则有

$$K = \frac{V}{F} = \frac{\Delta V}{\Delta F} \tag{3.5}$$

其中,K 就是力敏传感器的灵敏度,其单位为 mV/N。

如已知力敏传感器的灵敏度 K,在金属环拉断液膜的前后拉力 F_1 和 F_2 所对应的电压表示数分别是 V_1 和 V_2 时,则有

$$F - m_0 g = 2f = F_1 - F_2 = \frac{V_1 - V_2}{K} \tag{3.6}$$

故表面张力系数为

$$\alpha = \frac{F - m_0 g}{l} = \frac{2f}{l} = \frac{V_1 - V_2}{lK} = \frac{V_1 - V_2}{\pi(D_1 + D_2)K} \tag{3.7}$$

【实验仪器】

FB326A 型液体的表面张力系数测定仪(图 3.8)主要组成有:底座、立柱、传感器固定支架、压阻力敏传感器、数字式毫伏表、有机玻璃器皿(连通器)、标准砝码(砝码盘)、圆筒形吊环。

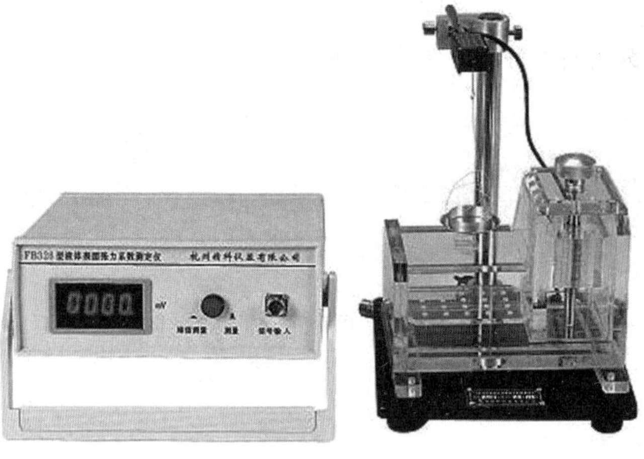

图 3.8 FB326A 型液体表面张力系数测定仪

【实验内容与步骤】

液体表面张力系数的测定实验

(1)测定力敏传感器的灵敏度

①连接线路,开机预热 15 min 后,在力敏传感器上吊上吊盘,调节机箱上的调零旋钮,使初读数为零。

②将 7 个质量为 500.00 mg 砝码依次放入吊盘中,并依次记下每加一个砝码时电压表所对应的数据(mV),记为 $V_0 \sim V_7$;再依次从吊盘中取走砝码,同时记下每减少一个砝码时对应的读数 $V'_7 \sim V'_0$。将数据填入到表 3.3 中,计算出平均值 $\bar{V}_i$。(注意:安放砝码时动作要应尽量轻巧,用镊子夹取。)

③对 $\bar{V}_i$ 以逐差法计算出 $\Delta \bar{V}$,并得出力敏传感器的灵敏度 K。

(2)测定表面张力系数

①用游标卡尺测定吊环的内径 D_1 和外径 D_2,每个数据测量 6 组,记录到表 3.4 中,计算出其平均值。

②清洗有机玻璃器皿和金属环,完毕后用吹风机吹干,倒入适量测试液体于有机玻璃器皿中。

③将清洗好的金属环挂在传感器的小钩上。逆时针转动活塞调节旋钮,使液体液面上升,将液体升至靠近环片的下沿。用镊子夹修正挂线长短,使环片的下沿与待测液面平行。

④继续逆时针转动活塞调节旋钮,把金属环部分浸入液体中,此时,按下面板上的按钮开关,仪器功能转为峰值测量,接着缓慢地顺时针转动活塞,调节旋钮,这时液面逐渐往下降(相对而言即吊环往上提拉),观察环浸入液体中及从液体中拉起时的物理过程和现象。当吊环拉断液柱的一瞬间数字电压表显示拉力峰值 V_1,记录下该数据。拉断后,释放按钮开关,电压表恢复随机测量功能,静止后其读数值为 V_2(吊环重量),记录下该数据。连续做 6 次,将数据记录到表 3.5 中。

⑤将实验数据代入公式,求出液体的表面张力系数。

【注意事项】

①吊环须严格清洗干净。可用 NaOH 溶液洗净油污或杂质后，用清洁水冲洗干净，并用热吹风烘干。

②吊环水平须调节好，以免测量结果引入较大误差（偏差 1°，测量结果引入误差为0.5%；偏差 2°，则误差 1.6%）。

③实验之前，仪器开机需预热 15 min。

④在调节液面升降活塞时，速度要缓慢，尽量减小液体的波动。

⑤工作环境应避免风吹，以免吊环摆动致使零点波动，造成所测系数不准确。

⑥若液体为纯净水。在使用过程中防止灰尘和油污及其他杂质污染。特别注意，手指不要接触被测液体。

⑦力敏传感器使用时，用力不宜大于 0.098 N，过大的拉力传感器容易损坏。

⑧实验结束须将吊环用清洁纸擦干，用清洁纸包好，放入干燥缸内。

⑨试验中配件盒中除了镊子外，其他仪器均不允许手接触。

【数据记录与处理】

(1)用逐差法求仪器的灵敏度 K

记录力敏传感器的灵敏度 K 的测定数据于表 3.3。

表 3.3　力敏传感器的灵敏度 K 的测定

序号 i	砝码质量 /(10^{-6}kg)	增重读数 V_i/mV	减重读数 V_i'/mV	V_i/mV $\overline{V}_i=\frac{V_i+V_i'}{2}$	等间距逐差 ΔV_i/mV $\Delta V_i=\overline{V}_{i+4}-\overline{V}_i$
0	0.00				$\Delta V_1=\overline{V}_4-\overline{V}_0$
1	500.00				
2	1 000.00				$\Delta V_2=\overline{V}_5-\overline{V}_1$
3	1 500.00				
4	2 000.00				$\Delta V_3=\overline{V}_6-\overline{V}_2$
5	2 500.00				
6	3 000.00				$\Delta V_4=\overline{V}_7-\overline{V}_3$
7	3 500.00		—		

逐差法求平均值

$$\Delta\overline{V}=\frac{1}{16}(\Delta V_1+\Delta V_2+\Delta V_3+\Delta V_4)$$

$\Delta\overline{V}$ 为每 500.00 mg 对应的电子秤的输出电压，重庆地区重力加速度 g 为9.791 4 m/s^2，则

$K=\frac{\Delta V}{\Delta F}=\frac{\Delta \bar{V}}{\Delta mg}=$ ________________ mV/N。

(2)金属环的内、外直径

记录金属环内、外直径的测定数据于表 3.4。

表 3.4　金属环内、外直径的测定

游标卡尺的分度值:______ mm　　　　零点读数:______ mm

测量次数	1	2	3	4	5	6	平均值
内径 D_1/mm							
外径 D_2/mm							

(3)用拉脱法求测定水的表面张力系数

记录表面张力系数的测定数据于表 3.5。

表 3.5　水的表面张力系数的测定

水温(室温):________℃

测量次数	拉脱时最大读数 V_1/mV	稳定后的读数 V_2/mV	$\Delta V'$/mV $\Delta V'=V_1-V_2$
1			
2			
3			
4			
5			
6			
平均值			$\Delta\bar{V}'=$ ____________

计算 α

$$\bar{\alpha}=\frac{\Delta\bar{V}'}{\pi(\bar{D}_1+\bar{D}_2)K}$$

从附录 A 中查出室温下水的表面张力系数 α 的理论值,把实验结果与此值比较求相对误差。

$$E=\frac{|\bar{\alpha}-\alpha_0|}{\alpha_0}\times 100\%$$

【思考与讨论】

①什么叫表面张力？表面张力系数与哪些因素有关？

②拉脱法的物理本质是什么？

③若考虑拉起液膜的重量，实验结果应如何修正？

实验3.3　用扭摆法测定物体的转动惯量

转动惯量是刚体转动惯性大小的量度，是表明刚体特性的一个物理量。转动惯量的大小与物体质量、转轴的位置和质量分布(即形状、大小和密度)有关。如果刚体形状简单，且质量分布均匀，可直接计算出它绕特定轴的转动惯量。但在工程实践中，我们常碰到形状复杂，且质量分布不均匀的刚体，理论计算将极为复杂，通常采用实验方法来测定。

转动惯量的测量，一般都是使刚体以一定形式运动。通过表征这种运动特征的物理量与转动惯量之间的关系，进行转换测量。本实验使物体做扭转摆动，由摆动周期及其他参数的测定算出物体的转动惯量。

【实验目的】

用扭摆法测定物体的转动惯量理论

①了解转动惯量的概念、平行轴定理和测量物体转动惯量的原理；

②掌握扭摆法间接测量物体转动惯量的方法；

③学会用扭摆法测量质量均匀的几何物体的转动惯量和验证平行轴定理。

【实验原理】

(1)扭摆的简谐运动

扭摆的结构见图3.9，其垂直轴上装有一根簿片状的螺旋弹簧，用以产生恢复力矩。在轴上方可以装上各种待测物体。垂直轴与支座间装有轴承，使摩擦力矩尽可能降低。为了使垂直轴与水平面垂直，可通过底脚螺丝钉来调节，水平仪用来指示系统调整水平。将套在轴上的物体在水平面内转过一角度 θ 后，在弹簧的恢复力矩作用下，物体就开始绕垂直轴做往返扭转运动。根据胡克定律，弹簧受扭转而产生的恢复力矩 M 与所转过的角度成正比，即

$$M = -K \times \theta \tag{3.8}$$

式中，K 为弹簧的扭转常数。根据转动定律

$$M = I \times \beta \tag{3.9}$$

忽略轴承的摩擦力矩，则有

$$\beta = \frac{\mathrm{d}^2\theta}{\mathrm{d}t^2}$$

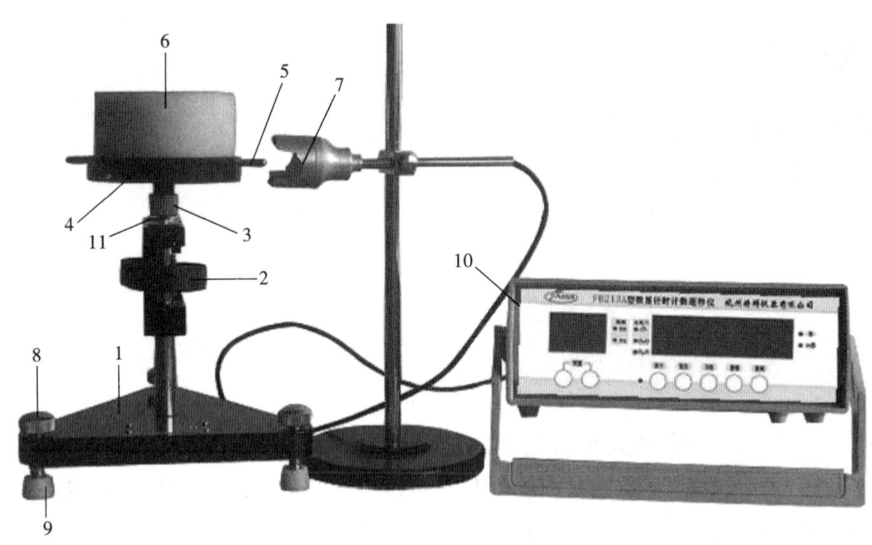

图 3.9　FB729 型智能转动惯量综合实验仪结构示意图

1—FB729 型扭摆底座;2—螺旋形钢质弹簧;3—测试样品与转动轴连接螺栓;4—测试样品用载物盘;5—测试样品固定螺栓兼挡光棒;6—圆柱形测试样品;7—光电门;8—扭摆底座水平调节螺栓;9—扭摆底座机脚;10—数显计时计数毫秒仪;11—水准器

联立式(3.8)和(3.9),得

$$I\frac{\mathrm{d}^2\theta}{\mathrm{d}t^2}+K\theta=0$$

其中,$\omega^2=\dfrac{K}{I}$,即有

$$\frac{\mathrm{d}^2\theta}{\mathrm{d}t^2}+\omega^2\times\theta=0$$

此方程表明,忽略轴承摩擦力的扭摆运动是角简谐振动。角加速度与角位移成正比,且方向相反。此方程的解为

$$\theta=A\times\cos(\omega t+\varphi)$$

式中,A 为简谐振动的角振幅;φ 为初位相;ω 为角频率。此简谐振动的周期为

$$T=\frac{2\pi}{\omega}=2\pi\sqrt{\frac{I}{K}}\tag{3.10}$$

利用式(3.10),测得扭摆的周期 T,在 I 和 K 中已知任何一个量时,即可计算出另一个量。

本实验用一个转动惯量已知的物体(几何形状规则,根据它的质量和几何尺寸用理论公式计算得到),测出该物体摆动的周期,求出弹簧的 K 值。若要测量其他形状物体的转动惯量,只需将待测物体安放在本仪器顶部的各种夹具上,测定其摆动周期,由公式(3.10)即可计算出该物体的转动惯量。

(2) 平行轴定理

若质量为 m 的物体绕通过质心轴的转动惯量为 I_C,当转轴平行移动距离 x 时(图 3.10),

则此物体对新轴的转动惯量 $I_0=I_C+mx^2$，称为转动惯量的平行轴定理。

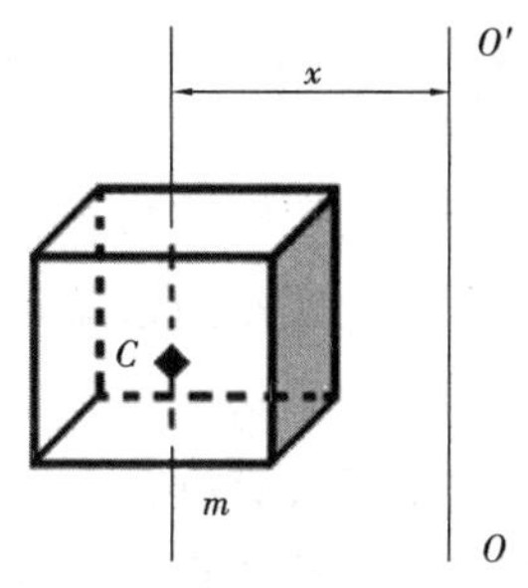

图 3.10　平行轴定理示意图

【实验仪器】

FB729 型智能转动惯量综合实验仪，由扭摆、光电计时仪及几种待测刚体（空心金属圆柱体、实心塑料圆柱体、尼龙球、验证转动惯量平行轴定理的细长金属杆，杆上有两块可以自由移动的金属滑块）组成。

【实验内容及步骤】

用扭摆法测定物体的转动惯量实验

（1）实验内容

①熟悉扭摆的构造、使用方法，掌握 FB729 型智能转动惯量综合实验仪的正确操作要领。

②测定扭摆的仪器常数（弹簧的扭转常数）。

③测定塑料圆柱、金属圆筒、尼龙球与金属细杆的转动惯量，并与理论值进行比较，求百分误差。

④改变滑块在细杆上的位置，验证转动惯量的平行轴定理。

（2）实验步骤

①用天平和游标卡尺分别测出待测物体的质量和必要的几何尺寸，如圆柱体的直径、金属圆筒的内外径、尼龙球的直径以及金属细杆的长度等。

②调整扭摆基座底脚螺丝，使水准仪中气泡居中。

③装上金属载物盘，调节光电探头的位置。要求光电探头放置在挡光棒的平衡位置处，使载物盘上的挡光棒处于光电探头的中央，且能遮住发射和接收红外线的小孔。

④把毫秒仪的功能设置为“摆动周期”测量，把周期次数设置为 10，设置结束。按一下“复位”按钮，先用手使转盘偏离平衡位置约 90°，再按一下“执行”按钮，松手让载物盘来回摆动，测定空载物盘的摆动周期 T_0。测定 3 次，把数据记录到表 3.6 中。

⑤将塑料圆柱体垂直放在载物盘上，重复步骤④，测出摆动周期 T_1。

⑥用金属圆筒代替塑料圆柱体，重复步骤④，测出摆动周期 T_2。

⑦取下金属载物盘，装上尼龙球，重复步骤④，测出摆动周期 T_3。

⑧取下尼龙球，装上金属细杆（细杆中心必须与转轴中心重合），重复步骤④，测出摆动周期 T_4。

⑨将滑块对称地放置在金属细杆两边的凹槽内，此时滑块质心离转轴的距离分别为 5.00，10.00，15.00，20.00，25.00 cm，重复步骤④，分别测定细杆加滑块的摆动周期 T_5，每个距离的摆动周期 T_5 测定 3 次，把数据记录到表 3.7。

【注意事项】

①弹簧的扭转常数 K 不是固定的常数,它与摆角大小略有关系,摆角在 30°~90°基本相同。为了减少实验的系统误差,测定各种物体的摆动周期时,摆角应基本保持在同一个范围内。

②光电探头宜放置在挡光棒的平衡位置处,挡光棒不能与它接触,以免增加摩擦力矩。

③在安装待测物体时,其支架必须全部套入扭摆的主轴,并且将止动螺丝旋紧,否则扭摆不能正常工作。

④机座应保持在水平状态。

【数据记录与处理】

(1)扭转常数 K

用金属载物圆盘和在载物圆盘上放置塑料圆柱时的摆动周期 T_0 和 T_1 的实验值以及塑料圆柱转动惯量的理论值 I_1'($I_1'=\frac{1}{8}m_1\bar{D}^2$)来确定 K 值,设金属载物圆盘的转动惯量为 I_0。

①只有托盘

$$T_0 = 2\pi\sqrt{\frac{I_0}{K}} \tag{3.11}$$

I_0 未知,K 待求,T_0 可测。

②加一圆柱

$$I_1' = \frac{1}{8}m_1\bar{D}^2, T_1 = 2\pi\sqrt{\frac{I_0 + I_1'}{K}} \tag{3.12}$$

T_1 可测,I_1'用理论值。

$$\frac{T_0}{T_1} = \frac{\sqrt{I_0}}{\sqrt{I_0 + I_1'}}$$

所以

$$I_0 = \frac{T_0^2 I_1'}{T_1^2 - T_0^2}$$

代入式(3.11)得到

$$K = 4\pi^2 \frac{I_1'}{T_1^2 - T_0^2}$$

因此,测出 T_0,T_1,即可得到 K 值。

(2)转动惯量测定实验数据

记录转动惯量测定实验数据于表 3.6。

表 3.6　转动惯量测定实验数据记录表

物体名称	质量/kg	几何尺寸 $/10^{-2}$ m		周期/s		转动惯量理论值 $/10^{-4}$ kg · m²	转动惯量实验值 $/10^{-4}$ kg · m²	百分误差/%
载物盘	—	—		$10T_0$		—	$I_0=\frac{K\overline{T}_0^2}{4\pi^2}$	—
				$\overline{T}_0$				
塑料圆柱	m_1	D		$10T_1$		$I_1'=\frac{1}{8}m_1\overline{D}^2$	$I_1=\frac{K\overline{T}_1^2}{4\pi^2}-I_0$	0
		$\overline{D}$		$\overline{T}_1$				
金属圆筒	m_2	$D_{外}$		$10T_2$		$I_2'=\frac{1}{8}m(\overline{D}_{外}^2+\overline{D}_{内}^2)$	$I_2=\frac{K\overline{T}_2^2}{4\pi^2}-I_0$	
		$\overline{D}_{外}$						
		$D_{内}$						
		$\overline{D}_{内}$		$\overline{T}_2$				
木球	m_3	D_3		$10T_3$		$I_3'=\frac{1}{10}m_3\overline{D}_3^2$	$I_3=\frac{K\overline{T}_3^2}{4\pi^2}-I_0'$	
		$\overline{D}_3$		$\overline{T}_3$				
金属细杆	m_4	L		$10T_4$		$I_4'=\frac{1}{12}m_4L^2$	$I_4=\frac{K\overline{T}_4^2}{4\pi^2}-I_0''$	
				$\overline{T}_4$				

(3)验证转动惯量平行轴定理

记录转动惯量平行轴定理验证实验数据于表 3.7。

球支座转动惯量实验值：$I_0'=0.179\times10^{-4}$ kg · m²

金属细杆夹具转动惯量实验值：$I''_0=\frac{K\overline{T}''^2_0}{4\pi^2}=0.232\times10^{-4}\ \mathrm{kg\cdot m^2}$

两滑块绕质心轴的转动惯量理论值：$I'_5=2\times\frac{1}{16}m_5D_5^2=0.371\ 9\times10^{-4}\ \mathrm{kg\cdot m^2}$（其中，$m_5$ 为滑块的质量）。

表 3.7　平行轴定理验证实验数据记录表

$X/10^{-2}\mathrm{m}$	5.00	10.00	15.00	20.00	25.00
摆动周期 $10T_5/\mathrm{s}$					
周期平均数 $\overline{T}_5/\mathrm{s}$					
实验值$/10^{-4}\mathrm{kg\cdot m^2}$ $I=\frac{K\overline{T}_5^2}{4\pi^2}-I''_0$					
理论值$/10^{-4}\mathrm{kg\cdot m^2}$ $I=I'_4+2m_5x^2+I'_5$					
百分误差/%					

【思考与讨论】

①数字计时仪的仪器误差为 0.001 s，实验中为什么要测量 10 个周期？
②如何用本实验装置测定任意形状物体绕特定轴的转动惯量？

实验 3.4　金属线胀系数的测定

【实验目的】

金属线胀系数的测定理论

①了解金属热胀冷缩原理；
②掌握用千分表测量长度的微小增量；
③学会测量金属线胀系数的方法。

【实验原理】

材料的线膨胀是指材料受热膨胀时，在一维方向的伸长。线胀系数是选用材料的一项重要指标。特别是研制新材料，少不了要对材料线胀系数做测定。

固体受热后其长度的增加称为线膨胀。经验表明，在一定的温度范围内，原长为 L 的物体，受热后其伸长量 ΔL 与其温度的增加量 Δt 近似成正比，与原长 L 也成正比，即

$$\Delta L = \alpha \times L \times \Delta t \tag{3.13}$$

式中，比例系数 α 称为固体的线膨胀系数（简称线胀系数）。大量实验表明，不同材料的线胀系数不同，塑料的线胀系数最大，金属次之，殷钢、熔融石英的线胀系数很小（表 3.8）。殷钢和石英的这一特性在精密测量仪器中有较多的应用。

表 3.8　几种材料的线胀系数

材料	铜、铁、铝	普通玻璃、陶瓷	殷钢	熔融石英
数量级	$\times10^{-5}$(℃)$^{-1}$	$\times10^{-6}$(℃)$^{-1}$	$<2\times10^{-6}$(℃)$^{-1}$	$\times10^{-7}$(℃)$^{-1}$

实验还发现，同一材料在不同温度区域的线胀系数不一定相同。某些合金，在金相组织发生变化的温度附近，同时会出现线胀量的突变。另外还发现线胀系数与材料纯度有关，某些材料掺杂后，线胀系数变化很大。因此，测定线胀系数也是了解材料特性的一种手段。但是，在温度变化不大的范围内，线胀系数仍可认为是一常量。

为测量线胀系数，我们将材料做成条状或杆状。由式(3.13)可知，测量出杆长 L、受热后温度从 t_1 升高到 t_2 时的伸长量 ΔL 和受热前后的温度升高量 Δt（$\Delta t = t_2 - t_1$），则该材料在 (t_1, t_2) 温度区域的线胀系数为

$$\alpha = \frac{\Delta L}{(L \times \Delta t)} \tag{3.14}$$

式(3.14)其物理意义是固体材料在 (t_1, t_2) 温度区域内，温度每升高一度时材料的相对伸长量，其单位为(℃)$^{-1}$。

测量线胀系数的主要问题是如何测伸长量 ΔL。先粗略估算一下 ΔL 的大小，若 $L=400$ mm，温度变化 $t_2 - t_1 \approx 100$ ℃，金属的 α 数量级为 $\times10^{-5}$(℃)$^{-1}$，估算 $\Delta L = \alpha \times L \times \Delta t \approx 0.4$ mm。对于这么微小的伸长量，用普通量具如钢尺或游标卡尺是测不准的。可采用千分表（分度值为 0.001 mm）、读数显微镜、光杠杆放大法、光学干涉法等方法来测量。本实验采用的是分度值为 0.001 mm 的千分表测微小的线胀量。

【实验仪器】

FB712A 型金属线胀系数测量仪由实验仪及测试架两部分组成，如图 3.11 所示。

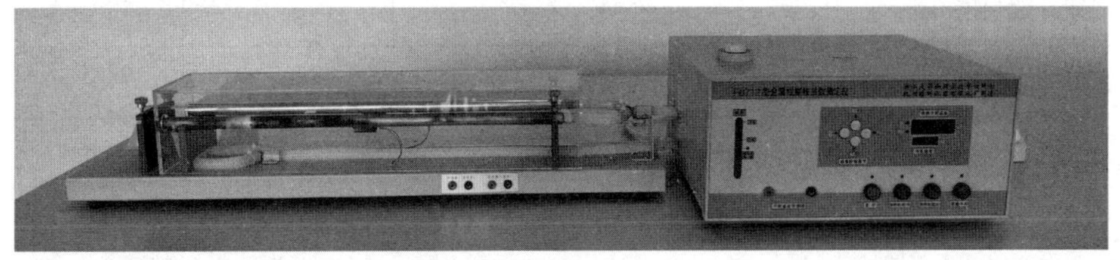

图 3.11　FB712A 型金属线胀系数测量仪

【实验内容与步骤】

金属线胀系数的测定实验

①把样品铜杆和铝杆在室温下用米尺重复测量金属杆的长度 2~3 次，记录数据到表 3.9 中，求出 L 原有长度的平均值。

②打开电源开关，设置好温度控制器加热温度（金属杆加热温度设定值可根据金属杆所需要的实际温度值设置）。

③连接温度传感器探头连线，连接加热部件接线柱。合上隔热罩上盖。

④旋松千分表固定架螺栓，拉出千分表，将待测金属杆样品（$\phi 8\times 400$ mm）插入测试架右侧的加热导热铜管口子内，再插入短隔热棒（不锈钢）用力推紧后，安装千分表，旋紧千分表固定架螺栓。注意：被测物体与千分表测量头应保持在同一直线。

⑤为了保证接触良好，一般可使千分表初读数为 0.1~0.2 mm，只要把该数值作为初读数对待，不必调零。（如认为有必要，可以通过转动表面，把千分表主指针读数调零，而副指针无调零装置。）

⑥正常测量时，按下加热按钮（高速或低速均可，但低速挡功率小），加热时实测温度会比设定温度低 0.1~2.2 ℃，该温度差与周围环境散热条件有关，实测温度显示窗显示实验样品的实际温度，实验中须保持该温度 10 min 以上，使实验样品内外温度均匀。加热实验样品时，实测温度以一定的速率上升，并会出现 1~2 次的温度波动后，实测温度会趋于稳定，并保持实测温度±0.1 ℃/10 min。

⑦测量并记录数据。当被测介质温度为 35 ℃时，读出千分表数值 L_{35}，记入表 3.10。接着在温度为 40 ℃，45 ℃，50 ℃，55 ℃，60 ℃，65 ℃，70 ℃时，记录对应的千分表读数 L_{40}，L_{45}，L_{50}，L_{55}，L_{60}，L_{65}，L_{70}。

⑧用逐差法求出温度每升高 5 ℃时金属杆的平均伸长量，由式（3.14）即可求出金属杆在（35 ℃，70 ℃）温度区间的线胀系数。

⑨使用风扇快速冷却加热管（按下风扇开关，打开隔热罩上盖，加热控制在断位置）。

【数据记录与处理】

（1）数据记录

记录实验数据（表 3.9、表 3.10）。

表 3.9　金属杆长度测量

测量次数	1	2	3	平均值
铜杆有效长度/mm				
铝杆有效长度/mm				

表 3.10　不同温度对应的千分表读数

样品温度/℃	35	40	45	50	55	60	65	70
测铜杆千分表读数 $L_i/\times10^{-6}$m								
测铝杆千分表读数 $L_i/\times10^{-6}$m								

(2)数据处理

用逐差法处理数据(也可以用最小二乘法处理),计算 $\alpha_{铜}$、$\alpha_{铝}$。

【思考与讨论】

①什么是线胀系数?与哪些因素有关?

②如何用千分表测量长度的微小增量?有哪些注意事项?

实验 3.5　动态法测定材料的杨氏模量

杨氏模量是工程材料的一个重要物理参数,是描述材料抵抗弹性形变的能力的物理量。杨氏模量的大小标志了材料的刚性,杨氏模量越大,材料越不容易发生形变。

杨氏模量测量方法有多种,最常用的有“动态法”和“静态法”测杨氏模量。例如拉伸法测量金属材料的杨氏模量,就属于静态法测量,这种方法一般仅适用于测量形变量较大、延展性较好的材料,但对脆性材料(如玻璃、陶瓷等)就无法运用此方法进行测量。而动态法在这些方面不存在局限性,使其在实际应用中已被广泛采用,也是国家标准指定的一种杨氏模量的测量方法。本实验用悬挂“动态法”测出试样振动时的固有基频,并根据试样的几何参数测得材料的杨氏模量。

【实验目的】

动态法测定材料的杨氏模量理论

①了解动态法测量杨氏模量的基本原理;

②掌握信号发生器、示波器和游标卡尺等常用实验仪器的使用方法;

③学会用示波器测量试样振动时固有频率的方法。

【实验原理】

悬挂法是将试样棒用两根细线悬挂起来并激发其振动。在一定条件下,试样棒的固有频率取决于它的几何形状、质量、尺寸以及它的杨氏模量。因此,测出试样棒的尺寸、质量和不同温度下的固有频率,就可以计算出试样在不同温度下的杨氏模量。

当一细棒满足长度 L 远大于直径 $d(L \gg d)$,并做微小横振动(弯曲振动)时,棒的振动方程为

$$\frac{\partial^4 y}{\partial x^4} + \frac{\rho s}{YJ} \frac{\partial^2 y}{\partial t^2} = 0 \tag{3.15}$$

解以上方程的具体过程如下(不要求掌握):

用分离变量法

令 $y(x,t)=X(x)T(t)$

代入式(3.15)得

$$\frac{1}{X} \frac{\mathrm{d}^4 X}{\mathrm{d}x^4} = -\frac{\rho s}{YJ} \frac{1}{T} \frac{\mathrm{d}^2 T}{\mathrm{d}t^2}$$

等式两边分别是 x 和 t 的函数,这只有都等于一个常数才有可能,设该常数为 K^4,于是得

$$\frac{\mathrm{d}^4 X}{\mathrm{d}x^4} - K^4 X = 0$$

$$\frac{\mathrm{d}^2 T}{\mathrm{d}t^2} + \frac{K^4 YJ}{\rho s} T = 0$$

这两个线形常微分方程的通解分别为

$$X(x) = B_1 \mathrm{ch}\, Kx + B_2 \mathrm{sh}\, Kx + B_3 \cos Kx + B_4 \sin Kx$$

$$T(t) = A\cos(\omega t + \varphi)$$

于是解振动方程式得通解为

$$y(x,t) = (B_1 \mathrm{ch}\, Kx + B_2 \mathrm{sh}\, Kx + B_3 \cos Kx + B_4 \sin Kx) A\cos(\omega t + \varphi) \tag{3.16}$$

其中

$$\omega = \left[\frac{K^4 YJ}{\rho s}\right]^{\frac{1}{2}} \tag{3.17}$$

式(3.17)称为频率公式,适用于不同边界条件下,任意形状截面的试样。若悬挂点在试样的节点处,根据边界条件可得

$$\cos KL\ \mathrm{ch}\, KL = 1 \tag{3.18}$$

用数值解法求得本征值 K 和棒长 L 应满足

$$KL = 0, 4.730\,0, 7.853\,2, 10.995\,6, 14.137, 17.279, 20.420 \cdots\cdots \tag{3.19}$$

由于其中第一个根“0”对应于静态情况,故将其舍去。将第二个根作为第一个根,记作 K_1L。一般将 $K_1L=4.7300$ 所对应的共振频率称为基频(或称作固有频率)。图 3.12 给出了当 $n=1,2,3,4$ 时的振动波形。由 $n=1$ 图可以看出,试样在做基频振动时,存在两个节点,它们的位置距离端面分别为 $0.224L$ 和 $0.776L$ 处。理论上悬挂点(支撑点)应取在节点处,但由于悬挂(支撑点)在节点处试样棒难于被激振和拾振,为此,可以在节点两旁选不同点对称悬挂(支撑),用内插法或外推法找出节点处的共振频率。将第一本征值 $K=\frac{4.730\,0}{L}$ 代入式(3.17),得到自由振动的固有频率(即基频)。

$$\omega = \left[\frac{(4.730\,0)^4 YJ}{\rho l^4 s}\right]^{\frac{1}{2}}$$

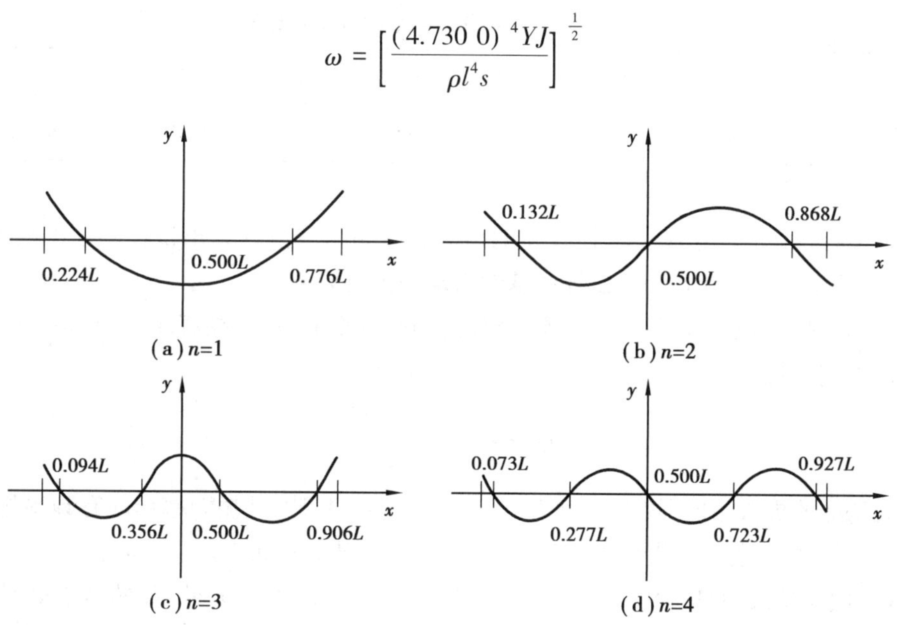

图 3.12　二端自由棒 $n=1,2,3,4$ 时的振动波形图

解出杨氏模量

$$Y = 1.997\,8 \times 10^{-3} \frac{\rho L^4 s}{J}\omega^2$$
$$= 7.887\,0 \times 10^{-2} \times \frac{L^3 m}{J} f^2$$

对于圆棒

$$J = \int y^2 \mathrm{d}s = s\left(\frac{d}{4}\right)^2$$

式中，d 为圆棒的直径。

得到杨氏模量的表达式为

$$Y = 1.606\,7 \times \frac{L^3 m}{d^4} f^2 \tag{3.20}$$

式(3.20)即为式(3.15)的解。式中，L 为棒长；d 为棒的直径；m 为棒的质量。如果在实验中测定出试样(棒)在不同温度时的固有频率 f，即可计算出被测试样在不同温度条件下的杨氏模量 Y。在国际单位制中杨氏模量的单位为($\mathrm{N \cdot m^{-2}}$)。

如果圆柱棒试样不能满足 $L \gg d$ 时，式(3.20)应乘以一个修正系数 T_1，即

$$Y = 1.606\,7 \times \frac{L^3 m}{d^4} f^2 T_1 \tag{3.21}$$

式(3.21)中的修正系数 T_1 可以根据径长比 d/L 的泊松比得到，如表 3.11 所示。

表 3.11 径长比与修正系数的对应关系表

径长比 d/L	0.01	0.02	0.03	0.04	0.05	0.06	0.08	0.10
修正系数 T_1	1.001	1.002	1.005	1.008	1.014	1.019	1.038	1.055

由式(3.21)可知,对于圆棒试样只要测出其固有频率就能计算出试样的动态杨氏模量,所以本实验的主要任务就是测量试样的基频振动的固有频率。

但本实验只能测出试样的共振频率,物体的固有频率$f_{固}$ 和共振频率$f_{共}$ 是相关的两个不同概念,两者间的关系为

$$f_{固} = f_{共}\sqrt{1 + \frac{1}{4Q^2}} \tag{3.22}$$

式中,Q 为试样的机械品质因数。一般情况下,Q 值远大于 50,共振频率和固有频率相比只相差 0.005%,通常可以忽略两者间的差别,用共振频率代替固有频率。

试样在做基频振动时,存在两个节点,分别在 $0.224L$ 和 $0.776L$ 处,显然节点处是不振动的,实验时悬挂点不能放在节点处,而本实验又同时要求在试样两端自由的条件下,测出共振频率。显然这两个条件是相互矛盾的。悬挂点距离节点越远,可以检测到的共振信号就越强,但试样受外力越大,这样产生的系统误差就越大。为了消除误差,可采用内插法或外延法测量试样的共振频率。具体方法为改变悬挂点的位置,逐步测出试样的共振频率,设试样的端点与悬挂点的距离为 x,以 x 为横坐标,共振频率 $f_{共}$ 为纵坐标,用 Origin 软件将数据耦合成一元二次方程图像,求出最低点纵坐标即为试样共振频率。

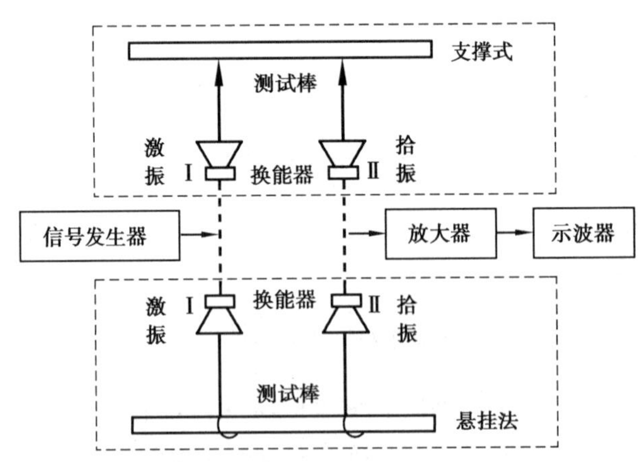

图 3.13 动态杨氏模量测定仪原理图

【实验仪器】

FB2729A 型动态杨氏模量实验仪(图 3.14 和图 3.15),通用双踪示波器,天平,游标卡尺,刻度尺等。

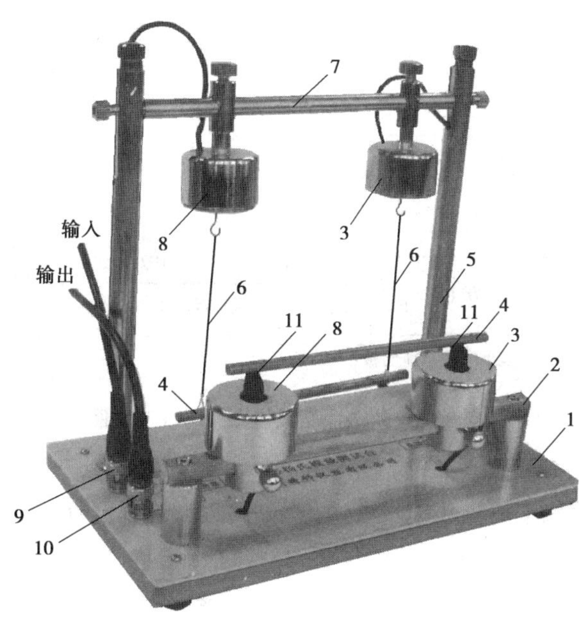

图 3.14　动态杨氏模量测试台

1—底座;2—支撑导杆;3—拾振器;4—试样棒;5—立杆
6—悬线;7—悬挂横杆;8—激振器;9—信号输入;10—信号输出;11—支撑刀

波形信号输出
FBDDS-Ⅱ型多功能物理实验信号源
HZJK
000730.000 Hz
波形选择　正弦波　方波　返回
频率调节　幅度调节
信号波形
功率输出
杭州精科仪器有限公司制造
按这键输出是正弦波（开机默认）
按这键输出是方波
按这键一次能断电保存当前开机频率
旋转式编码开关带按键频率开关
幅度调节
带功率信号输出

图 3.15　多功能物理实验信号源

【实验内容及步骤】

动态法测定材料的杨氏模量实验

先按图 3.16 把实验仪器连接好,通电预热 10 min,再按下述步骤进行实验。

(1)测量基本参数

测定试样的长度 L、直径 d 和质量 m,每个物理量各测 4 次,记录到表 3.12。

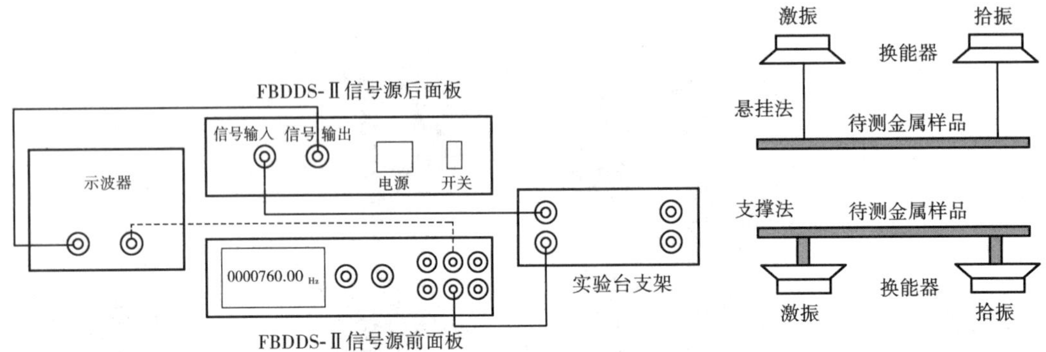

图 3.16　动态法杨氏模量实验仪连线图

(2)测量杨氏模量

在室温下,不锈钢和铜的杨氏模量参考值分别为:2×10^{11} N · m^{-2}和 1.2×10^{11} N · m^{-2},实验前可先按式(3.15)估算出共振频率 f,以便于寻找共振点。

①把信号发生器的频率输出与测试台的悬挂法-输入相连,测试台的悬挂法-输出与放大器的输入相接,放大器的输出与示波器的 CH1 输入相接(连接前先进行示波器自校正)。

②把示波器幅度调节为 500 mV,周期调节为 1.00 ms 左右,根据输入信号振幅不同,略有改变。

③鉴频与测量:现将两悬线挂在离试样端部 10 mm 处,待试样稳定后,调节信号发生器频率旋钮,寻找试样棒的共振频率 f_1。当示波器荧光屏上出现共振现象时,即正弦波幅度突然变大时,再微调信号发生器频率旋钮,使波形振幅达到极大值。鉴频就是对试样共振模式及振动级次的鉴别,所以它是准确测量操作中重要的一步。在进行频率扫描时,我们发现试棒不只在一个频率处发生共振现象,而使用的式(3.21)只适用于基频共振的情况。所以,要确定试样是在基频频率下产生的共振。我们用阻尼法来鉴别:如果用手沿试样棒的长度方向轻触棒的不同部位,同时观察示波器,如果手指触到的是波节处,则示波器上的波形幅度不变,如果手指触到的是波腹处,则示波器上的波形幅度变小,当发现试棒上仅有两个波节时,那么这时的共振就是基频频率下的共振,记下这一频率 f_1。

④本实验采用悬挂法测量。把试样棒用细棉线挂在测试台上,悬挂点为距细棒两端 10mm 处测量一组数据,再分别挂于距细棒两端 15 mm,20 mm,25 mm,30 mm 和 40 mm,共测量 6 组数据,并记录在表 3.13 中。(具体位置用铅笔在金属棒上标注。)

⑤因试样共振状态的建立需要有一个过程,且共振峰十分尖锐,因此在共振点附近调节信号频率时,必须十分缓慢地进行,直至示波器的显示屏上出现最大的信号。

⑥根据式(3.21)计算杨氏模量。

⑦本实验铜棒和不锈钢棒各做一次。

【实验数据记录与处理】

(1)数据记录

记录实验数据(表 3.12、表 3.13)。

表 3.12　被测试样的参数表

测试样品材质	黄铜圆柱体棒					不锈钢圆柱体棒				
测量次数	1	2	3	4	平均值	1	2	3	4	平均值
样品长度 $L/\times10^{-3}$ m										
样品直径 $D/\times10^{-3}$ m										
样品质量 $m/\times10^{-3}$ kg										

表 3.13　悬挂点位置与共振频率数据记录表

测量组别	1	2	3	4	5	6
悬挂点位置/mm	10	15	20	25	30	40
铜棒共振频率 f/Hz						
钢棒共振频率 f/Hz						

(2)数据处理

①根据表 3.12,计算试样棒基本参数(长度、直径、质量)的平均值。

②对表 3.13 数据进行处理,以悬挂点位置为横坐标,共振频率为纵坐标,利用 Origin 软件将数据耦合为一元二次方程图像,求出最低点的纵坐标即为试样共振频率,并检验此时最低点横坐标数据约为 $0.224L$。

③利用式(3.21)计算试样棒的杨氏模量。

【思考与讨论】

①试讨论:试样棒的长度、直径、质量、共振频率分别采用什么规格的仪器测量? 为什么?

②材料的杨氏模量体现了材料是什么物理性质?

③如何判别试样棒的共振为基频频率下产生的共振?

【阅读材料】

托马斯·杨(Thomas Young,1773—1829 年)英国医生、物理学家,光的波动说的奠基人之一。托马斯·杨不仅在物理学领域领袖群英、名享世界,而且涉猎甚广,力学、数学、光学、声学、语言学、动物学、考古学等。他对艺术还颇有兴趣,热爱美术,几乎会演奏当时的所有乐器,并且会制造天文器材,还研究了保险经济问题。托马斯·杨擅长骑马,并且会耍杂技走钢丝。

杨氏模量是材料力学中的名词,用来测量一个物体的弹性。杨在 1807 年将“材料的弹性模量”定义为“同一材料的一个柱体在其底部产生的压力与引起某一压缩度的重量之比等于该材料长度与长度缩短量之比”。如果把这里的柱体理解为单位底面积柱体的重量,则这个定义就是现在通用的杨氏弹性模量。杨认识到剪切是一种弹性变形,称为横推量,并注意到材料对剪切的抗力不同于材料对拉伸或压缩的抗力,但他没有引进不同的刚度模量来表示材料对剪切的抵抗。杨氏模量的引入曾被英国力学家 A.E.H.乐甫誉为科学史上的一个新纪元。

实验 3.6 霍尔效应

置于磁场中的载流体,如果电流方向与磁场垂直,则在垂直于电流和磁场的方向会产生一附加的横向电场,这个现象是霍普金斯大学研究生霍尔于 1879 年发现的,后被称为霍尔效应。如今霍尔效应不但是测定半导体材料电学参数的主要手段,而且利用该效应制成的霍尔器件已广泛用于非电量的电测量、自动控制和信息处理等方面。在工业生产要求自动检测和控制的今天,作为敏感元件之一的霍尔器件,将有更广泛的应用前景。熟悉并掌握这一具有实用性的实验,对日后的工作将是十分必要的。

【实验目的】

①了解霍尔效应实验原理及霍尔效应器件对材料的要求;

②掌握霍尔电压与霍尔元件工作电流之间的关系,霍尔电压与霍尔元件励磁电流之间的关系;

③学会用“对称测量法” 消除负效应的影响,测量试样的 V_H-I_S 和 V_H-I_M 曲线。

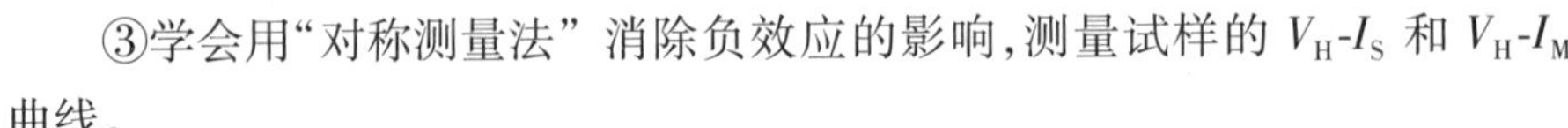

霍尔效应理论

【实验原理】

(1)霍尔效应

霍尔效应从本质上讲是运动的带电粒子在磁场中受洛伦兹力作用而引起偏转的物理现象。当载流子(电子或空穴)被约束在固体材料中,这种偏转就导致在垂直电流和磁场方向上产生正负电荷的聚积,从而形成附加的横向电场,即霍尔电场 E_H。如图 3.17 所示的半导体试样,若在 x 方向通以电流 I_S,在 z 方向加磁场 B,则在 y 方向即试样 $A-A'$电极两侧就开始聚集异号电荷而产生相应的附加电场。电场的指向取决于试样的导电类型。对图 3.17(a)所示的 N 型试样,霍尔电场逆 y 方向,图 3.17(b)的 P 型试样则沿 y 方向,即有

$$E_H(y) < 0 \Rightarrow (\text{N 型}) \qquad E_H(y) > 0 \Rightarrow (\text{P 型})$$

显然,霍尔电场 E_H 是阻止载流子继续向侧面偏移,当载流子所受的横向电场力 eE_H 与洛仑兹力 $e\bar{v}B$ 相等,样品两侧电荷的积累就达到动态平衡,故有

$$eE_H = e\bar{v}B \tag{3.23}$$

其中,E_H 为霍尔电场;$\bar{v}$ 为载流子在电流方向上的平均漂移速度。

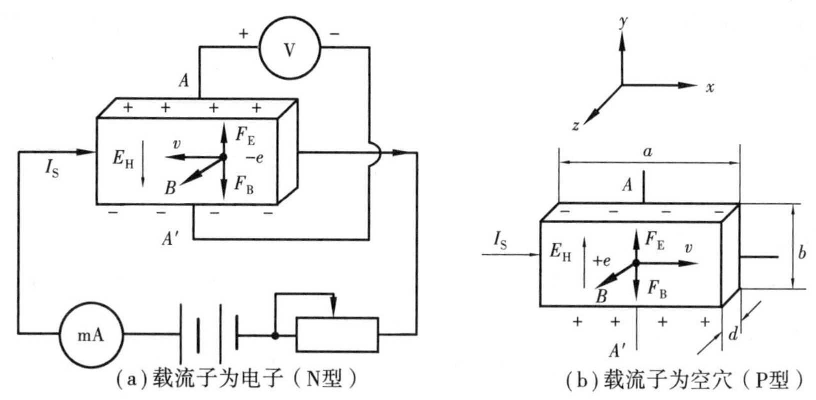

图3.17　霍尔效应实验原理示意图

设试样的宽为 b，厚度为 d，载流子浓度为 n，则

$$I_S = ne\bar{v}bd \tag{3.24}$$

由式(3.23)、式(3.24)可得

$$V_H = E_H b = \frac{1}{ne}\frac{I_S B}{d} = R_H \frac{I_S B}{d} \tag{3.25}$$

即霍尔电压 V_H(A,A'电极之间的电压)与 $I_S B$ 乘积成正比与试样厚度 d 成反比。比例系数 $R_H=\frac{1}{ne}$ 称为霍尔系数，它是反映材料霍尔效应强弱的重要参数。只要测出 $V_H(V)$ 以及知道 I_S(A)、B(T)和 d(cm)可按下式计算 R_H（cm^3/C）

$$R_H = \frac{V_H d}{I_S B} \times 10^4 \tag{3.26}$$

上式中的10^4是由于公式中磁感应强度 B 用电磁单位，特[斯拉](T)。

(2)霍尔系数 R_H 与其他参数间的关系

根据 R_H可进一步确定以下参数：

①由 R_H的符号(或霍尔电压的正负)判断样品的导电类型。判别的方法是按图3.17所示的 I_S和 B 的方向，若测得的 $V_H = V_{A'A}<0$，即点 A 电位高于点 A'的电位，则 R_H为负，样品属N型；反之则为P型。

②由 R_H 求载流子浓度 n。即 $n=\frac{1}{|R_H|e}$。应该指出，这个关系式是假定所有载流子都具有相同的漂移速度得到的，严格一点，如果考虑载流子的速度统计分布，需引入$\frac{3\pi}{8}$的修正因子(可参阅黄昆、谢希德《半导体物理学》)。

(3)霍尔效应与材料性能的关系

根据上述可知，要得到大的霍尔电压，关键是要选择霍尔系数大(即迁移率高、电阻率 ρ 也较高)的材料。因$|R_H|=\mu\rho$，就金属导体而言，μ 和 ρ 均很低，而不良导体 ρ 虽高，但 μ 极小，因而上述两种材料的霍尔系数都很小，不能用来制造霍尔器件。半导体 μ 高，ρ 适中，是制造

霍尔元件较理想的材料，由于电子的迁移率比空穴迁移率大，所以霍尔元件多采用 N 型材料，其次霍尔电压的大小与材料的厚度成反比，因此薄膜型的霍尔元件的输出电压较片状要高得多。就霍尔器件而言，其厚度是一定的，所以实际上采用 $K_H = \frac{1}{ned}$ 来表示器件的灵敏度，K_H 称为霍尔灵敏度，单位为 mV/(mA · T)。

(4)霍尔电压 V_H 的测量方法

值得注意的是，在产生霍尔效应的同时，因伴随着各种副效应，以致实验测得的 A-A' 两极间的电压并不等于真实的霍尔电压 V_H 值，而包含了各种副效应所引起的附加电压，因此必须设法消除。根据副效应产生的机理可知，采用电流和磁场换向的对称测量法，基本上能把副效应的影响从测量结果中消除。也就是，在规定了电流和磁场正、反方向后，分别测量由下列四组 I_S 和 B 组合的 $V_{A'A}$(A,A'两点的电位差)，即

$$+B,\ +I_S \qquad V_{A'A} = V_1$$

$$-B,\ +I_S \qquad V_{A'A} = V_2$$

$$-B,\ -I_S \qquad V_{A'A} = V_3$$

$$+B,\ -I_S \qquad V_{A'A} = V_4$$

然后求 V_1,V_2,V_3,V_4 的代数平均值

$$V_H = \frac{V_1 - V_2 + V_3 - V_4}{4} \tag{3.27}$$

通过上述的测量方法，虽然还不能完全消除所有的副效应，但其引入的误差不大，可以忽略不计。

【实验仪器】

FB510 型霍尔效应实验仪和 JK-50 测试仪。

霍尔效应实验

【实验内容与步骤】

根据图 3.18 把各相应连接线接好(注意：插头的插针数要与插座对应，凸条与凹槽对准，以免损坏，教师检查学生电路是否连接正确)。

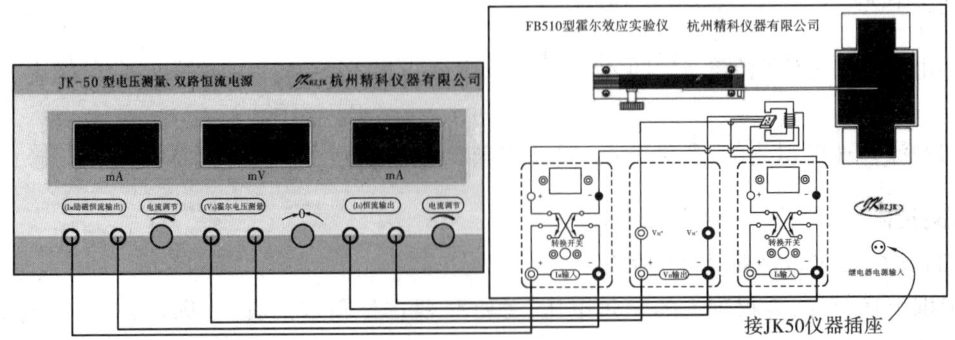

图 3.18 FB510 型霍尔效应实验仪和 JK-50 测试仪

调零:调节励磁电流 I_M、霍尔工作电流 I_S 都为 0, 旋“调零”至 V_H 表为 0 (之后不需再调)。

(1) 测绘 V_H-I_M 曲线

先使霍尔传感器在电磁铁空气隙外边(调节水平和垂直方向的游标卡尺,使之游标尺的 0 刻度与主尺的 0 刻度对齐),此时传感器离气隙中心约 27 mm, 调霍尔工作电流 $I_S = 3.00$ mA,预热 5 min 后,然后调节霍尔传感器位置,使传感器处于电磁铁空气隙中心(方法:调节竖直方向游标卡尺,使游标尺 0 刻度与主尺 27 mm 刻度对齐),调励磁电流为 $I_M =$ 100,200,…,700 mA, 用实验仪面板相应按钮控制继电器进行励磁电流方向、霍尔元件工作电流方向的切换(有指示灯显示), 测量每种改变后的 V_H(分别记为 V_1,V_2,V_3,V_4),将实验测量数据记入表 3.14。

(2) 测绘 V_H-I_S 曲线

把霍尔传感器位置调节到磁铁空气隙中心,保持 I_M 绝对值不变(取 $I_M = 600$ mA),改变 I_S 的值(0.50,1.00,…,4.00 mA), 电流方向的切换用实验仪面板相应按钮控制继电器进行(有指示灯显示),测量每种改变后的 V_H(分别记为 V_1,V_2,V_3,V_4),将实验测量数据记入表3.15。

(3) 测绘 B-X 曲线

保持 I_S、I_M 值不变(取 $I_S = 3.00$ mA,$I_M = 300$ mA),改变霍尔传感器在电磁铁空气隙沿水平方向 X, 使水平方向游标卡尺的游标尺分别与主尺的 0,2,4,6,…,40 mm,记录 V_1 将测量数据记入表 3.16, 并计算磁场 B 的值(根据 $B = V_H/K_H I_S$(单位为 T), 其中, $K_H =$ 200 mV/mA·T)。

【数据记录与处理】

①$I_S = 3.00$ mA,改变 I_M 的值,记录对应 I_S,B 方向所得数据于表 3.14。

表 3.14　测绘 V_H-I_M 关系曲线实验数据记录表($I_S = 3.00$ mA)

I_M/mA	V_1/mV $+B,+I_S$	V_2/mV $-B,+I_S$	V_3/mV $-B,-I_S$	V_4/mV $+B,-I_S$	V_H/mV $V_H = \frac{V_1 - V_2 + V_3 - V_4}{4}$
100					
200					
300					
400					
500					
600					
700					

在毫米方格纸上画出 V_H-I_M 曲线。

②$I_M = 600$ mA,改变 I_S,记录对应 I_S,B 方向所得数据于表 3.15。

表 3.15　测绘 V_H-I_S 关系曲线实验数据记录表($I_M = 600$ mA)

I_S/mA	V_1/mV $+B,+I_S$	V_2/mV $-B,+I_S$	V_3/mV $-B,-I_S$	V_4/mV $+B,-I_S$	V_H/mV $V_H=\frac{V_1-V_2+V_3-V_4}{4}$
0.50					
1.00					
1.50					
2.00					
2.50					
3.00					
3.50					
4.00					

在毫米方格纸上画出 V_H-I_S 曲线。

③$I_S = 3.00$ mA,$I_M = 300$ mA,改变 X 的值记录 V_1 的数值于表 3.16。

表 3.16　电磁铁空气隙沿水平方向的磁场分布数据表　($I_S = 3.00$ mA,$I_M = 300$ mA)

X/mm	V_1/mV	B/mT
0		
2		
4		
⋮		
20		
⋮		
34		
36		
38		
40		

根据表 3.16 中数据作 B-X 关系曲线。

【思考与讨论】

①霍尔电压是怎样形成的?它的极性与磁场和电流方向(或载子浓度)有什么关系?

②如何观察不等位效应?如何消除它?

③测量过程中哪些量要保持不变?为什么?

④换向开关的作用原理是什么？测量霍尔电压时为什么要接换向开关？

⑤I_S 可否用交流电源（不考虑表头情况）？为什么？

【阅读材料】

霍尔效应“三部曲”

（1）霍尔效应

霍尔效应是电磁效应的一种，这一现象是美国物理学家霍尔（A. H.Hall, 1855—1938）于1879 年在研究金属的导电机制时发现的。当电流垂直于外磁场通过导体时，垂直于电流和磁场的方向会产生一附加电场，从而在导体的两端产生电势差，这一现象就是霍尔效应，霍尔效应在应用技术中特别重要，利用霍尔效应制作的霍尔效应传感器等可以作为开/关传感器或者线性传感器，广泛应用于电力系统中。

（2）量子霍尔效应

量子霍尔效应包括整数量子霍尔效应和分数量子霍尔效应，整数和分数量子霍尔效应的发现人和理论创造者分别获得 1985 年和 1998 年的诺贝尔物理学奖。

1985 年诺贝尔物理学奖授予德国斯图加特固体研究马克劳斯・普朗克研究所的冯・克利津（Klaus von Klitzing，1943—），以表彰他发现了量子霍尔效应。国际计量委员会下属的电学咨询委员会（CCE）在 1986 年的第 17 届会议上决定：从 1990 年 1 月 1 日起，以量子霍尔效应所得的霍尔电阻 $R_H=h/e^2$ 来代表欧姆的国家参考标准。1998 年诺贝尔物理学奖授予美国加州斯坦福大学的劳夫林（Robert B.Laughlin，1950—），美国纽约哥伦比亚大学与新泽西州贝尔实验室的施特默（Horst L.Strmer，1949—）和美国新泽西州普林斯顿大学电气工程系的崔琦（Daniel C.Tsui，1939—），以表彰他们发现了一种具有分数电荷激发状态的新型量子流体，这种状态起因于所谓的分数量子霍尔效应。分数量子霍尔效应是继霍尔效应和量子霍尔效应发现之后发现的又一项有重要意义的凝聚态物质中的宏观量子效应。分数量子霍尔效应的发现引发了一系列对基本理论真正深刻意义的现象出现，其中包括了电荷的分裂。

（3）量子反常霍尔效应

量子反常霍尔效应不同于量子霍尔效应，它不依赖于强磁场而由材料本身的自发磁化产生，在零场中就可以实现量子霍尔态，更容易应用到人们日常所需的电子器件中，这一效应的发现是凝聚态领域的重大突破，也是世界基础研究领域的一项重要科学发现。

自 1988 年开始，就不断有理论物理学家提出各种方案，然而在实验上没有取得任何进展。2013 年，由清华大学薛其坤院士领衔，清华大学、中国科学院物理研究所和斯坦福大学研究人员联合组成的团队在量子反常霍尔效应研究中取得重大突破，他们从实验中首次观测到量子反常霍尔效应，这是中国科学家从实验中独立观测到的一个重要物理现象。美国 *Science* 杂志于 2013 年 3 月 14 日在线发表了这一重大研究成果。中国科学家领衔的团队首次在实验上发现量子反常霍尔效应，这一发现或将对信息技术进步产生重大影响。

实验 3.7　数字示波器的原理与使用

数字示波器是一种用途广泛的电子测量仪器,用它能直接观察电信号的波形,也能测定电压信号的幅度、周期和频率等参数。凡是能转化为电压信号的电学量和非电学量都可以用数字示波器来观测。数字示波器的扫描方式是一个可以看到波形的“电压表”;X-Y 方式可以观察两个电子信号的垂直方向的合成。同时,借助示波器可以直观地“看到”电路各点的状态。因此,数字示波器是电子工作者的重要工具。

【实验目的】

数字示波器的原理与使用理论

①了解数字示波器的基本原理;
②掌握测量电压、周期和频率等物理量的方法;
③观察无相位差的李萨如图形,学会判别信号的频率。

【实验原理】

(1)数字存储示波器的基本原理

数字存储示波器的基本原理框图如图 3.19 所示。

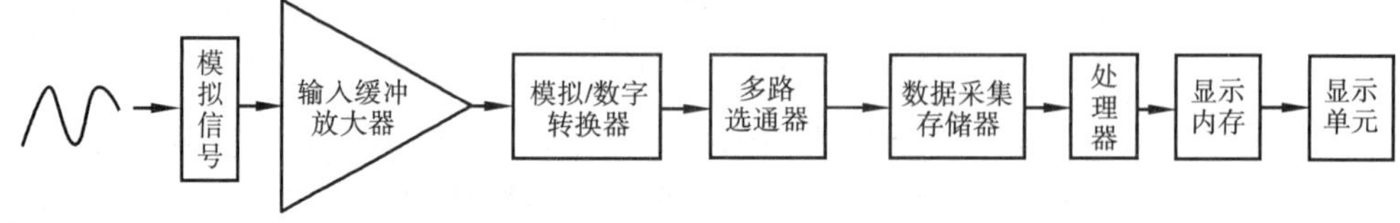

图 3.19　数字存储示波器的基本原理

数字示波器是按照采样原理,利用模拟/数字转换器(A/D)变换,将连续的模拟信号转变成离散的数字序列,然后进行重建波形,从而达到测量波形的目的。

输入缓冲放大器(AMP)将输入的信号作缓冲变换,起到将被测体与示波器隔离的作用,示波器工作状态的变换不会影响输入的信号,同时将信号的幅值切换至适当的电平范围(示波器可以处理的范围),也就是说不同幅值的信号在通过输入缓冲放大器后都会转变成相同电压范围内的信号。

模拟/数字转换器(A/D)的作用是将连续的模拟信号转变为离散的数字序列,然后按照数字序列的先后顺序重建波形。所以,A/D 转换器单元起到一个采样的作用,它在采样时钟的作用下,将采样脉冲到来时刻的信号幅值的大小转化为数字表示的数值。这个点称为采样点。A/D 转换器是波形采集的关键部件。

多路选通器(DEMUX)将数据按照顺序排列,即将 A/D 转换器变换的数据按照其在模拟波形上的先后顺序存入存储器,也就是给数据安排地址,其地址的顺序就是采样点在波形上的顺序,采样点相邻数据之间的时间间隔就是采样间隔。

数据采集存储器(Acquisition Memory)是将采样点存储下来的存储单元,它将采样数据按照安排好的地址存储下来，当采集存储器内的数据足够复原波形的时候，再送入后级处理，用于复原波形并显示。

处理器（μP）及显示内存（Display Memory）。处理器用于控制和处理所有的控制信息，并把采样点复原为波形点，存入显示内存区用于显示。显示单元（Display）将显示内存中的波形点显示出来，显示内存中的数据与 LCD 显示面板上的点是一一对应的关系。

（2）李萨如图形的基本原理

如果在示波器的 CH1 通道加上一正弦波，在示波器的 CH2 通道加上另一正弦波，当两正弦波信号的频率比值为简单整数比时，在荧光屏上将得到李萨如图形，如图 3.20 所示。这些李萨如图形是两个相互垂直的简谐振动合成的结果，它们满足

$$\frac{f_y}{f_x}=\frac{n_x}{n_y} \tag{3.28}$$

其中，f_x 代表 CH1 通道上正弦波信号的频率；f_y 代表 CH2 通道上正弦波信号的频率；n_x 代表李萨如图形与假想水平线的切点数目；n_y 代表李萨如图形与假想垂直线的切点数目。

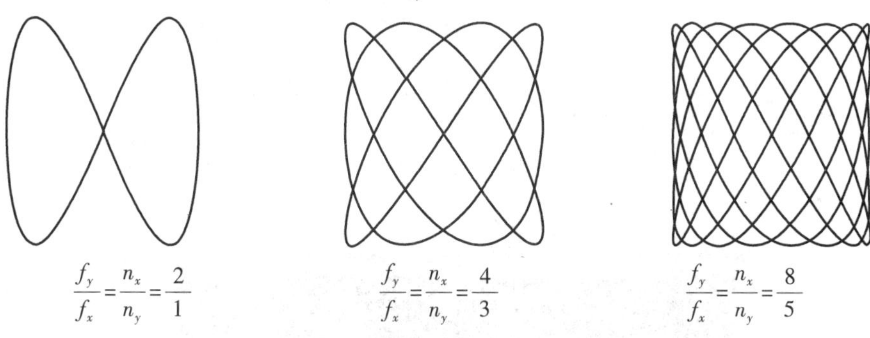

$\frac{f_y}{f_x}=\frac{n_x}{n_y}=\frac{2}{1}$　　$\frac{f_y}{f_x}=\frac{n_x}{n_y}=\frac{4}{3}$　　$\frac{f_y}{f_x}=\frac{n_x}{n_y}=\frac{8}{5}$

图 3.20　李萨如图形（f_x 与 f_y 的相位差为 0）

【实验仪器】

UTD7072B 型电子储存示波器，UTG7025B 型多功能信号发生器，干电池，无源探极，BNC 测试线（图 3.21）。

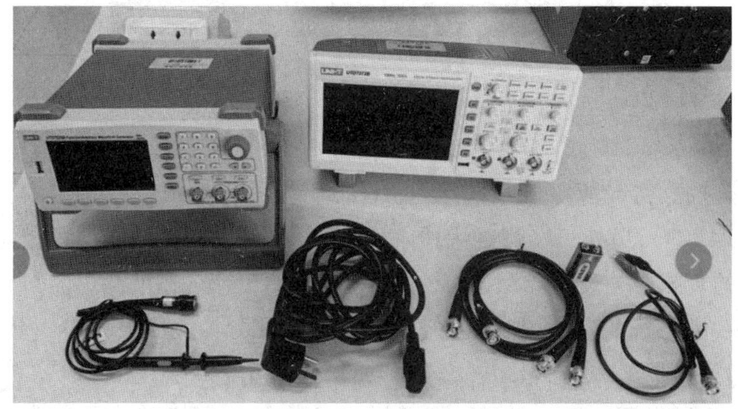

图 3.21　实验仪器

【实验内容与步骤】

数字示波器的原理与使用实验

(1)熟悉数字储存示波器与多功能函数信号发生器各旋钮、各按键功能

①数字储存示波器各旋钮、各按键功能,如图 3.22 所示。

②多功能函数信号发生器各旋钮、各按键功能,如图 3.23 所示。

(2)观察各种波形并测量三种正弦波形的电压、周期和频率

1)示波器自校正

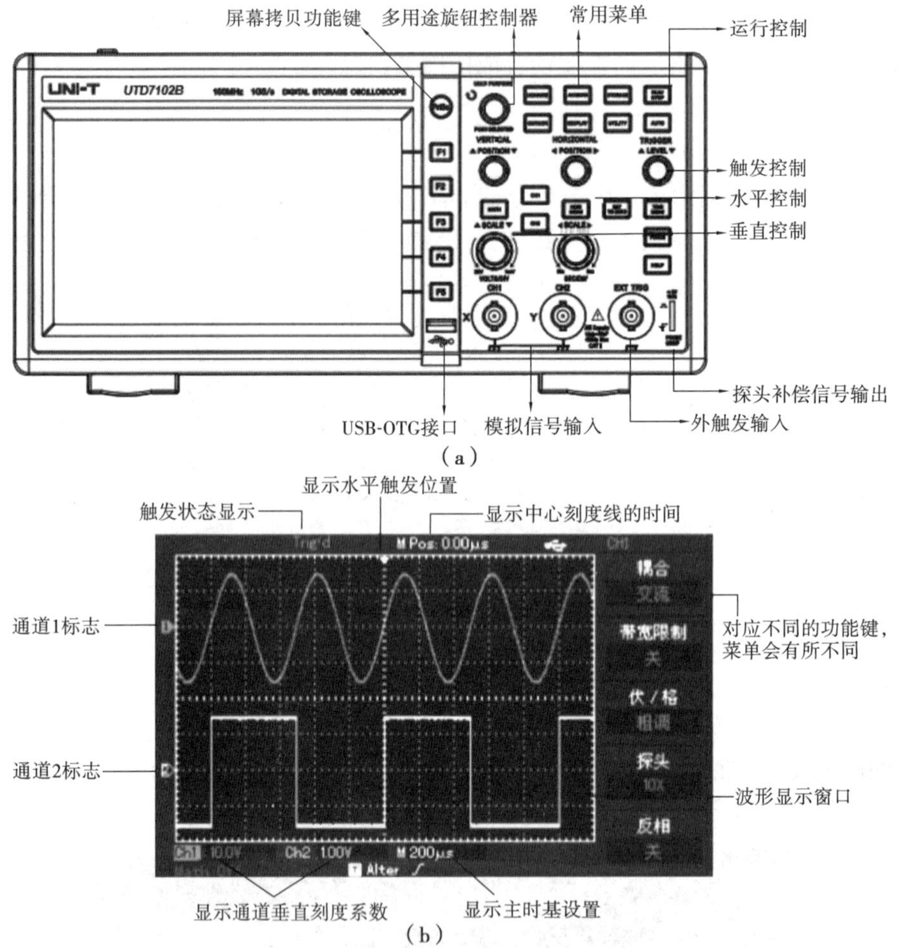

图 3.22　数字储存示波器示意图

打开示波器电源,将无源探极一端接入 CH1 通道,按下"CH1"键调出菜单,将探头设置成×1 挡(按下"F4"键),另外一端测试钩挂入校准信号输出端,接地线接入校正信号地线(注意:无源探极上的衰减开关设置成×1 挡)。按下"UTILITY"键,在液晶显示屏调出相应菜单,选择自校正选项(按下"F1"键),进入自校正程序,通常几分钟完成。

2)设置信号发生器

打开信号发生器电源,进入系统后,显示屏应显示 CH1 通道的信号参数,按下 CH2 通道键可显示 CH2 通道的参数。回到 CH1 通道,通过波形控制键将波形设置成正弦波,通过参数

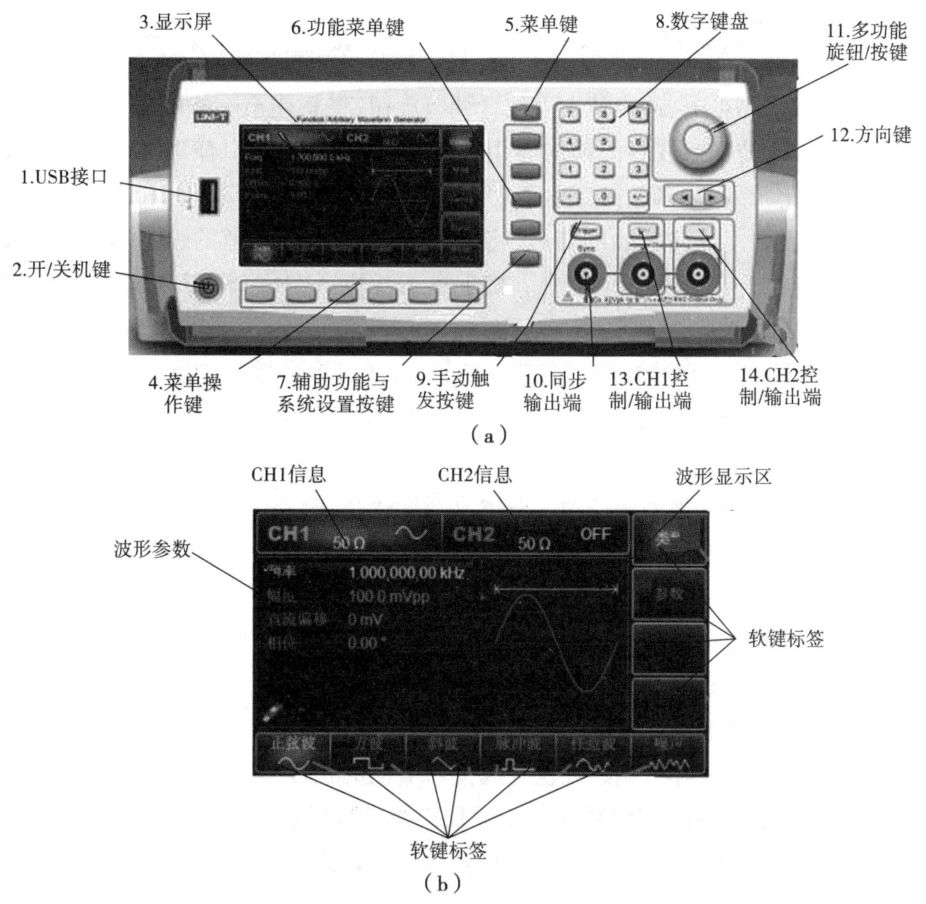

图3.23　多功能函数型号发生器示意图

开关将频率设置为100 kHz,电压设置为100 mV。用BNC公头连接线将信号发生器的CH1通道与数字示波器的CH1通道连接起来。打开信号发生器的CH1通道键,信号发生器的输出信号接入示波器。

3)用示波器观察电信号

按下运行控制区的"AUTO"键,自动检测输入信号,待液晶显示屏上出现稳定波形后,即可开始波形的测量与观察。示波器显示区域用虚线分成网格状为波形坐标系。显示屏下方显示坐标单位。从左到右依次是CH1通道输入信号的纵坐标分度值、横坐标的分度值。所有的分度值均为屏幕上一大格代表的电压或时间值。如CH1通道标识的背景为高亮,代表CH1通道的控制被激活,可对该通道信号进行测量控制,按下CH2通道键,CH2通道标识的背景为高亮,代表CH2通道的控制被激活,可对该通道信号进行测量控制。调节时间分度旋钮,可改变横坐标的分度值。按下CH2通道键,关闭CH2通道,对CH1通道信号进行测量。调节纵坐标和横坐标分度值,使波形最大且能在屏幕内完成显示。分别调节信号发生器波形类型,如观察斜波、方波、正弦波等,观察示波器中的波形图像。

4)用示波器测量电信号

将信号发生器的波形类型调节成正弦波,利用左右位置调节旋钮,移动波形,使其一个波峰或波谷被一条纵坐标平分,再调节上下位置调节旋钮,将其移至一条横坐标上,读出此波峰或波谷与相邻的另一波峰或波谷的横向间距的格数,将该格数乘以横坐标分度值,即为信号的周期值,将数据记录到表3.17中。再将波形移动至波峰与一条横坐标相切,波谷移动至一横坐标上,读出二者之间纵向间隔的格数,将该格数乘以CH1通道的纵坐标分度值,即可得信号的峰-峰值,将数据记录到表3.17中。按下模式功能区"MEASURE"键,按下"F2"键,切换信号源到CH1通道,按下"F5"键显示所有参数,找到频率参数,将数据记录到表3.17中。按下"F5"键,关闭显示所有参数,按下多功能旋钮,关闭显示参数。选择三个不同频率和电压的正弦波,分别测量对应波形电压(峰-峰值)、周期和频率,将数据填入表3.17中,并计算电压相对误差。

注意:理论上波形发生器的幅值为正弦波电压峰峰值;每换一种波形,示波器屏幕上的波形如不自动转换,可按"RUN/STOP"键转换对应选择的波形。

(3)测量一节干电池的电动势

①将BNC测试线的一端接入示波器的CH1通道接口,按下"CH1"键调出菜单,将耦合方式设置为接地。通过竖直位置旋钮移动水平扫描线与一条横坐标重合,再将耦合方式设置为直流。调节示波器的CH1通道电压分度值5V/div。

②将BNC测试线的另外一端的红色导线接入电池的正极,黑色导线接入电池的负极,读出电压值。可观察到扫描线向上"跳跃",记录扫描线"跳跃"的格数,将该格数乘以CH1通道的电压分度值5 V/div,即可得干电池的电动势,将数据记录到表3.18中。

(4)李萨如图形合成

①将信号发生器的CH1通道和CH2通道,分别从示波器的CH1通道和CH2通道接入示波器。按下"DISPLAY"键,将CH1和CH2通道信号格式调整为XY模式。调节CH1和CH2通道信号发生器的频率和电压的大小(例如:CH1通道为f_x为100 kHz,电压为2 V_{pp};CH2通道为200 kHz,电压为2 V_{pp}),调节示波器CH1和CH2通道的纵坐标和横坐标分度值为合适的大小(例中对应的纵坐标为1 V/div和横坐标为5 us/div),使得电子显示屏中出现大小适中的图形,即出现稳定的李萨如图形。如果图形不稳定,按下触发设置"TRIGGER"中的"MENU"键,选择触发方式自动选为单次即可。由式(3.28)计算出f_y,读出信号发生器上CH2输入端信号的频率f'_y,将数据记录到表3.19中。比较f_y和f'_y,并描绘出李萨如图形。

②保持信号发生器CH1通道不变,调节信号发生器CH2通道的频率为300 kHz,由式(3.28)计算出f_y,读出信号发生器上CH2输入端信号的频率f'_y,将数据记录到表3.19中。比较f_y和f'_y,并描绘出李萨如图形。

③保持信号发生器CH2通道不变,调整信号发生器CH1通道的频率为200 kHz,由式(3.28)计算出f_y,读出信号发生器上CH2输入端信号的频率f'_y,将数据记录到表3.19中。比较f_y和f'_y,并描绘出李萨如图形。

【数据记录与处理】

(1)测量三种正弦波形的电压、频率和周期,计算相对误差

记录正弦波形的电压、频率和周期的测定数据于表 3.17。

表 3.17　正弦波形的电压、频率和周期的测定

波形	电压峰-峰值					周期			频率
	V/div	div	$U_{测}$/V	$U_{标}$	E	ms/div	div	T/ms	f/kHz
信号 1									
信号 2									
信号 3									

以电压为例,相对误差

$$E=\frac{|U_{测}-U_{标}|}{U_{标}}\times 100\%$$

标准值($V_{标}$)即信号发生器显示的值。

(2)电池的电动势

记录电池电动势的测定数据于表 3.18。

表 3.18　电池电动势的测定

	V/div	div	$U_{测}$
电池电动势/V			

(3)利用李萨如图形测频率

记录利用李萨如图形测频率的数据于表 3.19。

表 3.19　频率的测定

$f_y:f_x$	2:1	4:3	3:2
f_x(CH1)/kHz	100	100	200
李萨如图形(绘图)			
n_x			
n_y			
f_y/kHz(计算值)			
f'_y/kHz(标准值)			

【思考与讨论】

①若在示波器上看到的波形幅度太小，应调节哪个旋钮，使波形的大小适中？

②示波器能否用来测量直流电压？若能，应如何进行？

③如何使用示波器观察李萨如图形？如何应用李萨如图形确定两信号的频率比值？

实验 3.8　线性、非线性元件的伏安特性测量

电路中有各种电学元件，如线性电阻、半导体二极管和三极管，以及光敏、热敏和压敏元件等。知道这些元件的伏安特性，对正确地使用它们是至关重要的。利用滑线变阻器的分压接法，通过电流和电压表正确地测出它们的电压与电流的变化关系称为伏安测量法（简称“伏安法”）。伏安法是电学中常用的一种基本测量方法。

【实验目的】

线性、非线性元件的伏安特性测量理论

①验证欧姆定律；

②掌握电源、电压表、电流表、电阻箱的正确使用方法；

③学会测量电学元件伏安特性的基本方法。

【实验原理】

(1) 电学元件的伏安特性

在某一电学元件两端加上直流电压，在元件内就会有电流通过，通过元件的电流与其两端电压之间的关系称为电学元件的伏安特性。在欧姆定律 $U=IR$ 式中，电压 U 的单位为伏[特]（V），电流 I 的单位为安[培]（A），电阻 R 的单位为欧[姆]（Ω）。一般以电压为横坐标和电流为纵坐标作出元件的电压-电流关系曲线，称为该元件的伏安特性曲线。

对于碳膜电阻、金属膜电阻、线绕电阻等电学元件，在通常情况下，通过元件的电流与加在元件两端的电压成正比关系变化，即其伏安特性为直线。这类元件称为线性元件，如图3.24所示。至于半导体二极管、稳压管等元件，通过元件的电流与加在元件两端的电压不成线性关系变化，其伏安特性为曲线。这类元件称为非线性元件，如图 3.25 所示为某非线性元件的伏安特性。

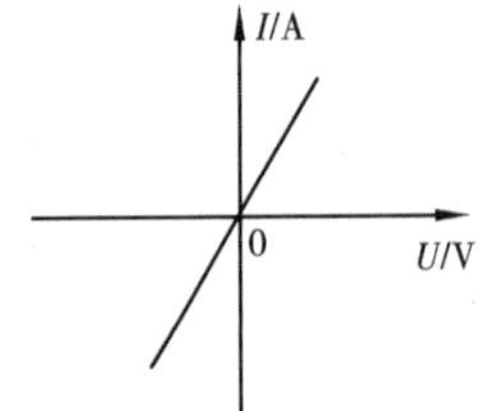

图 3.24　线性元件的伏安特性

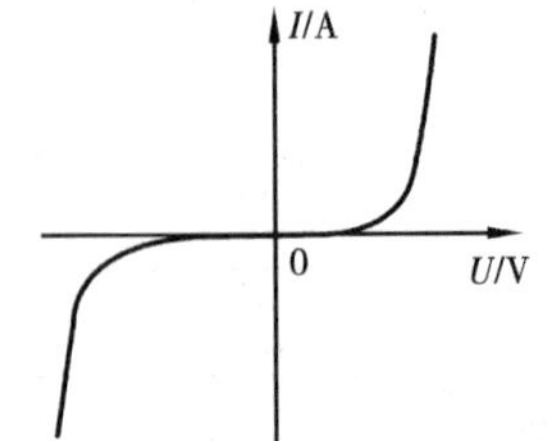

图 3.25　非线性元件的伏安特性

在设计测量电学元件伏安特性的线路时，必须了解待测元件的规格，使加在它两端的电压和通过的电流均不超过额定值。此外，还必须了解测量时所需其他仪器的规格（如电源、电压表、电流表、滑线变阻器等的规格），也不得超过其量程或使用范围。根据这些条件所设计的线路，可以将测量误差减到最小。

(2)实验线路的比较与选择

在测量电阻 R 的伏安特性的线路中，常有两种接法，即图3.26(a)中电流表内接法和图3.26(b)中电流表外接法。电压表和电流表都有一定的内阻（分别设为 R_V 和 R_A）。简化处理时，直接用电压表读数 U 除以电流表读数 I 来得到被测电阻值 R，即 $R=U/I$，这样会引进一定的系统性误差。

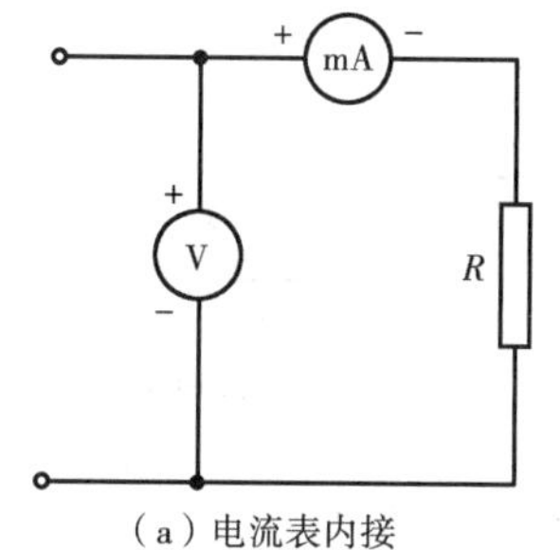

(a)电流表内接

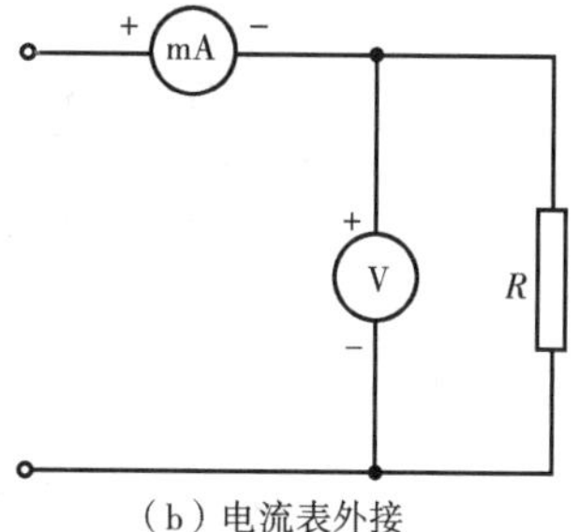

(b)电流表外接

图3.26 电表的内、外接线路图

当电流表内接时，电压表读数比电阻端电压值大，即有

$$R=\frac{U}{I}-R_A \tag{3.29}$$

当电流表外接时，电流表读数比电阻 R 中流过的电流大，这时应有

$$\frac{1}{R}=\frac{I}{U}-\frac{1}{R_V} \tag{3.30}$$

在式(3.29)和式(3.30)中，R_A 和 R_V 分别代表安培表和伏特表的内阻。比较电流表的内接法和外接法，显然，如果简单地用 $\frac{U}{I}$ 值作为被测电阻值，电流表内接法的结果偏大，而电流表外接法的结果偏小，都有一定的系统性误差。在需要做这样简化处理的实验场合，为了减少上述系统性误差，测量电阻的线路方案可以粗略地按下列办法来选择：

①当 $R \ll R_V$，且 R 较 R_A 大得不多时，宜选用电流表外接；

②当 $R \gg R_A$，且 R 和 R_V 相差不多时，宜选用电流表内接；

③当 $R \gg R_A$，且 $R \ll R_V$ 时，则必须先用电流表内接法和外接法测量，然后再比较电流表的读数变化大还是电压表的读数变化大，根据比较结果再决定采用内接法还是外接法。

如果要得到待测电阻的准确值，则必须测出电表内阻并按式(3.29)和式(3.30)进行修正，本实验不进行这种修正。

【实验仪器】

FB321型电阻元件V-A特性实验仪（测试元件、专用连接线等）。

【实验内容与步骤】

线性、非线性元件的伏安特性测量实验

(1)测定线性电阻的伏安特性,并作出伏安特性曲线,从图上求出电阻值

①按图 3.27(a)接线,其中 $R_2=10\ \text{k}\Omega$ 电阻,电阻箱 R_1 初始接入阻值为 10 kΩ。

②依此选择电源的输出电压为 14 V,电流表和电压表的量程分别为 2 mA 和 20 V。然后复核电路无误后,请教师检查。

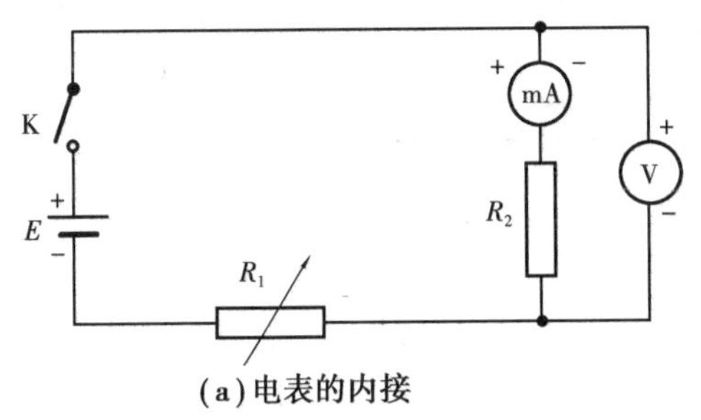

(a)电表的内接

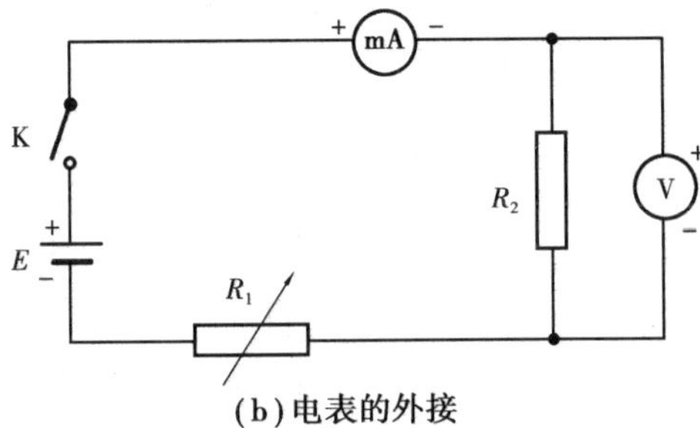

(b)电表的外接

图 3.27　判断电流表的内、外接线路

③取合适的电阻变化值(如变化范围 3~10 kΩ,变化步长为 1 kΩ),改变电阻测量,将对应的电压与电流值列表记录,以便作图。

④按图 3.27(b)接线,重复上述步骤,将对应的电压与电流值列表记录,以便作图。

(2)测定小灯泡伏安特性,并画出伏安特性曲线

①按图 3.28 接线。

②选择电流表和电压表的量程分别为 200 mA 和 20 V。复核电路无误后,请教师检查。

③取合适的电压变化值(如变化范围 0.00~8.00 V,变化步长为 1.00 V),改变电压测量,将对应的电压与电流值列表记录,以便作图。

(3)测定二极管伏安特性,并画出伏安特性曲线

①按图 3.29 接线。

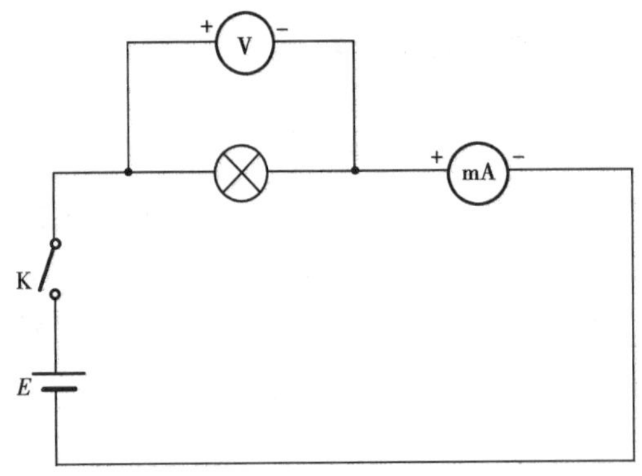

图 3.28　小灯泡伏安特性电路图

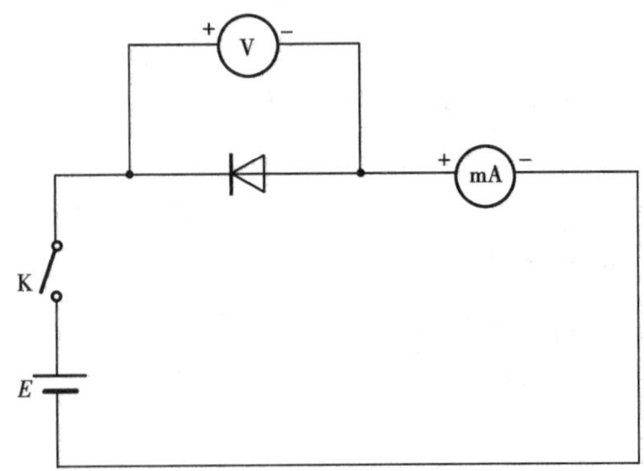

图 3.29　二极管伏安特性电路图

②先测试二极管的正负极，电压表调到 0.6 V 做试触，有电流时说明二极管导通。

③选择电流表和电压表的量程分别为 2 mA 和 2 V。复核电路无误后，请教师检查。

④取合适的电压变化值（如变化范围 0.25~0.60 V，变化步长为 0.05 V），改变电压测量，将对应的电压与电流值列表记录，以便作图。

【数据记录与处理】

（1）元件伏安特性测定

记录元件伏安特性测定数据于表 3.20。

表 3.20　元件伏安特性测定数据

测量序数	1	2	3	4	5	6	7	8
U/V								
I/mA								
R/Ω（$R=U/I$）								

（2）绘制伏安特性曲线

根据元件测量数据画出伏安特性曲线。

【思考与讨论】

①电流表或电压表面板上的符号各代表什么意义？电表的准确度等级是怎样定义的？怎样确定电表读数的示值误差和读数的有效数字？

②1.5 级 0~3 V 的电压表表面共有 60 分格，如以 V 为单位，它的读数应读到小数点后第几位？2.5 级 0~10 mA 的毫安表表面共有 50 分格，如以 mA 为单位，它的读数又应读到小数点后第几位？

③有一个 0.5 级、量限为 100 mA 的电流表，它的最小分度值一般应是多少？最大绝对误差是多少？当读数为 50.0 mA，此时的相对误差是多少？若电表还有 200 mA 的量程，上列各项分别是多少？

④用量程为 1.5，3.0，7.5，15 V 的电压表和 50，500，1 000 mA 的电流表测量额定电压为6.3 V，额定电流为 300 mA 的小电珠的伏安特性，电压表和电流表应选哪一量程？若欲测另一额定电压力为 12 V 的小电珠，额定电流不知道，这时电压表和电流表的量程如何选取？

⑤提供下列仪表：0~6 V 可调直流稳压电源；滑线变阻器 $R_0=100\ \Omega$（2 A）及 1 kΩ（0.5 A）各一只；0.5 级多量程电流表；0.5 级多量程电压表；待测电阻一只；待校 1.5 级电压表一只。已知电表内阻

电流表$\begin{cases}\text{量程/mA} & 7.5 \quad 15 \quad 30 \quad 75 \\ \text{内阻 } R_A/\Omega & 3.43 \quad 2.31 \quad 1.26 \quad 0.4\end{cases}$

电压表$\begin{cases}\text{量程/V} & 3 \quad 7.5 \quad 15 \\ \text{内阻 } R_V/\Omega & 500\ \Omega/\text{V}\end{cases}$

a.设计一个伏安法测电阻的控制电路,待测电阻 200 Ω,电流表内接,电流调节范围 20~30 mA,画出电路,并注明电路中各元件的参数。

b.设计一个校正电压表的控制电路,待校表量程 5 V,内阻 50 kΩ,画出电路,并注明电路中各元件的参数。

实验 3.9 电表的校正(电流表与电压表的校正)

电表在电学测量中有着广泛的应用,因此如何了解电表和使用电表就显得十分重要。电流计(表头)由于构造的原因,一般只能测量较小的电流和电压,如果要用它来测量较大的电流或电压,就必须进行改装,以扩大其量程。万用表的原理就是对微安表头进行多量程改装而来,在电路的测量和故障检测中得到了广泛的应用。

【实验目的】

电表的校正理论

①了解电表的工作原理;

②掌握利用欧姆定律改装电表,扩大量程的实验方法;

③学会标定改装电表的等级。

【实验原理】

常见的磁电式电流计主要由放在永久磁场中的由细漆包线绕制的可以转动的线圈、用来产生机械反力矩的游丝、指示用的指针和永久磁铁所组成。当电流通过线圈时,载流线圈在磁场中就产生一磁力矩 $M_{磁}$,使线圈转动并带动指针偏转。线圈偏转角度的大小与线圈通过的电流大小成正比,所以可由指针的偏转角度直接指示出电流值。

(1)测量量程 I_g、内阻 R_g

电流计允许通过的最大电流称为电流计的量程,用 I_g 表示;电流计的线圈有一定内阻,用 R_g 表示。I_g 与 R_g 是两个表示电流计特性的重要参数。

测量内阻 R_g 常用方法有:

1)半电流法也称中值法

半值法测量原理见图 3.30。当被测电流计接在电路中时,使电流计满偏,再用十进位电阻箱(R_2)与电流计并联作为分流电阻改变电阻值,即改变分流程度。当电流计指针指示到中间值,且总电流强度仍保持不变,显然这时分流电阻值就等于电流计的内阻。

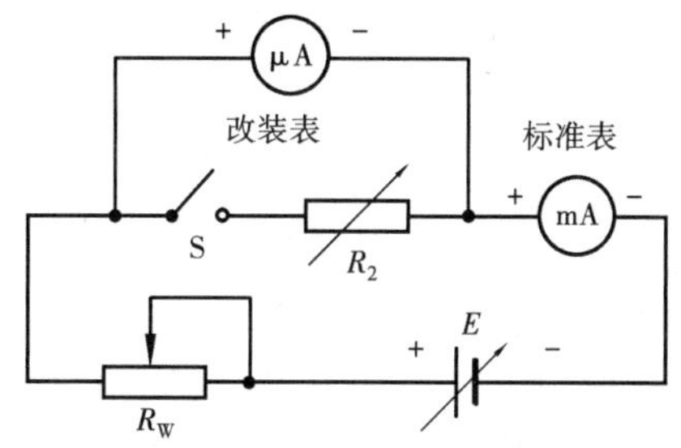

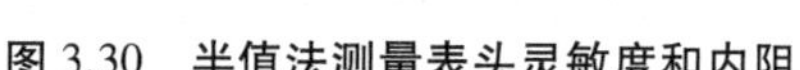
图 3.30　半值法测量表头灵敏度和内阻

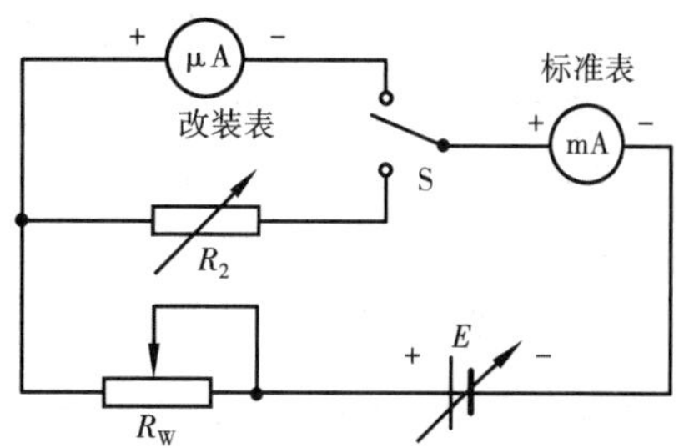

图 3.31　替代法测量表头灵敏度和内阻

2)替代法

替代法测量原理见图 3.31。当被测电流计接在电路中时,用十进位电阻箱(R_2)替代它,且改变电阻值,当电路中的电压不变时,且电路中的电流亦保持不变,则电阻箱的电阻值即为被测电流计内阻。替代法是一种运用很广的测量方法,具有较高的测量准确度。

(2)改装为大量程电流表

根据电阻并联规律可知,如果在表头两端并联上一个阻值适当的电阻 R_2,如图 3.32 所示,可使表头不能承受的那部分电流从 R_2 上分流通过。这种由表头和并联电阻 R_2 组成的整体(图中虚线框部分)就是改装后的电流表。如需将量程扩大 n 倍,则不难得出

$$R_2 = R_g/(n-1) \tag{3.31}$$

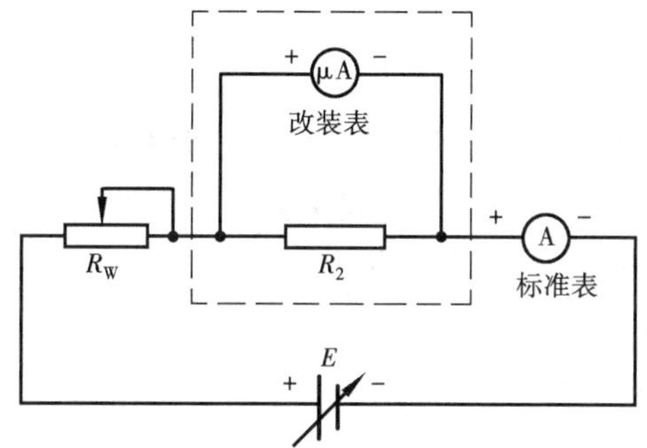

图 3.32　改装电流表实验线路图

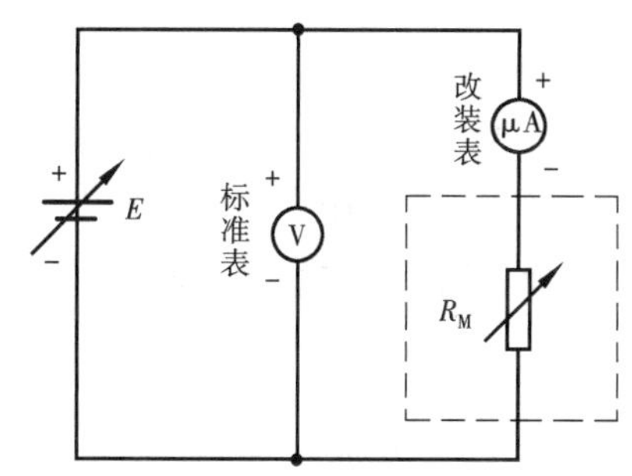

图 3.33　改装电压表实验线路图

图 3.32 为扩流后的电流表原理图。用电流表测量电流时,电流表应串联在被测电路中,所以要求电流表应有较小的内阻。另外,在表头上并联阻值不同的分流电阻,便可制成多量程的电流表。

(3)改装为电压表

一般表头能承受的电压很小,不能用来测量较大的电压。为了测量较大的电压,可以给表头串联一个阻值适当的电阻 R_M,如图 3.33 所示,使表头上不能承受的那部分电压降落在电阻 R_M 上。这种由表头和串联电阻 R_M 组成的整体就是电压表,串联的电阻 R_M 叫作扩程电阻。选取不同大小的 R_M,就可以得到不同量程的电压表。由图 3.33 可求得扩程电阻值为

$$R_M = \frac{U}{I_g} - R_g \tag{3.32}$$

实际的扩展量程后的电压表原理见图 3.33,用电压表测电压时,电压表总是并联在被测

电路上。为了并联电压表且不改变电路中的工作状态,要求电压表应有较高的内阻。

(4)改装电流表为欧姆表

用来测量电阻大小的电表称为欧姆表。根据调零方式的不同,可分为串联分压式和并联分流式两种,其原理电路见图 3.34。图中 E 为电源,R_3 为限流电阻,R_W 为调“零”电位器,R_x 为被测电阻,R_g 为等效表头内阻。图 3.34(b)中,R_g 与 R_W 一起组成分流电阻。

欧姆表使用前先要调“零”点,即 a、b 两点短路(相当于 $R_x=0$),调节 R_W 的阻值,使表头指针正好偏转到满度。可见,欧姆表的零点是就在表头标度尺的满刻度(即量限)处,与电流表和电压表的零点正好相反。

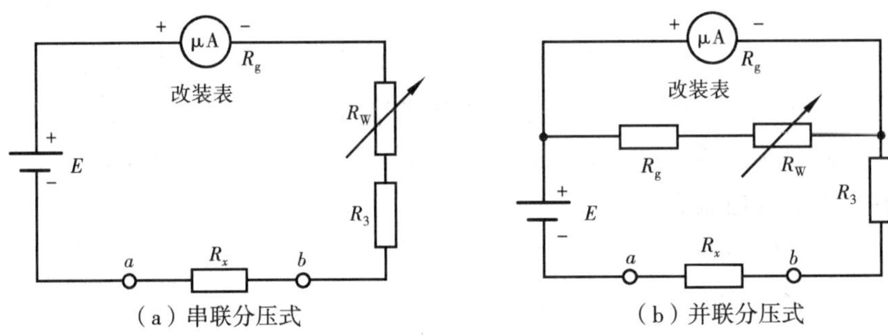

图 3.34 电流表改装欧姆表原理图

在图 3.34(a)中,当 a、b 端接入被测电阻 R_x 后,电路中的电流为

$$I=\frac{E}{R_g+R_W+R_3+R_x} \tag{3.33}$$

对于给定的表头和线路来说,R_g,R_W,R_3 都是常量。由此可见,当电源端电压 E 保持不变时,被测电阻和电流值有一一对应的关系。即接入不同的电阻,表头就会有不同的偏转读数,R_X 越大,电流 I 越小。短路 a、b 两端,即 $R_X=0$ 时,这时指针满偏。

$$I=\frac{E}{R_g+R_W+R_3}=I_g \tag{3.34}$$

当 $R_x=R_g+R_W+R_3$ 时

$$I=\frac{E}{R_g+R_W+R_3+R_x}=\frac{1}{2}I_g \tag{3.35}$$

这时指针在表头的中间位置,对应的阻值为中值电阻,显然

$$R_{中}=R_g+R_W+R_3$$

当 $R_x=\infty$(相当于 a、b 开路)时,$I=0$,即指针在表头的机械零位。

因此,欧姆表的标度尺为反向刻度,且刻度是不均匀的,电阻 R 越大,刻度间隔越小。如果表头的标度尺预先按已知电阻值刻度,就可以用电流表来直接测量电阻了。

欧姆表在使用过程中,电池的端电压会有所改变,而表头的内阻 R_g 及限流电阻 R_3 为常量,故要求 R_W 要跟着 E 的变化而改变,以满足调“零”的要求,设计时用可调电源模拟电池电压的变化,范围取 1.35~1.6 V 即可。

【实验仪器】

FB308 型电表改装与校准实验仪,附专用连接线等。

【实验内容与步骤】

(1) 用中值法或替代法测出表头的内阻

①中值法测量可参考图 3.35 接线。先将 E 调至 0 V，接通 E、R_W，被改装表和标准电流表后，先不接入电阻箱 R，调节 E 中 R_W 使改装表头满偏，记住标准表的读数，此电流即为改装表头的满度电 I_{g1} 流，再接入电阻箱 R（图 3.35 中虚线所示）。改变 R 数值，使被测表头指针从满度 100 μA 降低到 50 μA 处。注意调节 E 或 R_W，使标准电流表的读数保持不变，记录接入的电阻箱 R_{g1}。

电表的校正实验

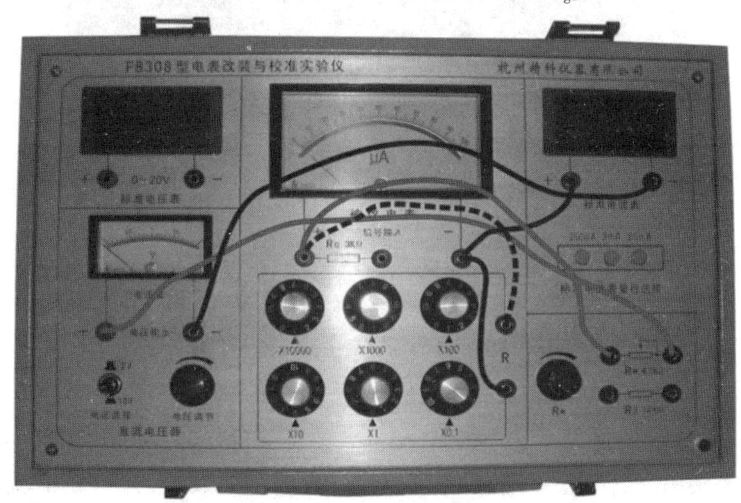

图 3.35　中值法测量表头内阻接线图

②替代法测量可参考图 3.36 接线。先将 E 调至 0 V，接通 E、R_W，被改装表和标准电流表后，调节 E 中 R_W 使改装表头满偏，记录标准表的读数为 I_{g2}，此值即为被改装表头的满度电流，再断开接到改装表头的接线，转接到电阻箱 R（图 3.35 中虚线所示），调节 R 使标准电流表的电流保持刚才记录的数值。这时电阻箱 R 的数值即为被测表头内阻 R_{g2}。

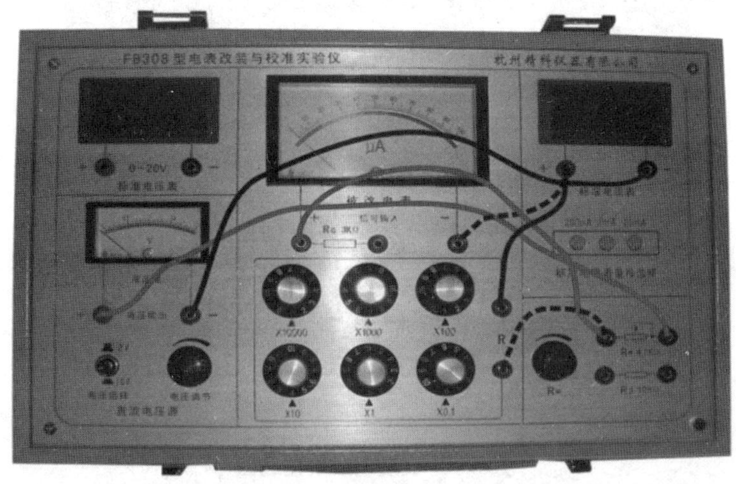

图 3.36　替代法测量表头内阻接线图

(2)将一个量程为 100 μA 的表头改装成 1 mA(或自选)量程的电流表

①根据电路参数,估计 E 值大小,并根据式(3.31)计算出分流电阻值。

②参考图 3.37 接线,先将 E 调至 0 V,检查接线正确后,调节 E 和滑动变阻器 R_W,使改装表指到满量程,这时记录标准表读数。注意:R_W 作为限流电阻,阻值不要调至最小值。然后,每隔 0.2 mA 逐步减小读数直至零点,再按原间隔逐步增大到满量程,每次记下标准表相应的读数于表 3.21。

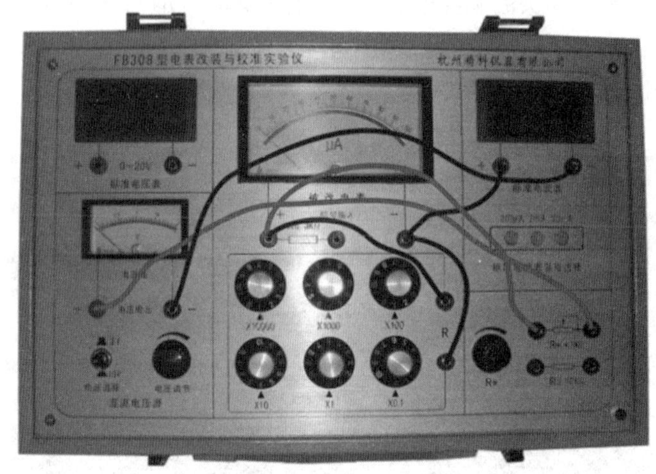

图 3.37　改装电流表接线图

③重复以上步骤,将 100 μA 表头改成 10 mV 表头,可按每隔 2 mV 测量一次(可选做)。

④将 R_g 和表头串联,作为一个新的表头,重新测量一组数据,并比较扩流电阻有何异同(可选做)。

(3)将一个量程为 100 μA 的表头改装成 1.5 V(或自选)量程的电压表

①根据电路参数估计 E 的大小,根据式(3.32)计算扩程电阻 R_M 的阻值,可用电阻箱 R 行实验。按图 3.38 进行连线,先调节 R 至最大值,再调节 E;用标准电压表监测到 1.5 V 时,再调节 R 值,使改装表指示为满度。于是 1.5 V 电压表就改装好了。

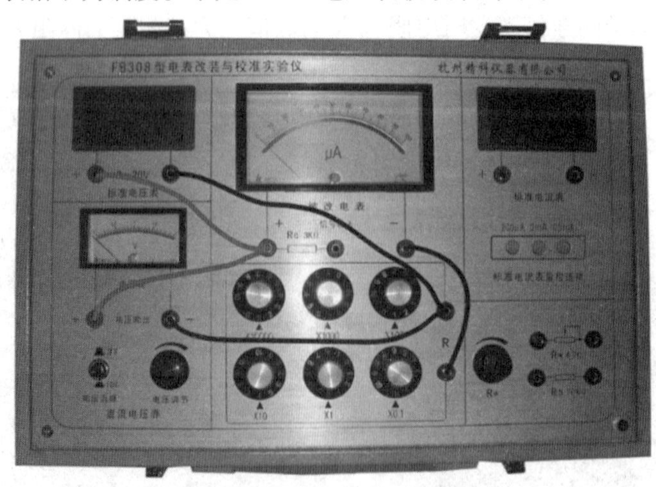

图 3.38　改装电压表接线图

②用数显电压表作为标准表来校准改装的电压表。调节电源电压，使改装表指针指到满量程(1.5 V)，记下标准表读数。然后每隔 0.3 V 逐步减小改装读数直至零点，再按原间隔逐步增大到满量程，每次记下标准表相应的读数于表 3.22。

③重复以上步骤，将 100 μA 表头改成 10 V 表头，可按每隔 2 V 测量一次(可选做)。

④将 R_g 和表头串联，作为一个新的表头，重新测量一组数据，并比较扩程电阻有何异同(可选做)。

(4)改装欧姆表及标定表面刻度

①根据表头参数 I_g 和 R_g 以及电源电压 E，选择 R_W 为 4.7 kΩ，R_3 为 10 kΩ。

②按图 3.39 进行连线。调节电源 E=1.5 V，短路 a、b 两接点(参考原理图)，调 R_W 使表头指示为零。欧姆表的调零工作完成。

③测量改装成的欧姆表的中值电阻。如图 3.39 中虚线所示，将电阻箱 R(即 R_x)接于欧姆表的 a、b 测量端，调节 R，使表头指示到正中，这时电阻箱 R 的数值即为中值电阻，记录此时的中值电阻 $R_{中}$。

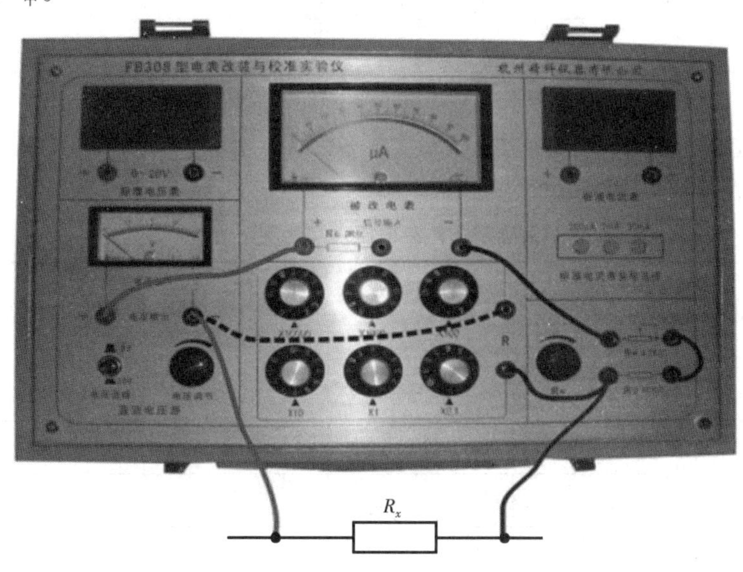

图 3.39　改装欧姆表接线图

④取电阻箱的电阻为一组特定的数值 R_{xi}，读出相应的偏转格数。利用所得读数 R_{xi}、div 绘制出改装欧姆表的标度盘将数据记下每次的读数于表 3.23。

⑤确定改装欧姆表的电源使用范围。短接 a、b 两测量端，将工作电源放在 0~2 V 挡，调节 E=1 V 左右，先将 R_W 逆时针调到底，调节 E 直至表头满偏，记录 E_1 值；接着将 R_W 顺时针调到底，再调节 E 直至表头满偏，记录 E_2 值，E_1~E_2 值就是欧姆表的电源使用范围。

⑥按图 3.34 进行连线，设计一个并联分流式欧姆表并进行连线、测量。试与串联分压式欧姆表比较，有何异同(可选做)。

【实验数据记录与处理】

(1)数据记录

①用中值法或替代法测出表头的内阻。

I_{g1} = ____________ μA　　　R_{g1} = ____________ Ω

I_{g2} = ____________ μA　　　R_{g2} = ____________ Ω

②将一个量程为 100 μA 的表头改装成 1 mA(或自选)量程的电流表,将实验所测的标准电流表读数填入表 3.21 中。

表 3.21　改装电流表实验测试值

改装表读数/mA	标准表读数/mA			误差 ΔI/mA
	递减时	递增时	平均值	
0.2				
0.4				
0.6				
0.8				
1.0				

③将一个量程为 100 μA 的表头改装成 1.5 V (或自选)量程的电压表,将实验所测的标准电压表读数填入表 3.22 中。

表 3.22　改装电压表实验测试值

改装表读数/V	标准表读数/V			示值误差 ΔU/V
	减小时	增大时	平均值	
0.3				
0.6				
0.9				
1.2				
1.5				

④改装欧姆表及标定表面刻度,将相应电压下所测得的电阻箱的偏转格数填入表3.23中。

表 3.23　电阻箱偏转格数表

E= __________ V　　　　　　　　　　$R_{中}$ = __________ Ω

R_{xi}/Ω	$\frac{1}{5}R_{中}$	$\frac{1}{4}R_{中}$	$\frac{1}{3}R_{中}$	$\frac{1}{2}R_{中}$	$R_{中}$	$2R_{中}$	$3R_{中}$	$4R_{中}$	$5R_{中}$
偏转格数/div									

改装欧姆表的电源使用范围：

E_1 = ________ V，E_2 = ________ V。

(2) 数据处理

①对表 3.21 的数据进行处理，以改装表读数为横坐标，标准表由大到小及由小到大调节时两次读数的平均值为纵坐标，在坐标纸上作出电流表的校正曲线，并根据两表最大误差的数值定出改装表的准确度等级。

②对表 3.22 的数据进行处理，以改装表读数为横坐标，标准表由大到小及由小到大调节时两次读数的平均值为纵坐标，在坐标纸上作出电压表的校正曲线，并根据两表最大误差的数值定出改装表的准确度等级。

③计算出欧姆表的电源使用范围。

【思考与讨论】

①测量电流计内阻应注意什么？是否还有别的办法来测定电流计内阻？能否用欧姆定律来进行测定？能否用电桥来进行测定？

②设计 $R_{中} = 10\ \text{k}\Omega$ 的欧姆表，现有两个量程 100 μA 的电流表，其内阻分别为 2 500 Ω 和 1 000 Ω，你认为选哪个较好？

③若要求制作一个线性量程的欧姆表，有什么方法可以实现？

实验 3.10　惠斯通电桥测电阻

电桥有很多种，惠斯通电桥是其中的一种，它是测量中值电阻的重要仪器，电桥不仅可以测量电阻，不同的电桥还可以测量电容、电感、温度、压力等物理量，广泛应用于工业生产的自动化控制中。

在普通的惠斯通电桥中，都采用二端法接入被测电阻。此时，连接导线电阻、接触点电阻都与被测电阻相串联，明显地影响测量结果，特别是较远距离的测量，连接导线电阻更大，导致测量精度降低。而采用三端法测量，将连接导线电阻和接触点电阻分散到各桥臂、工作电源或检流计等相关支路，相对减小对测量结果的影响。

【实验目的】

惠斯通电桥测电阻理论

①了解电桥灵敏度的概念；

②掌握“二端法”和“三端法”测量电阻的原理；

③学会利用惠斯通电桥测量电阻的方法。

【实验原理】

(1)单臂电桥(惠斯通电桥)

单臂电桥是平衡电桥,图3.40中的R_1,R_2,R_3,R_4构成一电桥,A、C两端供一恒定电压E_S,B、D之间有一检流计G,当电桥平衡时,G无电流流过,B、D两点为等位点,则

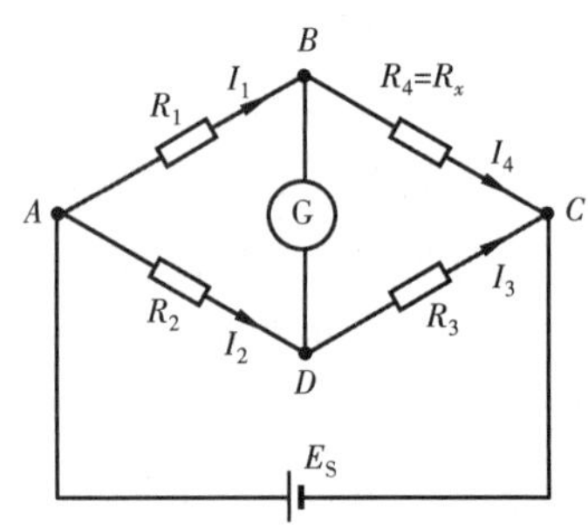

图3.40 单臂电桥原理图

$$U_{BC} = U_{DC}$$

$$I_1 = I_4, I_2 = I_3, I_1R_1 = I_2R_2, I_3R_3 = I_4R_4$$

于是有

$$\frac{R_1}{R_2} = \frac{R_4}{R_3}$$

如果R_4为待测电阻R_x,R_3为标准比较电阻,则其中$K=R_1/R_2$,称为比率(一般惠斯通电桥的K有0.001,0.01,0.1,1,10,100,1 000等。本电桥的比率K可以任选)。根据待测电阻大小,选择K值后,只要调节R_3,使电桥平衡,检流计为"0",就可以根据式(3.36)得到待测电阻R_x的值。

$$R_x = \frac{R_1}{R_2}R_3 = KR_3 \tag{3.36}$$

(2)QJ23b(市电型)直流电阻电桥的原理和结构

电桥主要由比例臂、比较臂、内附检流计、调零电位器、电源开关、控制按钮等组合而成,除了稳压电源以外,其他主要部件均安装在金属面板上,如图3.41所示。

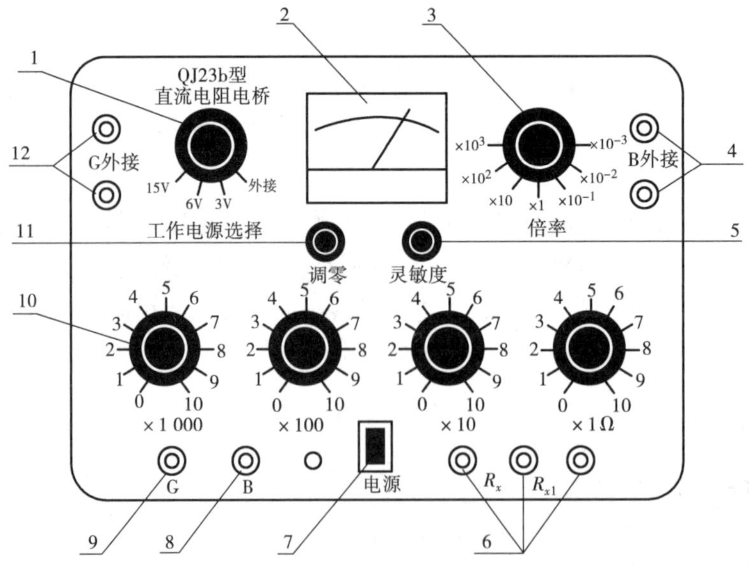

图3.41 电桥面板布置

1—工作电源选择开关;2—检流计;3—倍率开关;
4—外接电源端钮;5—检流计灵敏度调节旋钮;6—接被测电阻端钮;
7—电源开关;8—工作电源控制按钮;9—检流计控制按钮;10—测量盘;
11—检流计调零旋钮;12—外接检流计端钮

电桥原理图见图 3.42。

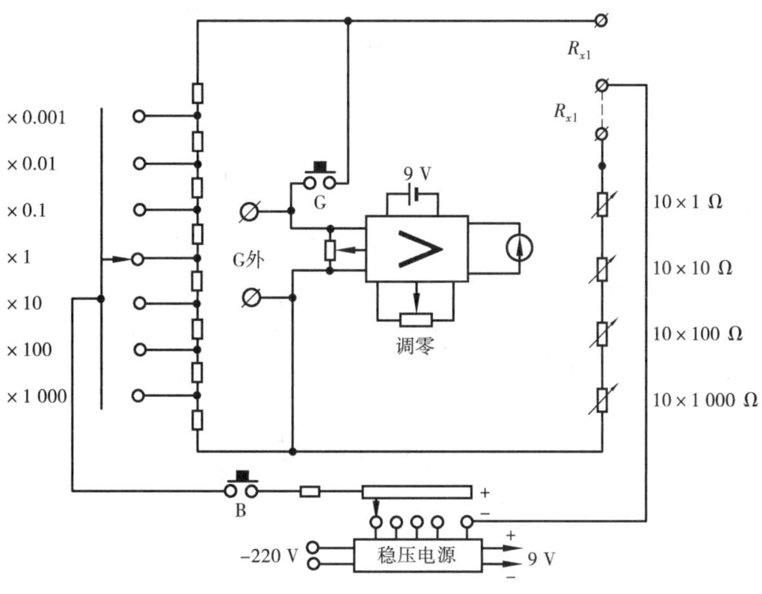

图 3.42　电桥原理图

(3)电桥灵敏度

在实际操作中,通常是通过观察检流计指针有无偏转来判定电桥是否平衡,但检流计的灵敏度总是有限的。为了能够定量反应这一误差的大小,人们引入了电桥灵敏度 S 的概念,它的定义式为

$$S=\frac{\Delta n}{\Delta R_x/R_x}\tag{3.37}$$

式中,ΔR_x 为电桥平衡后,使电桥略失平衡时 R_x 的微小变量;Δn 为由于电桥偏离平衡而引起的检流计偏转的格数(一般只允许偏转 1 格左右)。

因此 S 在数值上等于电桥臂有单位增量 $\Delta R_x/R_x$ 时,所引起的检流计的响应偏转格数。

由于待测电阻 R_x 值是不变的,因此实际上改变的是标准比较电阻 R_S(测量盘的电阻示数之和),所以式(3.37)可改写为

$$S=\frac{\Delta n}{\Delta R_S/R_S}\tag{3.38}$$

S 越大,说明电桥灵敏度越高,带来的误差就越小。实验和理论证明,电桥灵敏度 S 与检流计的电流灵敏度 S_i 成正比,它与 R_1/R_2 和检流计内阻 R_g 等有关。

减小电桥测量误差的方法:

①由电桥灵敏度而引入的误差,可采用下面的方法减小测量误差。

a.选择合适的 R_1/R_2 比例,如果条件许可,在 R_x 调节范围内,一般采用“×1”的量程倍率,因为这时 $\Delta R_S/R_S$ 最小。

b.增大电源电压 E,但要注意各元件允许的功率。

c.选择灵敏度稍高的检流计,但不要太高,否则操作起来不太方便。

②由电桥元件及 R_1、R_2 和 R_S 的准确度等级而引起的误差。为了减小这类误差，可在 R_1/R_2 保持不变的情况下，将 R_x 与 R_S 互易位置，比较互易前后电桥平衡时的标准比较电阻 R_S 和 R'_S。当 $K=1$ 时，考虑到 R_S 和 R'_S 相差甚微，利用近似关系，可得

$$R_x = \sqrt{R_s R'_s}$$

这样，就可以消除由于电阻元件值的偏差引入的系统误差。

(4)三端法的电阻原理

三端法的电阻原理图见图 3.43。采用三端接法时，当量程倍率为"×1"挡位时，设 $R_x=1\ 000\ \Omega$，$r=12.5\ \Omega$，此时

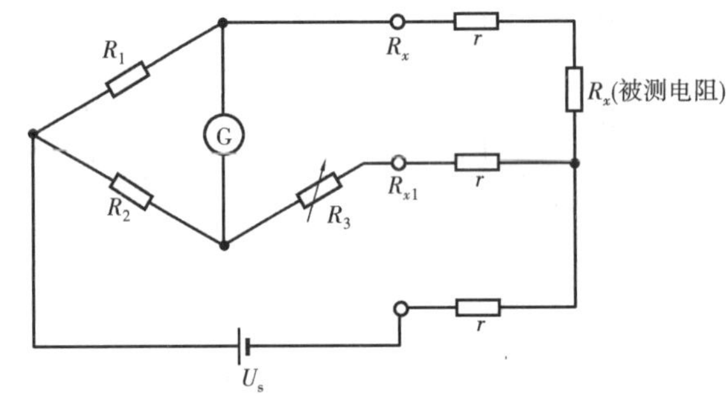

图 3.43　三端法的电阻原理图

$$R_1 = R_2 = 500\ \Omega$$

$$R'_0 = \frac{R_1(R_x + r)}{R_2} = R_x + r = 1\ 000\ \Omega + 12.5\ \Omega = 1\ 012.5\ \Omega$$

$$R_0 = R'_0 - r = 1\ 000\ \Omega$$

如采用二端接法

$$R_0 = \frac{R_1(R_x + 2r)}{R_2} = R_x + 2r = 1\ 000\ \Omega + 2 \times 12.5\ \Omega = 1\ 025\ \Omega$$

$$E = \frac{|1\ 025 - 1\ 000|}{1\ 000} \times 100\% = 2.5\%$$

比较二端法和三端法的测量结果，可以发现三端法成功消除了接入导线而引起的误差。因此，三端法能够更准确地测量电阻。

【实验仪器】

QJ23b(市电型)直流电阻电桥，电阻箱，导线。

【实验内容与步骤】

将被测电阻接到"R_x"两接线柱上，在仪器后部插座接通 220 V 电源，打开电源开关，指示灯亮；然后根据被测对象，转动"工作电源选择"旋钮，选择合适的工作电源；再转动检流计"调零"旋钮，使检流计指零。

惠斯通电桥测电阻实验

(1)二端法测量

①按图 3.44 接线。接线柱 2、3 用短路板短路。

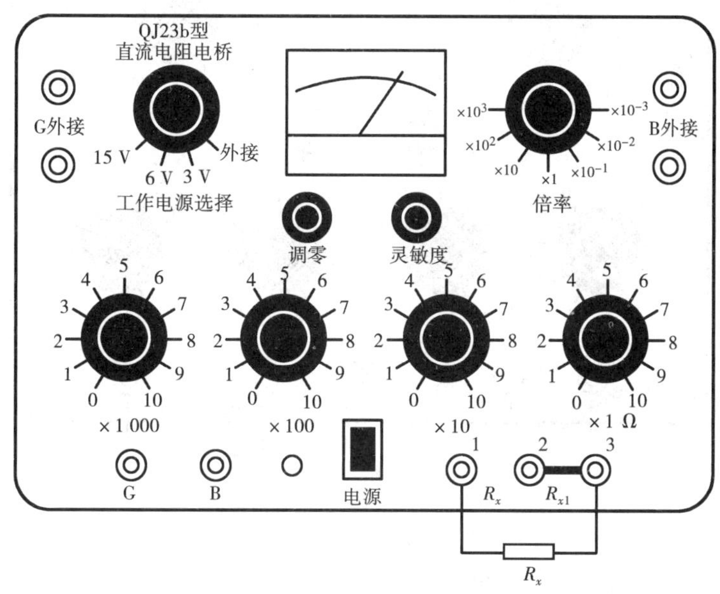

图 3.44　二端法接线图

②在测量之前,首先按照实验要求设置电阻箱电阻为 5 Ω(50 Ω、500 Ω),根据电阻箱 R_x 的电阻值,查阅实验仪器参数表,选择合适量程倍率及工作电压,并将开关放在选择好的挡位,将测量盘的电阻设为 5 kΩ,按下按钮"B",然后按检流计按钮"G"。

③观察检流计指针,如果开始测量检流计指针向"+"的一边偏转,说明被测电阻 R_x 大于测量盘的电阻之和,应增加电桥测量盘的电阻。如果开始测试检流计指针向"-"的一边偏转,则可知测试电阻器 R_x 小于测量盘的电阻之和,应减小电桥测量盘的电阻。

④当电桥处于平衡状态,即检流计指"0"即可读数,分别将电桥平衡时测量盘的电阻读数记录到表 3.24。利用测量盘的电阻读数×量程倍率可以得到 R_x 的数值。

注意:R_x 值超过 10 kΩ 时,或在测量中转动测量盘最小一挡读数很难分辨指零仪读数时,此时,需外接高灵敏度的检流计,采用专用导线接通外接检流计,以保证测量的可靠性。为了保证测量的准确度,在使用电桥中,"×1 000"的读数盘不可放在"0"上。

(2)测量电桥的灵敏度

在二端法测量步骤的基础上,采用"×1"的量程倍率,分别接入 5 Ω、50 Ω 和 500 Ω 的待测电阻,调节测量盘的四个电阻(旋钮),使电桥处于平衡状态,记录平衡时测量盘的电阻之和 R_S。然后改变测量盘的电阻值,当检流计发生一格的偏转时,将此时测量盘的电阻值 R'_S 记录到表3.25,通过计算获得不同待测电阻值对应的电桥灵敏度。

(3)三端法测量

三端法测量按图 3.45 接线。单臂电桥采用二端法测量电阻能有效地消除引线电阻带来的测量误差,因此,采用三端法可进行在线远程电阻的测量。

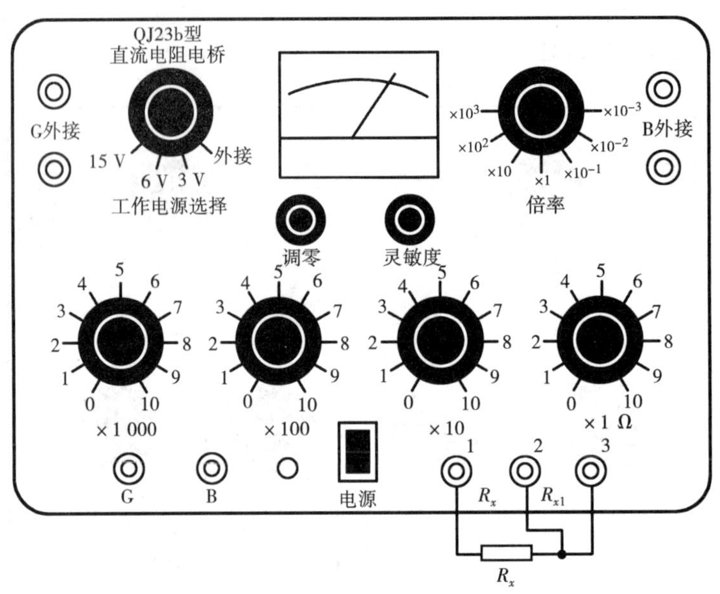

图 3.45 三端法接线图

实验时可先采用二端法测量，此时电桥上的 R_{x1} 可不必短路，而将测试电阻板上的“R_{x1}”组（中、下）两端钮短接。电桥上的 R_x 和 R_{x1} 三个端钮分别用导线与电阻测试板的“电桥输入端”相接，根据电阻的大小，将倍率转换开关转至选定的比率 K 值位置，按下“G”和“B”按钮，调节测量盘，使电桥处于平衡状态，并记录测量结果。再进行三端法测量，接线按图 3.45 进行，被测电阻的一端连接接线柱 1、3，接线柱 2 可用鳄鱼夹夹在接线柱 3 被测电阻的内侧，电桥操作与二端法测量的步骤相同，将结果记录到表 3.26。

（4）测量方法比较

对两种测量方法的优劣进行比较。

【数据记录与处理】

R_x 值可用式（3.39）求得

$$R_x = 量程倍率 \times 测量盘示值之和 \tag{3.39}$$

（1）用二端法测量 R_x

记录电桥平衡时的测量盘示值之和于表 3.24。

表 3.24 用二端法测量 R_x

电阻箱阻值/Ω	5			50			500		
量程倍率									
标度盘示值之和	1	2	3	1	2	3	1	2	3
R_x/Ω									
$\overline{R_x}$/Ω	$\overline{R_1}$ =			$\overline{R_2}$ =			$\overline{R_3}$ =		

(2) **电桥灵敏度**

记录检流计偏转前后的测量盘示数之和于表 3.25。

表 3.25　电桥灵敏度测量

	R_S/Ω	检流计偏转	R'_S/Ω	$\overline{\Delta R_S}/\Omega$
5 Ω		左偏一格		
		右偏一格		
50 Ω		左偏一格		
		右偏一格		
500 Ω		左偏一格		
		右偏一格		

计算电桥灵敏度

$$S = \frac{\Delta n}{\Delta R_S / R_S} = \frac{1}{\overline{\Delta R_S} / R_S}$$

(3) **用三端法测量 R_x**

记录电桥平衡时的测量盘示值之和于表 3.26。

表 3.26　用三端法测量 R'_x

电阻箱阻值/Ω	5			50			500		
量程倍率									
标度盘示值之和	1	2	3	1	2	3	1	2	3
R'_x/Ω									
$\overline{R'_x}/\Omega$	$\overline{R'_1}=$			$\overline{R'_2}=$			$\overline{R'_3}=$		

比较二端法与三端法之间所测的电阻值的误差

$$E = \frac{|\overline{R'}_x - \overline{R}_x|}{\overline{R'}_x} \times 100\%$$

【注意事项】

①使用完毕后将按钮“B”和“G”断开。

②在测量含有电感的被测电阻器(如电机、变压器等)时,必须先按按钮“B”,然后再按按钮“G”。如果先按按钮“G”,再按按钮“B”时的一瞬间因自感而引起逆电势会对检流计产生冲击,从而损坏检流计。断开时,先断开按钮“G”,再断开按钮“B”。

③当使用外接电源时,应同时使用外接检流计,并且拔去 220 V 电源插头。

④电桥使用完毕后,应拔去电源插头,切断电源。

⑤电桥应存放在室温为 5 ~ 35 ℃、相对湿度低于 80%的室内,并且空气内不含有腐蚀气体。

【思考与讨论】

①电阻二端法和三端法测量的基本原理是什么?
②与二端法测试电阻相比,三端法测试电阻有哪些优点?
③检流计的指针总往一边偏转试,试分析引起此现象的原因。
④电桥平衡后,若将电源和检流计的位置互换,电桥能否仍保持平衡?并加以证明。

【阅读材料】

发现物理之美——惠斯通

1802 年,惠斯通出生在英格兰的格洛斯特。小时候的惠斯通兴趣十分广泛,而且动手能力也很强。基于这一点,惠斯通的父母对他的教育十分严格,这就为惠斯通之后的成功奠定了基础。

惠斯通在物理学方面做出了很多重要的贡献。尤其是电学研究和光学研究方面,更是独树一帜。他第一次使用惠斯通电桥,精确地测量出了电阻,这个方法被后世许多实验室所运用。1834 年,惠斯通被任命为伦敦国王学院的实验哲学教授。也是在这一年里,他在实验室中,用旋转镜测出了导体中电流的运动速度,测得的值超过了 28 万 km/s。他在这个实验的基础上建议,这种旋转镜可以专门用来测试光速。3 年以后,惠斯通与英国的科学家库克一起取得了早期有线电报的专利权。在之后的研究生涯中,惠斯通还发明了观察立体图像的体视镜、X 射线和航空照相等。更加神奇的是,惠斯通还利用物理原理,发明了普莱费尔密码。

为了表彰惠斯通所做的贡献,英国伦敦皇家学会将他吸纳为会员。1837 年,惠斯通当选为法国科学院外籍院士。1868 年,惠斯通受封为爵士。1875 年 10 月 19 日,惠斯通在巴黎去世,享年 73 岁。

惠斯通从小就对物理学表现出了极大的兴趣。在物理学领域有着很多重要的贡献。在惠斯通的成就中,有两个方面的贡献是值得被称赞的,一个是电学方面,一个是光学方面。

在电学方面,惠斯通测定了电磁波在金属中的速率,这是人类物理学上的一次重大发现。而且惠斯通用量值较大的转速代替了量值很小的时间间隔,这是一个很好的科学研究方法。法国物理学家傅科就是靠使用这种检测方法,首次精确测定了光速。惠斯通是英国少数几个能领悟欧姆定律内涵,并且在实际中应用的科学家。

在光学研究方面,惠斯通也有所斩获。他通过对双筒视觉、反射式立体镜的研究,系统地剖析了视觉可靠性的根源问题。他还依据影像生成的原理,对人眼的视觉和色觉的生理光学问题作出了正确的解释,为后世的研究奠定了理论基础。

除了这两大方面的研究成果,惠斯通在音乐上也有所建树。他对乐音在刚性直导线上传输的问题进行了仔细研究,并且取得了不错的研究成果,这是他作为物理学家的一个亮点。他还用实验验证了吹奏乐器演奏过程产生的物理原理,即伯努利原理。

通过对惠斯通的成就评析,可以看出,他对物理学的热爱已经深入到了生活领域,无论是通过音乐还是光线,他都能发现物理的美。

实验3.11 分光计的调节和使用

分光计是一种测量光线偏转角的精密仪器,也称“测角仪”。由于一些物理量(如折射率、波长等)可以用光线的偏折来量度,因此分光计是光学实验中的一种基本仪器。在分光计的载物台上放置色散棱镜或衍射光栅,它就成为一台简单的光谱仪器;分光计装上光电探测器,它还可以对光的偏振现象进行定量的研究。为了保证测量的精确,分光计在使用前必须进行调整。分光计的调整方法与一般光学仪器的调整方法相比较,具有一定通用性。因此,学习分光计的调整方法也是使用光学仪器的一种基本训练。

【实验目的】

分光计的调节和使用理论

①了解分光计的结构;
②掌握正确地调节分光计的方法;
③学会分光计测量三棱镜顶角的方法。

【实验原理】

(1)分光计简介

JJY1′型分光计由阿贝式自准直望远镜、平行光管、可升降的载物平台及读数装置等四大部分组成。

1)阿贝式自准直望远镜

装有阿贝目镜的望远镜,称阿贝式自准直望远镜。它用以观察平行光进行的方向。与普通望远镜相类似,它由物镜和目镜组成。改变物镜至目镜的距离,可以使不同距离远处的物体成像清晰。望远镜调焦于无穷远时,则可使从无穷远处来的平行光成像最清晰。

为了便于测量,物镜与目镜之间有叉丝,目镜与叉丝,以及目镜、叉丝相对于物镜的距离均可调节,叉丝应位于目镜焦平面上。

目镜是由场镜和接目镜组成的。常用的目镜有两种:一种是高斯目镜,在它的场镜与接目镜间装了一片与镜筒成45°的薄玻璃片,当小灯的光经玻璃片反射后可将叉丝全部照亮;另一种是阿贝目镜,在目镜与叉丝之间装了一个全反射小三棱镜,小灯发出的光经小三棱镜反射后将叉丝的一部分照亮,而从目镜望去这照亮的部分刚好被小三棱镜遮住,故只能看到叉丝的其他部分,如图3.46所示。JJY1′型分光计采用的是阿贝目镜。

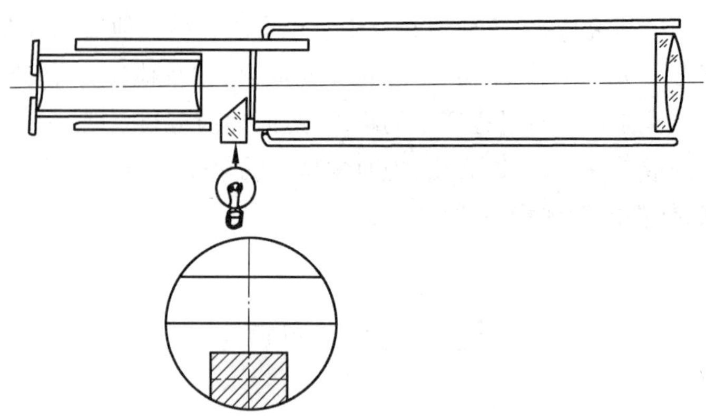

图 3.46 阿贝目镜

望远镜可绕分光计中心轴转动,它的倾斜度也可通过螺丝进行调节,而望远镜固定螺丝则起着将望远镜倾斜度固定的作用。在望远镜与中心轴相连处有望远镜锁紧螺丝,放松时可使望远镜绕中心轴转动,旋紧时可固定望远镜。

2)平行光管

平行光管是仪器中产生平行光的机构。它由一个可改变缝宽的狭缝及一个会聚透镜所组成。狭缝至透镜的距离可调节,当用光源照明狭缝时,若狭缝刚好位于透镜焦平面处,则平行光管将发出平行光。平行光管与分光计底座固定在一起,它的倾斜度可以通过调整螺丝进行调节。而平行光管固定螺丝则起着将平行光管倾斜度固定的作用。为了得到较精密的调整,望远镜和平行光管均装有微调机构,只要拧紧望远镜或平行光管的锁紧螺丝,再转动其微调螺丝,则望远镜或平行光管就能转动微小角度。

3)可升降的载物平台

载物小平台可放光学元件,如三棱镜、光栅等。有三颗调节螺线 a、b 和 c 可改变小平台倾斜度,如图 3.47 所示。载物台也有锁紧螺丝可固定位置。

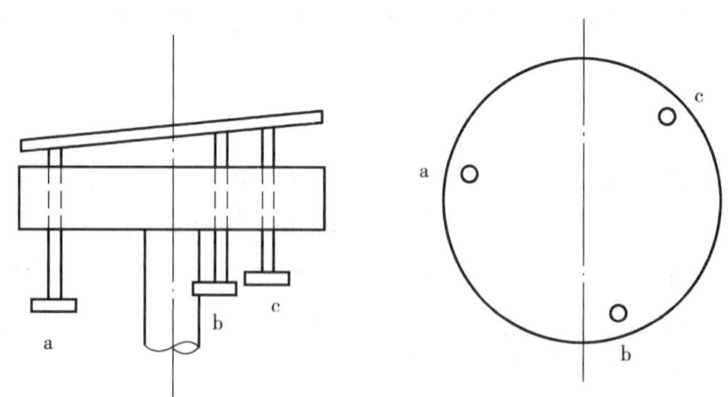

图 3.47 载物平台

4)读数装置

望远镜和载物台分别与刻度盘和角游标相连,它们的相对转动角度可从读数窗中读取,读数窗有 A、B 两个,它们相隔 180°,从 A、B 两窗可分别读取望远镜转过的角度,然后取平均值,这样可消除中心轴可能存在的偏心。

本实验室中分光计角游标的最小分度为 1′(主刻度盘上每小格为 30′,角游标 30 分格的弧长与刻度盘 29 分格的弧长相等),游标每小格之差,如图 3.48(a)所示。

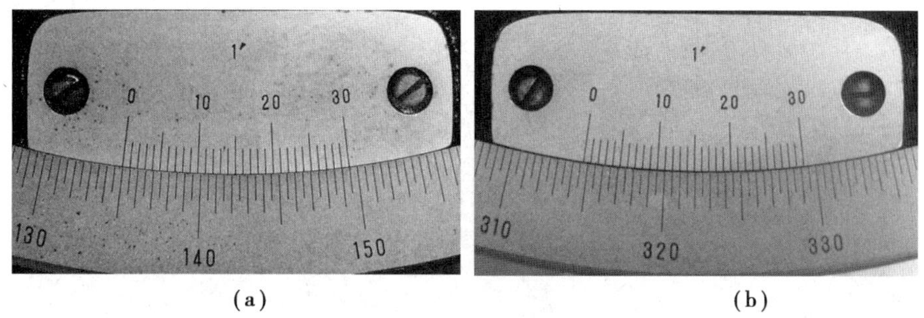

图 3.48　读数示例

例如,图 3.48(b)的读数应为:314°30′+11′=314°41′

(2)测量三棱镜棱角

两光学平面之间的夹角称为二面角。三棱镜、直角棱镜中相邻两个光学平面之间的夹角称为棱角(或称“二面角”)。

用一束平行光入射到三棱镜的棱角,如图 3.49 所示,光线(1)经 AB 面反射,光线(2)经 AC 面反射,二反射光线的夹角为 α。

二反射光线的夹角 α 与棱角 A 的关系很容易从几何光学中求得 $\angle A=\frac{\angle\alpha}{2}$。

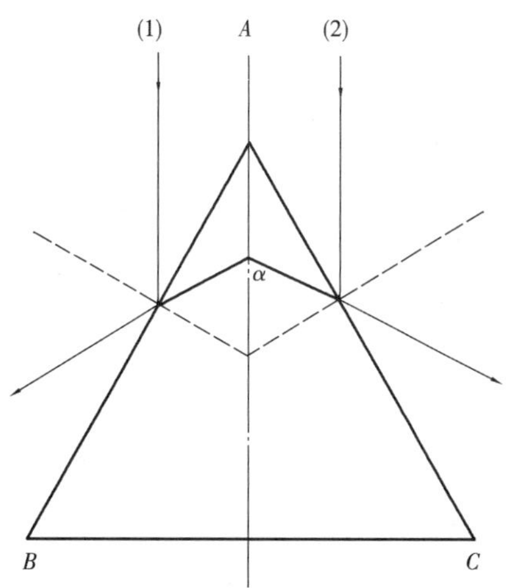

图 3.49　测量三棱镜棱角

【实验仪器】

JJY1′型分光计,如图 3.50 所示。

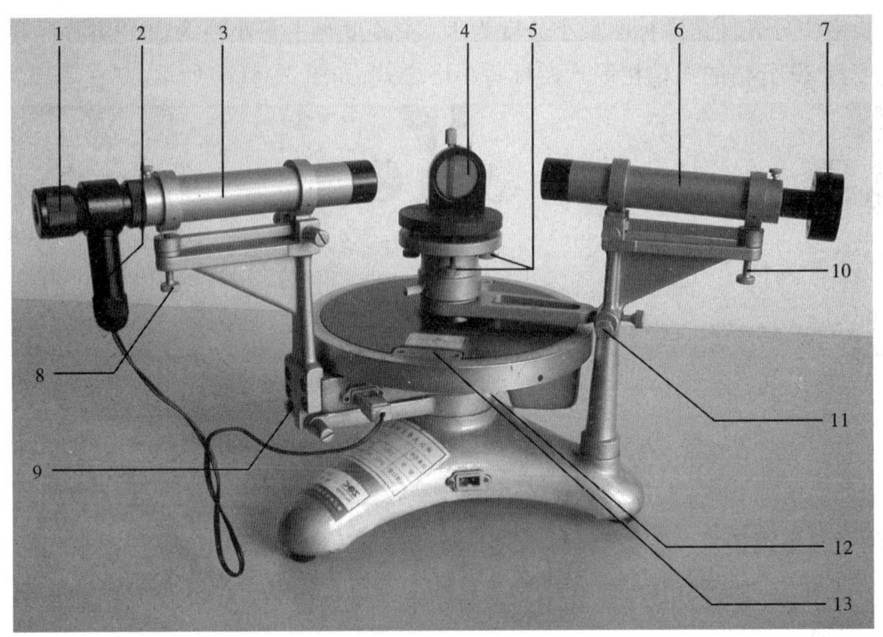

图 3.50　JJY1′型分光计

1—目镜;2—小灯;3—望远镜筒;4—平行平面镜;5—平台倾斜度调节螺丝;6—平行光管;7—狭缝装置;8—望远镜倾斜度调节螺丝;9—望远镜微调螺丝;10—平行光管微调螺丝;11—度盘微调螺丝;12—望远镜锁紧螺丝;13—游标盘

【实验内容及步骤】

分光计的调节和使用实验

(1)分光计的调整

1)调整分光计的目的

分光计在实验中通常来测量光线经各种光学元件(如狭缝、光栅、棱镜等)后的偏转角度,其测角时的光路见图 3.51。

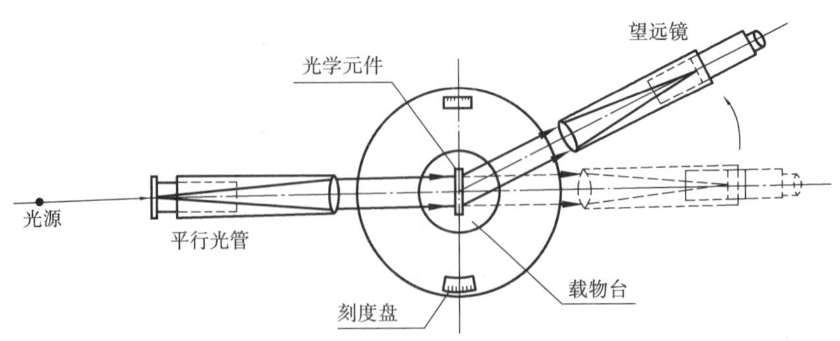

图 3.51　光路图

转动望远镜,使之对准偏转光线,由读数窗所得读数变化即得角度。但是,为使所得角度与实际光线偏转角度一致,必须有以下考虑。用分光计进行观测时,其观测系统基本上由下述三个平面构成,如图 3.52 所示。

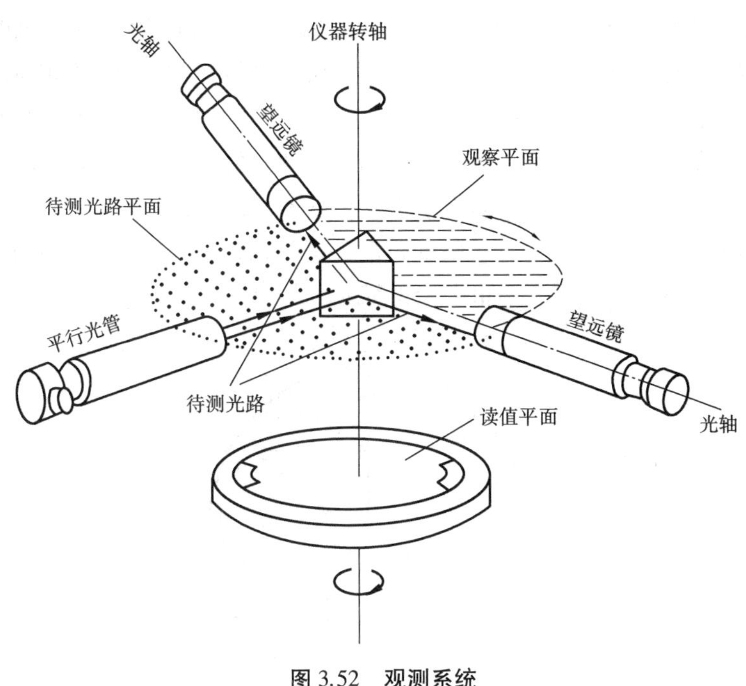

图 3.52　观测系统

①读值平面。

读值平面是读取数据的平面,它是由主刻度盘和游标内盘绕中心转轴旋转时形成的。对每一具体的分光计,读值平面都是固定的,且与中心转轴垂直。

②观察平面。

观察平面是由望远镜光轴绕仪器中心转轴旋转时所形成的。只有当望远镜光轴与中心转轴垂直时,观察面才是一个平面,否则,将形成一个以望远镜光轴为母线的圆锥面。

③待测光路平面。

待测光路平面由平行光管的光轴与经过待测光学元件(棱镜、光栅等)作用后所反射、折射和衍射的光线共同确定的。调节载物台下方的三颗螺丝,可以将待测光路平面调节到所需的方位。

三个平面应调节成相互平行。所以,仪器必须精密调整,以保证:a.入射光线是平行光(即要求调整平行光管,使其发射平行光);b.检测工具能接收平行光(即要求望远镜调焦无穷远,使平行光能成像最清晰);c.读值平面、观察平面和待测光路平面平行(即要求调整平行光管和望远镜的光轴与分光计中心轴垂直,同时也要调整载物台平面垂直于分光计中心轴)。

2)调整方法

①调整自准直望远镜。为了将望远镜调焦到无穷远,可采用如下方法:

在望远镜的载物台上放一镜面垂直于望远镜光轴的平面反射镜。调节叉丝面与物镜之间的距离(即调焦)时,如果叉丝恰好处于物镜的焦平面上,则叉丝发出的光经物镜变为平行光,此平行光由反射镜反射回来,经物镜后所成叉丝像应准确地处在叉丝平面上。因此,在调焦过程中,只要在叉丝平面上看到反射回来的清晰的叉丝像时,望远镜已调焦到无穷远了。这种调焦方法称为自准直法。

调整的步骤应先粗调后细调。粗调就是先从望远镜筒外侧面观察,粗略判断望远镜的镜筒是否垂直于载物平台上的平行平面镜。由于望远镜的视场角很小,因此立即从望远镜目镜中观察,不一定能看到反射光。此时可先转动载物平台,眼睛直接从望远镜外侧面找到由平行平面镜反射回来的亮十字叉丝像。若这时眼睛高度比目镜中心高(或低),则应调节望远镜倾斜度螺丝和载物台调整螺丝,直至眼睛与目镜中心等高,再从望远镜目镜中观察反射回来的光斑。然后调节望远镜物镜和分划板间的距离。当分划板处于物镜的焦平面上时,这一光斑就会形成清晰明亮的十字叉丝像,如图 3.53 所示。

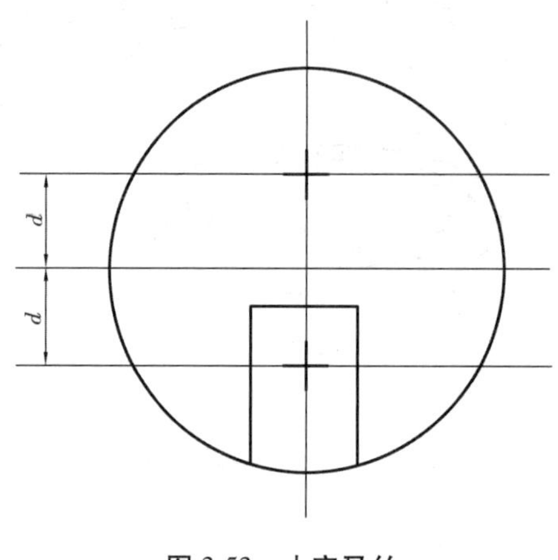

图 3.53　十字叉丝

②调整望远镜的光轴与分光计中心转轴垂直,载物平台与分光计中心转轴垂直。

这一步仍要借助平行平面镜来调整。平面镜前后两个反射面是互相平行且与其底座的底面垂直的,若望远镜及载物台均已调成与分光计中心转轴垂直,则平面镜放在载物台任意位置上都应看到如图 3.53 所示图像。将平台转过 180°观察(图 3.54),也应如此。

若没有达到上述调整要求会出现什么现象呢?在此不妨讨论以下两种特殊情况:

a.若反射镜面与分光计中心转轴平行,而与望远镜轴不垂直,则当转动载物台时,无论哪个反射面对准望远镜,在望远镜中看到叉丝的反射像总是偏上(图 3.55)或偏下。

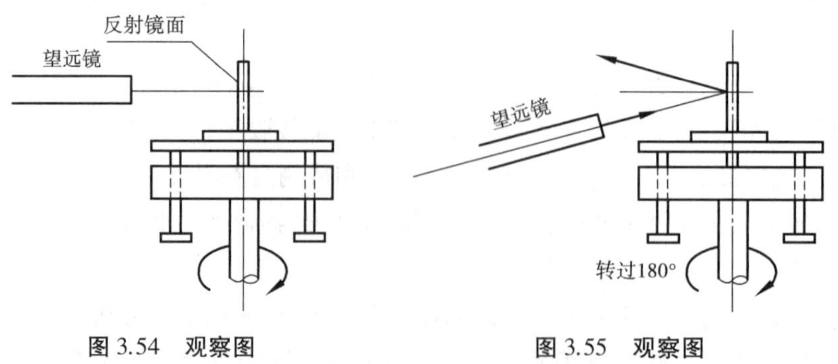

图 3.54　观察图　　　　图 3.55　观察图

b.若望远镜光轴与分光计中心转轴是垂直的,而反射镜面与转轴不平行,则当转动载物台使一个反射面正对望远镜时,叉丝箱偏下;转过 180°,使另一面正对望远镜,叉丝像必偏上,如图 3.56 所示。

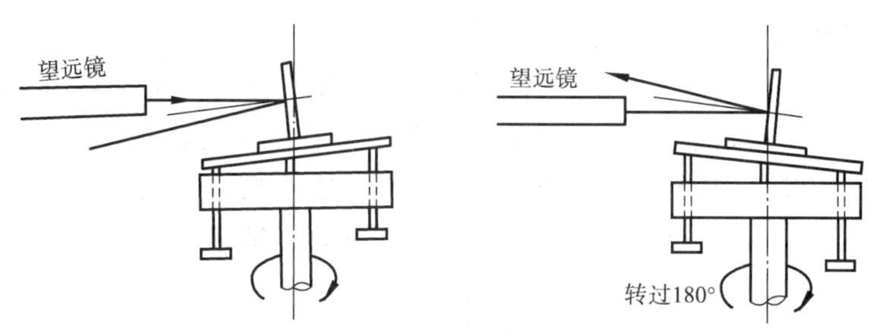

图 3.56　观察图

一般情况下，上述两种没有调好的因素均存在，因此，调整时要根据观察到反射像的现象进行分析，针对原因进行调整。通常可分两步进行：

第一步，在载物台三颗倾斜度调整螺丝 a、b、c 中选任两颗，例如 a、c，将反射镜面垂直平分 a、c 连线放置（图 3.57(a)），并将望远镜正对反射镜的一个反射面，左右轻微转动载物台，从目镜中找到叉丝的反射像，然后将载物台转过 180°（注意不要用手直接转动反射镜），这时反射镜的另一反射面正对望远镜，同样找到叉丝反射像。要仔细观察两个叉丝反射像相对于分划板的上一条水平线的位置，如果一个偏上另一个偏下，则反复调节载物平台倾斜螺丝 a 或 c，使两面反射叉丝像的水平线与分划板上一条水平线距离各减小一半，逐步逼近直至重合；如果均偏上或均偏下，则调节望远镜的倾斜度螺丝，使两面反射叉丝像均与分划板上十字丝的水平线重合。然后不断转动载物平台，观察叉丝像是否处于图 3.53 所示的位置。若不符合，可重复交替用以上方法进行调节，直至两反射像由逐渐接近黑十字线到重合为止。

第二步，以上调节还不能决定载物平台平面垂直于中心转轴，还需将平面镜改放在与 a、c 连线平行的直径上（图 3.57(b)），调节螺钉 b，使反射像与叉丝重合。注意，此时不能再调螺钉 a、c 及望远镜倾斜螺丝。望远镜和载物台调好后，它们的倾斜螺丝都不能再动了。

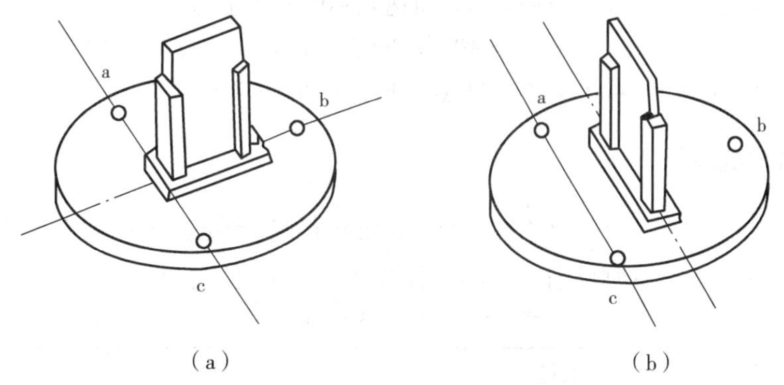

图 3.57　平面镜

③使平行光管发出平行光，并使其光轴与分光计转轴垂直。

这一步可用已调好的望远镜作为基准，调节平行光管狭缝至透镜的距离，使在望远镜中能看到狭缝清晰的像，且缝像与叉丝无视差。这时平行光管已发射平行光。再调节平行光管倾斜度，使狭缝像处于分划板上下面一条水平线上（此时应将原先竖着的狭缝转 90°并成水平状，调整好还应将其恢复到原位置）。这样平行光管光轴与望远镜光轴就平行了，也就是说，平行光管光轴也垂直于分光计中心转轴了。

(2)测量三棱镜棱角

棱镜安放见图3.58,棱角A对准平行光管的中心,使平行光分成两半,在AB和AC面上反射出去,并且棱角A应接近平台中心,否则望远镜中会看不到反射光。测量左侧反射光线的角位置θ_1、θ_1',测量右侧反射光线的角位置θ_2、θ_2',就可算得棱角。测量时稍微改变棱角A接近平台中心的位置(左右,前后)反复测几次,将结果做好详细记录。

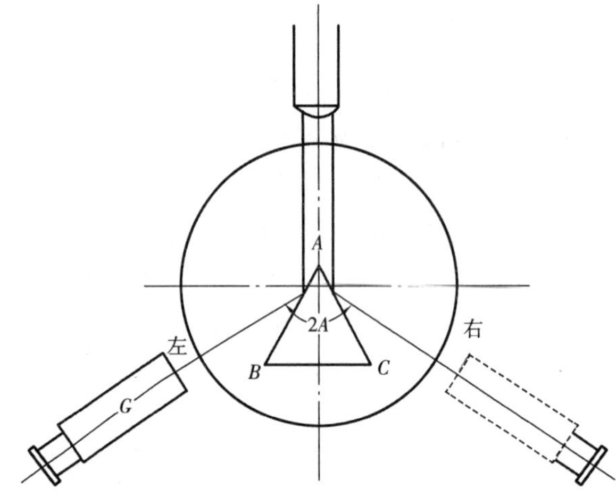

图3.58　棱镜安放位置

在决定望远镜角位置时应注意,当游标顺向(即读数增大方向)或反方向(即读数减小方向)转过刻度盘上360°时的那个刻度,应加上360°或减去360°。

例如　$\theta_1=160°$　　$\theta_2=340°$

$\theta_1'=220°$　　$\theta_2'=40°$

由于B窗的读数从340°顺向通过360°而达到40°的位置,所以

$$\theta'_2=40°+360°=400°$$

故实际上转过角度$\Delta\theta=20°+40°=60°$,即$\Delta\theta=400°-340°=60°$

【数据记录与处理】

将棱镜棱角A对准平行光管的中心,调节望远镜位置,测量左侧反射光线的角位置θ_1、θ_1'并记录在表3.27中,测量右侧反射光线的角位置θ_2、θ_2',并记录于表3.27。

表3.27　测量三棱镜棱角表

角度 次数	左侧		右侧		$\lvert\theta_1-\theta_2\rvert$	$\lvert\theta_1'-\theta_2'\rvert$	$A=\frac{\lvert\theta_1-\theta_2\rvert+\lvert\theta_1'-\theta_2'\rvert}{4}$
	θ_1	θ_1'	θ_2	θ_2'			
1							
2							
3							
4							
5							

应用逐差法加以处理，写出结果表达式

$$A = A \pm U$$

注意：仪器误差为 1′。

【思考与讨论】

①了解分光计各主要部件的功能，熟悉分光计上各调节螺丝的作用和调节方法，以及分光计正确使用时需满足的条件。

②为什么当调到叉丝经过平面镜反射后所成的像仍在原叉丝平面内时，望远镜就可以观察平行光了？

③如果望远镜中看至叉丝像在叉丝的上面，而当平台转过 180°后看到的叉丝像在叉丝的下面，试问这时应该调节望远镜的倾斜度，还是应调节平台的倾斜度？反之，如果平台转过 180°后，看到的叉丝像仍然在叉丝上面，这时应调节望远镜，还是调节平台？

④利用小反射镜调节望远镜和载物台时，为什么反射镜的放置要选择 a、c 调节螺丝的连线垂直平分线和平行于 a、c 连线这两个位置？随意放行不行？为什么？

⑤如何调节平行光管？

实验 3.12　迈克尔逊干涉仪的调节和使用

迈克尔逊干涉仪是迈克尔逊(1852—1931 年)在 19 世纪后期发明的，它是利用分振幅法产生双光束以实现干涉的一种仪器。迈克尔逊与其合作者曾用此仪器进行了三项著名的实验，即测量光速、标定米尺及推断光谱线精细结构。迈克尔逊运用它进行了大量的反复的实验，动摇了经典物理的以太说，为相对论的提出奠定了实验基础。该仪器设计精巧，用途广泛，不少其他干涉仪均由此派生出来，是许多近代干涉仪的原型。迈克尔逊也因发明干涉仪和光速的测量而获得 1907 年的诺贝尔物理学奖。直至今日，迈克尔逊干涉仪仍被广泛地应用于长度精密计量和光学平面的质量检验(可精确到十分之一波长左右)及高分辨率的光谱分析中。

【实验目的】

①了解等倾、等厚干涉的概念和条件，分振幅法获得相干光的思想和原理；

②掌握迈克尔逊干涉仪的调节方法；

③学会用迈克尔逊干涉测量 He-Ne 激光波长的方法。

迈克尔逊干涉仪的调节和使用理论

【实验原理】

(1) 迈克尔逊干涉仪

迈克尔逊干涉仪见图 3.59。

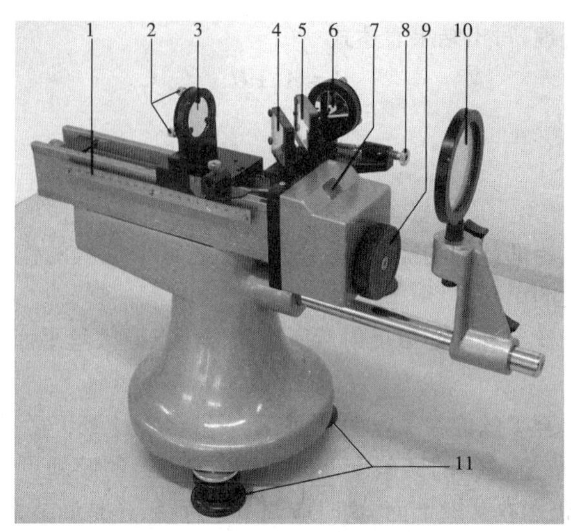

图 3.59 迈克尔逊干涉仪

1—主尺;2—反射镜调节螺丝;3—移动反射镜 M_1;4—分光板 G_1;

5—补偿板 G_2;6—固定反射镜 M_2;7—读数窗;8—水平拉簧螺丝;

9—粗调手轮;10—屏;11—底座水平调节螺丝

迈克尔逊干涉仪主要由精密的机械传动系统和四片精细磨制的光学镜片组成。G_1 和 G_2 是两块几何形状、物理性能相同的平行平面玻璃。其中 G_1 的第二面镀有半透明铬膜,称其为分光板,它可使入射光分成振幅(即光强)近似相等的一束透射光和一束反射光;G_2 起补偿光程作用,称其为补偿板。M_1 和 M_2 是两块表面镀铬加氧化硅保护膜的反射镜。M_2 是固定在仪器上的,称其为固定反射镜;M_1 装在可由导轨前后移动的拖板上,称其为移动反射镜。迈克尔逊干涉仪装置的特点是光源、反射镜、接收器(观察者)各处一方,分得比较开,可以根据需要在光路中很方便地插入其他器件。

M_1 和 M_2 镜架背后各有两颗调节螺丝,可用来调节 M_1 和 M_2 的倾斜方位。这两颗调节螺丝在调整干涉仪前均应先均匀地拧几圈(因每次实验后为保证其不受应力影响而损坏反射镜都将调节螺丝拧松),但不能过紧,以免减小调整范围。同时也可通过调节水平拉簧螺丝与垂直拉簧螺丝使干涉图像作上下和左右移动。而仪器水平还可通过调整底座上三个水平调节螺丝来实现。

确定移动反射镜 M_1 的位置有三个读数装置:

①主尺:在导轨的侧面,最小刻度单位为 mm,如图 3.60 所示。

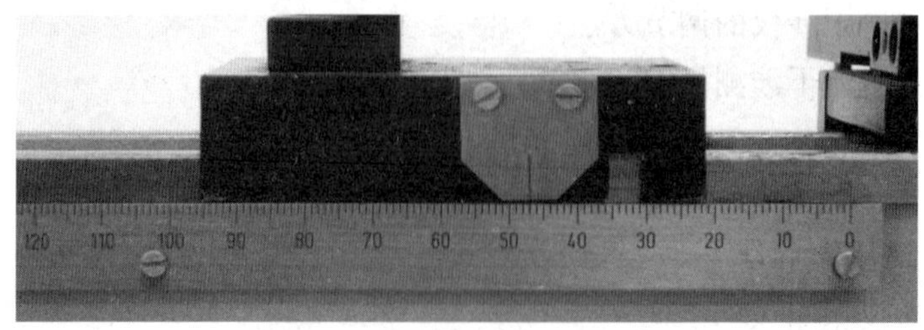

图 3.60 主尺

②读数窗:可读到 0.01 mm,如图 3.61 所示。

③带刻度盘的微调手轮,可读到 10^{-4} mm,估读到 10^{-5}mm,如图 3.62 所示。

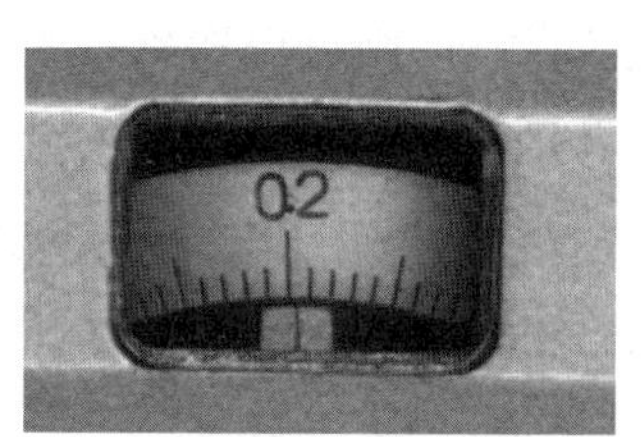

图 3.61　读数窗

图 3.62　微调手轮

光源上一点 S 发出的一束光线经分光板 G_1 而被分为两束光线(1)和(2)。这两束光线分别射向互相垂直的全反射镜 M_1 和 M_2,经 M_1 和 M_2 反射后又汇于分光板 G_1,这两束光再次被 G_1 分束,它们各有一束按原路返回光源(设两光束分别垂直于 M_1、M_2),同时各有一束光线朝 E 方向射出,如图 3.63 所示。由于光线(1)和(2)为两相干光束,因此,可在 E 的方向观察到干涉条纹。

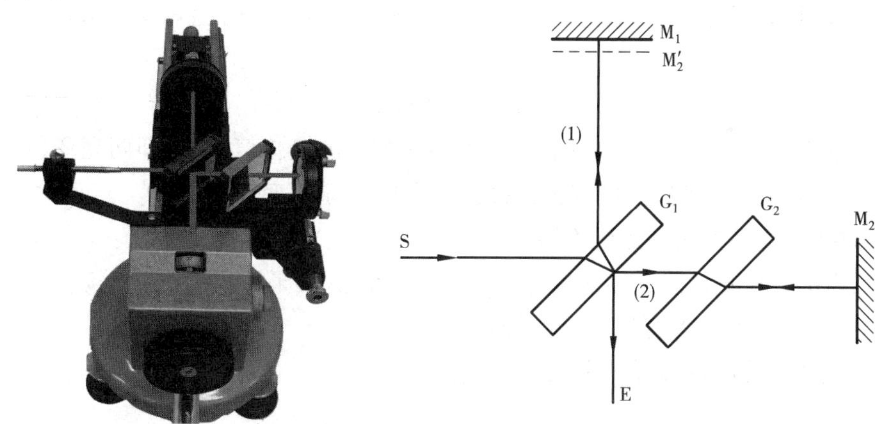

图 3.63　迈克尔逊干涉仪的光路

G_2 为补偿板,它的引进使两束相干光的光程差完全与波长无关(由于分光板 G_1 的色散作用,光程是波长 λ 的函数,因此,作定量的检测时,没有补偿板的干涉仪,只能用准单色光源,有了补偿板就可消除色散的影响。即使是带宽很宽的光源也会产生可分辨的条纹),且保证了光束(1)和(2)在玻璃中的光程完全相同,因而对不同的色光都完全可将 M_2 等效为 M_2'。

在图 3.63 中,M_2'是反射镜 M_2 被 G_1 反射所成的虚像。从 E 处看两相干光是从 M_1 和 M_2'反射而来。因此,在迈克尔逊干涉仪中产生的干涉与 M_1、M_2'间空气膜所产生的干涉是一样的。

(2)点光源产生的非定域干涉

用凸透镜会聚的激光束是一个很好的点光源,它向空间发射球面波,从 M_1 和 M_2 反射后可看成由两个光源 S_1 和 S_2 发出的(图 3.64),S_1(或 S_2)至屏的距离分别为点光源 S 从 G_1 和

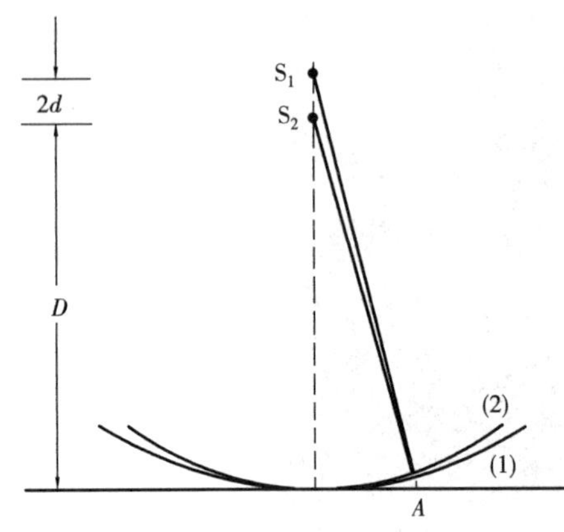

图 3.64　点光源产生的非定域干涉

M_1（或 M_2 和 G_1）反射至屏的光程，S_1 和 S_2 的距离为 M_1 和M_2'之间距离 d 的两倍，即 $2d$。虚光源 S_1 和 S_2 发出的球面波在它们相遇的空间处处相干，这种干涉是非定域干涉。如果将屏垂直于 S_1 和 S_2 的连线放置，则可以看到一组组同心圆，圆心就是 S_1和 S_2 连线与屏的交点。

如图 3.64 所示，由 S_1、S_2 到屏上的任一点 A，两光线的光程差 L 可得

$$L = 2d \cos \delta \tag{3.40}$$

由式（3.40）可知

①当 $\delta=0$ 时，光程差最大，即圆心 E 点所对应的干涉级别最高。

当移动 M_1、M_2 的距离 d 增大时，圆心干涉级数越来越高，就可以看到圆条纹一个一个地从中心“冒”出来；反之，当 d 减小时，圆条纹一个一个地向中心“缩”回去。每当“冒”出或“缩”回一条条纹时，d 就增加或减小 $\lambda/2$，因此，测出“冒”出或“缩”回的条纹数目 ΔN，由已知波长 λ 就可求得 M_1 移动的距离，这就是利用干涉测长法；反之，若已知 M_1 移动的距离，则就可求得波长，它们的关系为

$$\Delta d = \Delta N\lambda/2 \tag{3.41}$$

②d 增大时，光程差 L 每改变一个波长 λ 所需的 δ 的变化值减小，即两亮环（或两暗环）之间的间隔变小，看上去条纹变细变密；反之，d 减小时，条纹变粗变稀。

（3）扩展的面光源产生的定域干涉

当光源为扩展光源时，干涉条纹都有一定的位置。这种干涉称为定域干涉。定域干涉中的等倾干涉条纹，定位于无穷远，定域干涉中的等厚干涉条纹，定位于镜面附近（即薄膜干涉中的薄膜表层附近）。

1）等倾干涉

当 M_1 和 M_2'互相平行时（图 3.65），入射角为 δ 的光线经 M_1 和 M_2'反射成为（1）和（2）两束光，（1）和（2）互相平行，两光束的光程差为

$$\begin{aligned} L &= AC + CB - AD \\ &= 2d/\cos \delta - 2d \tan \delta \sin \delta \\ &= 2d(1/\cos \delta - \sin^2\delta/\cos \delta) \\ &= 2d \cos \delta \end{aligned} \tag{3.42}$$

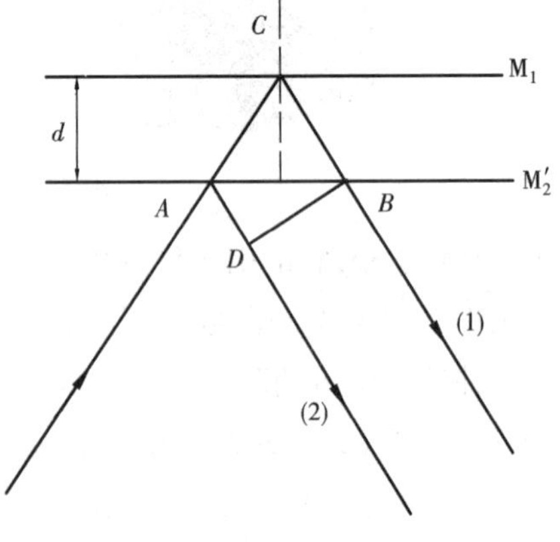

图 3.65　等倾干涉

在 d 一定时，光程差只决定入射角 δ。如在 E 处放一会聚透镜，并在其焦平面上放一屏，则在屏上可看到一组同心圆。而每个圆相应于一定的倾角，其产生干涉的平面是会聚透镜的后焦面。和非定域干涉类似，干涉级别以圆心最高，当 d 增加时，圆环从中心“冒”出；当 d 减小时，圆环从中心“缩”回。

2)等厚干涉

当 M_1 和 M_2'有一很小角度时(图3.66)。M_1 和 M_2'之间形成楔形空气薄层,就会出现等厚干涉条纹。等厚干涉条纹定域在镜面附近,如用眼睛观察,眼睛必须聚焦在镜面附近。

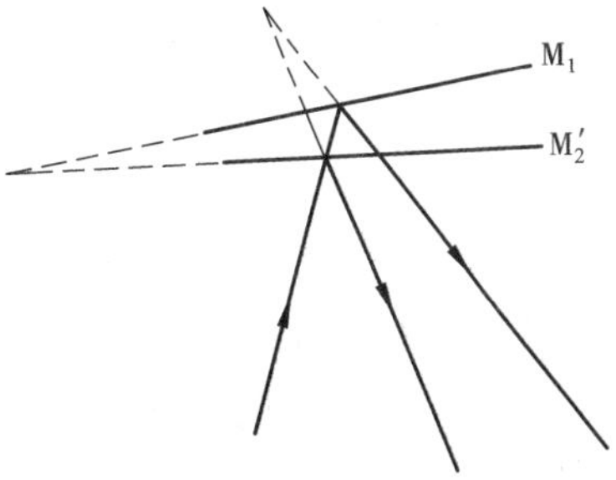

图3.66　等厚干涉

经过 M_1 和 M_2'镜反射的光线,其光程差仍可近似地表示为

$$L = 2d\cos\delta \tag{3.43}$$

但在镜 M_1 和 M_2'相交处附近,d 很小时,光程差 L 的变化主要决定于 d 的变化,$\cos\delta$ 项影响很小,可忽略不计,因此,可观察到直线条纹。当 d 变大时,$\cos\delta$ 的变化不能忽略,此时将引起干涉条纹的弯曲,以增加 d (或减小 d)来弥补因 δ 增大(或弥补因 δ 减小)而引起的 L 减小(或增大),所以,看到的条纹是两端弯向厚度增加(或减小)的方向,即条纹凸向厚度减小(或增加)的方向。

(4)相干长度

从理论上讲,单色的点光源发出的光经干涉仪后总是能够产生干涉现象的。然而实际上并非如此。在迈克尔逊干涉仪中,如果 M_1 和 M_2'之间的距离超过一定限度时,就观察不到干涉条纹。为了简单起见,考虑 $\delta=0$ 的情况,此时,光程差 $L=2d$,不断增加 d,当 d 增加到某一个值 d_{max}时,就看不见干涉现象,这个最大的光程差 $L_{max}=2d_{max}$称为该光源的相干长度。

不同的光源有不同的相干长度,反映了光源相干性的好坏。光源的单色性越好,相干长度越长。单模He-Ne激光器发出的632.8 nm的激光单色性很好,相干长度有几米至几十米范围。而钠光相干长度只有几厘米,白光相干长度则只有波长数量级。

【实验仪器】

迈克尔逊干涉仪,钠光灯,氦氖激光器,白炽灯,短焦距透镜,针孔板,毛玻璃等。

【实验内容及步骤】

(1)观察干涉条纹

1)非定域干涉条纹的调节

迈克尔逊干涉仪的调节和使用实验

为了获得肉眼直接可观察得到的干涉条纹,要求两束相干光的传播方向夹角必须很小,几乎是共线传播。为此,作如下调节:在He-Ne激光器前设一小孔光阑,使激光束通过小孔,并经过分光板 G_1 中心透射到反射镜 M_2 中心上。然后调节 M_2 后面两颗螺丝,使光点反射像返回到光阑上并与小孔重合。再调从 G_1 后表面反射到 M_1 的光束,调节 M_1 后面两颗螺丝,使其反射光到达 G_1 后表面时恰好与 M_2 的反射光相遇(两光点完全重合),同时两反射光在光阑的小孔处也完全重合。这样 M_1 和 M_2 就基本上垂直,即 M_1 和 M_2'互相平行。

去掉光阑,该处放一短焦距的透镜,使激光束会聚成一点光源,这时在屏上就可以看到干涉条纹，再仔细调节 M_2 的两颗微调拉簧螺钉，使 M_1 和 M_2' 严格平行，则在屏上就可看到非定域的圆条纹。

转动手轮，使 M_1 在导轨上移动，观察条纹变化情况，并体会非定域的含义。

2）测量 He-Ne 激光的波长

利用非定域的干涉条纹测定波长。移动 M_1 以改变 d，记下"冒"出或"缩"回的条纹数 ΔN，利用（3.28）式即可算出 λ。每累进 50 条读取一次数据，连续取 10 个数据，将结果做好详细记录。

（2）定域干涉条纹的调节

1）等倾条纹

在透镜前放一毛玻璃，使光源成为面光源，用聚焦到无穷远的眼睛代替屏，这时可看到圆条纹，进一步调节 M_2 的微调拉簧螺钉，使眼睛上下、左右移动时，各圆的大小不变，仅圆心随眼睛移动，这时看到的就是严格的等倾条纹。移动 M_1 观察条纹变化情况。

2）等厚条纹

移动 M_1 和 M_2' 大致重合，调节射 M_2 后面的螺丝，使射 M_1 和 M_2' 有一个很小的夹角，这时视场中出现直线干涉条纹，这就是等厚干涉条纹。

【数据记录及处理】

记录 M_1 的初始位置 d_1，然后缓慢移动 M_1，当"冒"出或"缩"回条纹数为 50 条，则记录位置，连续取 10 个数据，将数据记录于表 3.28。

表 3.28　测量 He-Ne 激光的波长

i	圈数 N	位置 d_i	$\Delta d_i = \lvert d_{i+5} - d_i \rvert$	$\lambda_i = 2\dfrac{\Delta d_i}{\Delta N}$ （$\Delta N = 250$）
1				
2				
3				
4				
5				
6				$\bar{\lambda}=$
7				
8				
9				
10				

应用逐差法加以处理,写出结果表达式

$$\lambda = \bar{\lambda} \pm U$$

注意:仪器误差为 0.000 05 mm = 50 nm。

【思考与讨论】

①对非定域干涉和定域干涉观察方法有何不同? 观察等厚干涉条纹时,能否用点光源?

②根据什么现象来判断 M_1 和 M_2'平行?

③点光源照射时看到的干涉图与牛顿圈实验中看到的干涉图从现象上看有什么共同之处? 从本质上看有什么共同之处与不同之处?

④空气折射与压强有关,真空时折射率为 1,标准大气压时空气折射率为 n,试提出一设计方案,用迈克尔逊干涉仪测定空气折射率 n。

【阅读材料】

物理学的一朵乌云——迈克尔逊-莫雷实验

(1) 以太理论

“以太”的提出,是为了解释光在真空中以及在高速的空间中都能传播这一事实。当时,人们认为光必须有载体才能传播,而这种载体当光在真空中传播时更显得必要。

为了解释真空不空,笛卡尔于 17 世纪最先提出了“以太”的假说,并把“以太”描述为:以太是充满整个空间的一种物质。真空中没有空气,但却有这种无所不入的“以太”。到了 19 世纪上半叶,当光具有波动性被大多数物理学家承认时,以太假说又获得了新的支持。于是,19 世纪末的物理学界牢固地确立了一种思想,认为有一种到处存在的、能穿透一切的介质,并充满所有物质的内部和物质之间的空间,它的作用是作为光传播的基础。

惠更斯把这种介质叫作光以太,后来又叫作法拉第管(电磁以太),认为它是引起带电体和磁化物之间相互作用的原因。麦克斯韦的工作使这两种假想的介质统一起来了。他指出,光是传播的电磁波,并建立了一个优美的数学理论,把所有涉及光、电和磁的现象结合在一起,光以太也就是电磁以太。这时,“以太”的存在似乎无可置疑了。

(2) 迈克尔逊-莫雷实验

1881 年,迈克尔逊(1852—1931 年)设计了一个精密的仪器,即后来的迈克尔逊干涉仪。迈克尔逊认为,如果以太是静止不动的,则由于地球在其轨道上绕太阳转动的速度大约是 30 km/s,因此应有“以太风”刮过地球表面。如果把仪器转动 90°,观察转动前后干涉条纹的变化,必然会出现条纹的移动,移动的数值由前后两个位置中两束光的时间差决定。当时,迈克尔逊估计应有 0.4 个条纹的移动,但实验结果却只有 0.01 个条纹的移动,这一微小的数值可以理解为由实验中的误差所引起的，于是只能得出以太被地球完全拖动，或者根本不存在以太的结论。六年之后，迈克尔逊和莫雷合作，对原有仪器做了进一步改进，又重复进行了实验，但实验仍然得出“零结果”。

以太实验的零结果否定了绝对静止坐标系的存在，同时对以太是否存在也提出了怀疑。这个结果是迈克尔逊不愿得出的。他曾说过，想不到他的实验竟引导出一个怪物（指相对论）。实验的零结果使物理学界感到震惊，也被汤姆孙说成是经典物理学上空的“一朵乌云”，因此引导不少物理学家在不同时间（春、夏、秋、冬）、不同地点（地下室、棚屋、高空）重复类似的实验，历时50年之久，但都得出了同样的结果。

以太实验的零结果是建立相对论的前奏，迈克尔逊由于在这方面的贡献而获得了1907年的诺贝尔物理学奖。

实验 3.13　LED 的特性测试

LED 是 Light Emitting Diode 的缩写，中文名称为发光二极管，LED 是一个由半导体无机材料构成的单极性 PN 结二极管，它是半导体 PN 结二极管中的一种。

这种电子元件早在1962年出现，早期只能发出低光度的红光，之后发展出其他单色光的版本，时至今日能发出的光已遍及可见光、红外线及紫外线，光度也有相应的提高。随着技术的不断进步，用途也由初时作为指示灯、显示板等，发展到被广泛地应用于显示器和照明。

【实验目的】

LED 的特性测试理论

①了解 LED 的发光原理；
②掌握不同颜色 LED 光源的启动电压测量；
③学会一种测量 LED 的一维空间的光强分布的方法。

【实验原理】

(1) LED 发光原理

当一个正向偏压施加于 PN 结两端，由于 PN 结势垒的降低，P 区的正电荷将向 N 区扩散，N 区的电子也向 P 区扩散，同时在两个区域形成非平衡电荷的积累。对于一个真实的 PN 结型器件，通常 P 区的载流子浓度远大于 N 区，致使 N 区非平衡空穴的积累远大于 P 区的电子积累（对于 NP 结，情况正好相反）。由于电流注入产生的少数载流子是不稳定的，对于 PN 结系统，注入价带中的非平衡空穴要与导带中的电子复合，其中多余的能量将以光的形式向外辐射，这就是 LED 发光的基本原理（图 3.67、图 3.68）。

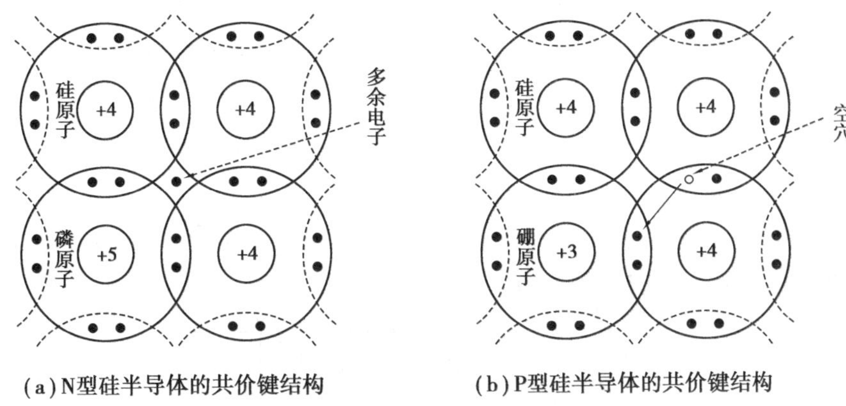

(a) N型硅半导体的共价键结构　　(b) P型硅半导体的共价键结构

图 3.67 P 型和 N 型半导体共价键结构

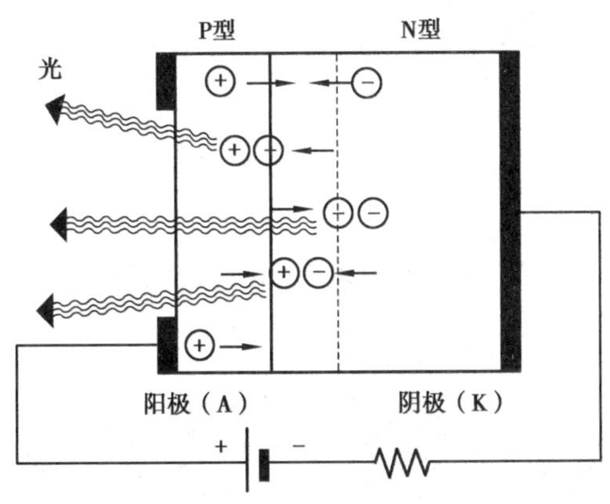

图 3.68 LED 发光原理图

通常禁带宽度越大,辐射出的能量越大,对应的光子波长较短;反之,禁带宽度越小,辐射出的能量越小,对应的光子波长较长。

发光强度:在光度学中简称光强或光度,表示光源给定方向上单位立体角内光通量的物理量,国际单位为坎[德拉],符号:cd,以前又称烛光、支光。

发光体在给定方向上的发光强度是该发光体在该方向的立体角元 $d\Omega$ 内传输的光通量 $d\Phi$ 除以该立体角元所得之商,即单位立体角的光通量

$$I=\frac{d\Phi}{d\Omega} \tag{3.44}$$

其中,光强 I 单位为坎[德拉](cd),光通量单位为流[明](lm),立体角单位为 sr,故1 cd=1 lm/sr。

(2) LED 发光强度测试

LED 发光强度或光功率输出随着波长变化而不同,绘成一条分布曲线——光谱分布曲线。当此曲线确定之后,器件的有关主波长、纯度等相关色度学参数亦随之而定。

LED 的光谱分布与制备所用化合物半导体种类、性质及 PN 结结构(外延层厚度、掺杂杂

质)等有关,而与器件的几何形状、封装方式无关。

按发光强度分有普通亮度的LED(发光强度小于10 mcd)和高亮度LED(发光强度在10~100 mcd)。一般普通LED的工作电流在十几毫安至几十毫安,大功率LED工作电流在100 mA以上,而低功率LED的工作电流在2 mA以下(亮度与普通发光管相同)。

(3)一维空间的光强分布

研究不同的LED器件正面投光的光强分布,其中,LED发光强度与角度关系如图3.69所示,LED一维空间分布曲线图见图3.70。

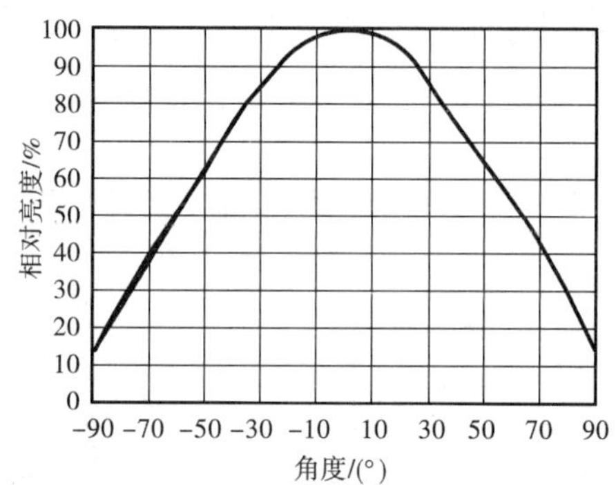

图3.69 LED发光强度与角度关系

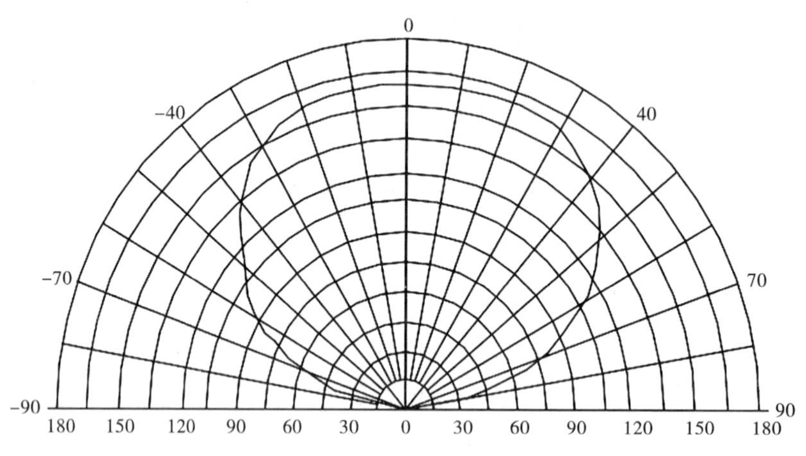

图3.70 LED一维空间光强分布曲线图

LED器件从发光强度角分布图来分有三类:

①高指向性。一般为尖头环氧封装,或是带金属反射腔封装,且不加散射剂。半值角为5°~20°或更小,具有很高的指向性,可作局部照明光源用,或与光检测器联用以组成自动检测系统。

②标准型。通常作指示灯用,其半值角为20°~45°。

③散射型。这是视角较大的指示灯,半值角为45°~90°或更大,散射剂的量较大,主要用于LED照明。

【实验仪器】

XZG-DH 型 LED 多功能特性测试与应用实验仪见图 3.71 和图 3.72。该仪器包含 LED 光强分布测试仪、光强计、测试电源、LED 待测样品等。

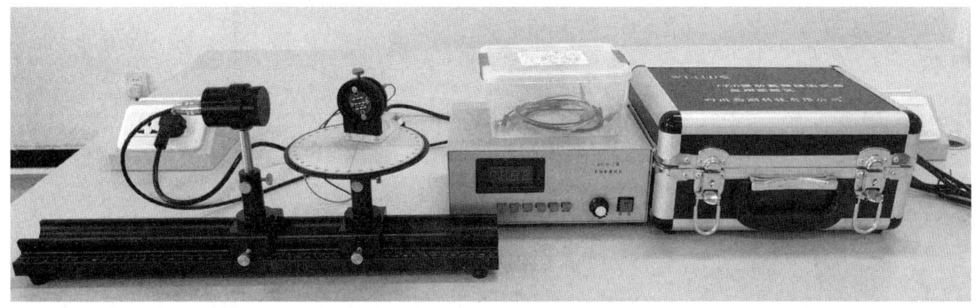

图 3.71　LED 多功能特性测试系统

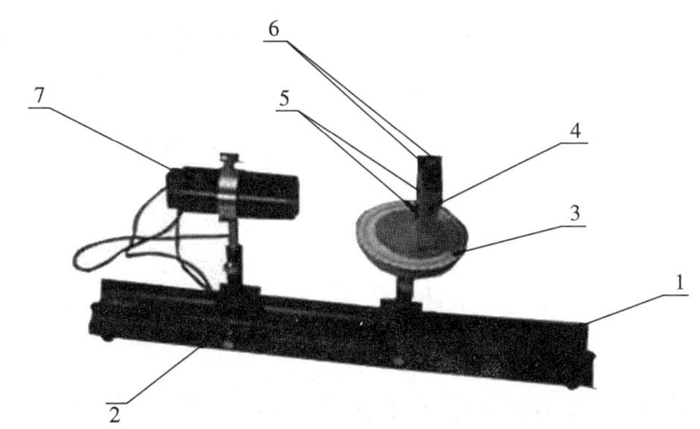

图 3.72　LED 光强分布特性测试仪

1—导轨;2—滑块;3—石英皿;4—LED 旋转座;5—LED 待测样品座;
6—LED 测试连接插座;7—LED 光强传感器

仪器的主要技术参数如下:

①LED 实验电源 LED-P2:稳压源 0~5 V(350 mA)连续可调,恒流源 0~400 mA 连续可调,显示分辨率为 1 mA。

②LED 特性测试仪 LED-VA:

电压表 0~2 V 和 0~20 V 两挡,分辨率分别为 1 mV 和 10 mV;

电流表 0~200 μA,0~2 mA,0~20 mA,0~2 A 四挡显示,分辨率分别为 0.1 μA,1 μA,10 μA 和 1 mA。

【实验内容及步骤】

LED 的特性测试实验

(1)LED 伏安特性实验

①将待测 LED 样品板放置在 LED 光强特性测试仪上的 LED 旋转座插座上,按如图 3.73 所示电路连接,阳极对应红色插座,阴极对应黑色插座。注意:LED 背部的散热器必须与插座中心处的圆柱体接触,这样利于 LED 散热。

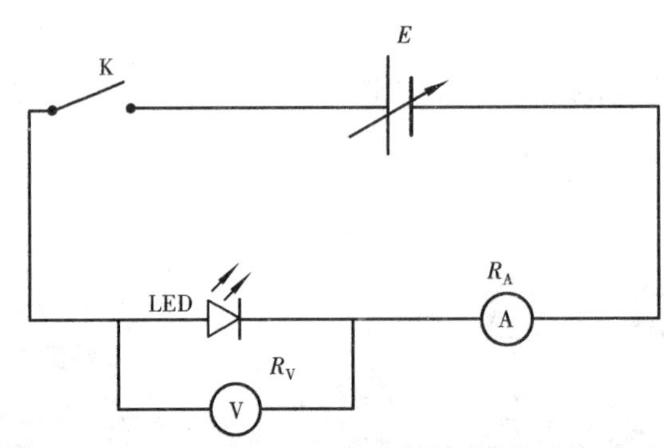

图 3.73 PN 结伏安特性测试电路

②把 LED-P2 实验电源的稳压源逆时针调到最小,然后按照下面的 LED 正向伏安特性测试电路连接线路。

③将 LED 特性测试仪 LED-VA 的电压表调到 20 V 挡位,电流挡调到 200 μA 量程挡位;然后开启稳压电源,缓慢增加电压值,记录电压表和电流表的读数,并计入表 3.29;注意监控电流表的读数,当电流表的电流读数超量程时需要换大量程的挡位,最大电流也不要超过 330 mA。

④绘制 LED 伏安特性曲线。

⑤将白色 LED 样品换成绿色 LED 的样品,重复①~④的实验步骤。

(2) LED 发光强度测试实验

①按照图 3.71 和图 3.72 的实验仪器开展实验,先将待测白色 LED 样品插在 LED 旋转座插座上,然后将 LED 光强传感器探头移近 LED 样品,并调节探头中心高度,使之与 LED 样品轴线中心位置一致,使 LED 样品头部中心部位刚好接触到传感器探头上的中心孔,并使探头到 LED 样品的距离为 10 cm,然后固定牢 LED 传感器。

②将光强传感器与光强计连接起来,将 LED 测试插座分别与 LED-P2 实验电源的恒流源输出连接起来,注意先把恒流源大小调节电位器逆时针调节到最小,实验采用恒流源为 LED 供电,测量 LED 输出光强和 LED 供电电流之间的关系。

③缓慢增加恒流源的输出电流,每增加 2 mA 记录一次,同时记录光强计上的读数,超过量程后注意换挡,记录数据填入表 3.30。

④根据表 3.30 数据绘制 LED 的发光强度与供电电流之间的关系曲线。

⑤将白色 LED 样品换成其他颜色的样品,重复①~④的实验步骤。

(3) 一维空间的光强分布特性实验

①按照图 3.71 和图 3.72 的实验仪器开展实验,先将待测白色 LED 样品插在 LED 旋转座插座上,然后将 LED 光强传感器探头移近 LED 样品,调节探头中心高度,使之与 LED 样品轴线中心位置一致,并使探头到 LED 样品的距离大致为 10 cm,以不妨碍 LED 旋转座旋转为准。

②将光强传感器与光强计连接起来,将 LED 测试插座分别与 LED-P2 实验电源的恒流源输出连接起来。

③将恒流源的大小调节到 80 mA,点亮 LED,然后从-90°~90°旋转 LED 旋转座,每隔 10°

记录光强计的读数,并将数据填入表 3.31。

④根据表 3.31 的数据绘制 LED 的一维空间光强分布曲线。

⑤更换待测样品,测量其他 LED 样品的一维空间光强分布曲线。

【数据记录与处理】

(1) LED 伏安特性实验

LED 伏安特性测试数据见表 3.29,并根据表 3.29 绘制 LED 伏安特性曲线。

表 3.29　LED 伏安特性测试数据

白光 LED			绿光 LED		
实验次数	正向电压 U/V	I/mA	实验次数	正向电压 U/V	I/mA
1			1		
2			2		
3			3		
4			4		
5			5		
6			6		
7			7		
8			8		
9			9		
10			10		
11			11		
12			12		
13			13		
14			14		
15			15		
16			16		

(2) LED 发光强度测试实验

记录 LED 发光强度实验中的 LED 电流 I(mA)与 LED 光强 P(mcd)于表 3.30。

表 3.30　LED 发光强度测试数据

编号	LED 电流 I/mA	LED 光强 P/mcd
1		
2		
3		
4		

续表

编号	LED 电流 I/mA	LED 光强 P/mcd
5		
6		
7		
8		
9		
10		

根据表 3.30 数据绘制 LED 的发光强度与供电电流之间的关系曲线。

(3) 一维空间的光强分布特性实验

记录一维空间的光强分布特性实验所测得的角度 θ(°) 和光强 P(mcd) 于表 3.31。

表 3.31　一维空间的光强分布特性测试数据

编号	角度 θ/(°)	光强 P/mcd
1		
2		
3		
4		
5		
6		
7		
8		
9		
10		
11		
12		
13		
14		
15		
16		
17		
18		
19		

根据表 3.31 的数据绘制 LED 的一维空间光强分布曲线。

【思考与讨论】

①LED 的发光原理是什么？

②LED 的发光强度和什么有关？为什么？

【阅读材料】

改变人类生活的物理发现——液晶

“液晶”这个词对今天的人们来说已经是非常熟悉了，液晶显示(LCD)广泛应用于各个领域，同时也渗透到人们的日常生活。不仅如此，液晶还改变了人们的生活方式，由液晶显示器制成的智能手机就是一个最典型的例子。智能手机的功能已经发展到如此强大的地步，它集电话、照相机、摄像机、GPS、电子字典、掌上电脑、万年历、手表、闹钟、计步器、计算器、录音机、游戏机等于一体，能发邮件、办公、通信、看书、看影视、玩游戏、挂号、导航、炒股、购物、交税、移动支付等，成了人们须臾不能离开的物品。自人类有文明以来的五千年历史中，好像还没有一种产品或是一种器物能像智能手机这样受到人们如此的垂青。同样地，大尺寸彩色电视机也圆了人们“ 挂在墙上的电视”的梦想，使家庭影院或家庭智能中心成为可能。另外，在信息社会里，计算机成了人们工作和生活的必备工具。总之，液晶造就了以手机、电视和计算机三大产品以及由此衍生的各种产品，并与集成电路和软件一起构成了信息社会的三大支柱产业，为人类的生产和生活作出巨大贡献。

液晶是由奥地利植物学家莱尼茨尔(F. Reinitzer)发现的。他在加热胆固醇苯甲酸酯时发现，当白色固体粉末加热到某个温度时会变成乳白色浑浊液体；再继续加热到另一个温度时，这种乳白色浑浊液体突然变得透明了。降温时也是这样。他无法理解这种现象，将这个现象告知了他的朋友莱曼(O. Lehmann)，并寄去了样品。莱曼是一位德国物理学家，他研究了这种乳白色浑浊液体，在正交偏光下观察到这种液体呈现出五颜六色的美丽图案，这是由双折射导致的。双折射反映了光各向异性的特点，而只有晶体才具有各向异性的性质。于是莱曼将这种既能流动而又有光学各向异性的液体称为“液晶”。

1930 年，俄罗斯物理学家弗雷德里克兹(V. Fredericks)发现，在电场作用下液晶分子的电偶极矩会沿着电场排列，这就是著名的弗雷德里克斯转变，它奠定了液晶显示基础。

1958 年，英国的物理学家弗兰克(F. C. Frank) 在前人研究的基础上导出了液晶自由能的公式，这个公式为液晶物理的深入研究提供了强有力的工具。

1963 年，美国的威廉斯(R. Williams)最先观察到，当一个直流或低频交变电压 U 增大到一个临界阈值时($5U$ 的数量级)，就会在向列相中观察到一维周期性的畸变，称为“Williams 畴”，这是人们第一次发现液晶的电光效应。

1968 年，美国的海尔迈耶(G.H.Heilmeier)发现了液晶的动态散射，标志着人类社会进入了液晶显示的时代。但动态散射是电流效应，功耗太大，不适于实用化。

1971 年，沙特(M. Schadt)和黑尔弗里希(W. Helfrich)发明了扭曲向列(TN)模式，即

TN-LCD,它奠定了液晶显示器产业化的基础,直到今天还在使用。

1972 年,日本的小林(S. Kobayashi)第一次制成无缺陷的 LCD 屏,夏普公司和爱普生公司迅速将其实现产业化,并广泛用于计算器、电子手表、时钟、测试设备和游戏机,开始了液晶显示器大规模生产的工业化时代。

20 世纪 60 年代末以后,欧美和印度的科学家竞相研究液晶。当时,由法国科学家德让纳(P.G.de Gennes)领导的研究组成了全球液晶基础研究的中心。德让纳及其同事将凝聚态理论应用到液晶上,取得了巨大的成功,液晶科学的大厦矗立起来了。

与此同时,1972 年,布罗迪(T. P. Brody)提出了有源矩阵方式,并发明了有源矩阵薄膜晶体管(TFT), 为日后发展 TFT-LCD 指明了方向。

1974 年,德让纳出版了《液晶物理学》。该书高屋建瓴,内容广泛,理论推导严格、简洁,物理思想深刻、清楚,并且整理了许多实验结果,出版旋即大受欢迎,成为液晶学界的经典。由于其后液晶研究的快速发展,许多新结构、新问题、新现象层出不穷,为了适应新形势,德让纳与法国的普罗斯特(J. Prost)合作,撰写了《液晶物理学(第 2 版)》,并于 1993 年出版。

由于 TN 模式无法实现高密度和大信息量显示,而 20 世纪 70 年代到 80 年代中期,半导体技术还很落后,TFT-LCD 尚不能大规模生产,所以,1984 年,美国的谢弗(T. J. Scheffer)和瑞士的内林(J. Nehring)发明了超扭曲向列(STN)模式的 STN-LCD。这种模式可以实现 640 像素×480 像素的显示,日本人用这种模式制出了手提的笔记本电脑和文字处理器等,将液晶显示的应用向前大大地推进了一步,从而引起人们对发展液晶显示的高度重视。与此同时,随着半导体技术的不断进步,日本加速了 TFT-LCD 的研究和开发进度。

1991 年在液晶发展史上是一个里程碑式的年份,德让纳因其在液晶、聚合物和金属超导研究上的卓越贡献而获得了该年度的诺贝尔物理学奖。日本在这一年建了第 1 代 TFT-LCD 生产线,实现了 TFT-LCD 的量产。人们称 1991 年为“TFT-LCD 元年”。此后,液晶在理论和实际应用方面都获得了巨大成功。

实验 3.14 太阳能电池的特性测试

目前,人类所消耗的能源的 70%来自煤、石油、天然气等化石燃料,在现有技术条件下,化石能源的大量使用给地球环境造成了严重危害,使人类生存空间受到了极大的威胁。科学家预言,尽管化石燃料能源未来仍将占有相当大比重,但其一统天下的局面将逐渐结束(地球上 2 亿年形成的化石燃料,大体只够人类使用 300 余年),可再生的清洁能源可望撑起未来世界能源供给的半壁江山。

太阳能的利用和研究是 21 世纪新型能源开发的重点课题之一。目前硅太阳能电池应用领域非常广泛,除了人造卫星和宇宙飞船,还在许多民用领域有所应用,如太阳能汽车、太阳能游艇、太阳能收音机、太阳能计算机、太阳能乡村电站等。太阳能是一种清洁、“绿色”能源。目前,世界各国十分重视对太阳能电池的研究和利用。制备太阳能电池的材料中,硅的发展最为成熟,占据太阳能电池的主导地位,它分为单晶硅太阳能电池和多晶硅太阳能电池。单晶硅太阳能电池是最早问世的，与其多晶硅太阳能电池相比，单晶硅的硅结晶体非常完美，其光学、电学及力学性能都非常的均匀一致，电池的颜色多为黑色或深色，其转换效率最高、制备工艺更成熟，但成本较高。目前，太阳电池使用的多晶硅材料，它的制作工艺与单晶硅太阳电池差不多，是由大量不同大小的结晶区域组成（表面有晶体结晶状）。因此，多晶硅的光学、电学及力学性能一致性没有单晶硅太阳能电池好，其光电转换效率一般很难超过20%，低于单晶硅太阳电池的光电转换效率。但其材料制造简便、节约电耗、总的生产成本较低，因此得到大量发展。单晶硅和多晶硅的外形区别在于，单晶硅电池片的四个角呈现圆弧状，表面没有花纹；单晶硅深蓝色，近乎黑色；而多晶硅电池片的四个角呈现方角，表面有类似冰花一样的花纹，多晶硅天蓝色，颜色鲜艳。

【实验目的】

太阳能电池的
特性测试理论

①了解太阳能电池光电转换原理；

②掌握不同光照条件下，太阳能电池的伏安特性曲线变化趋势；

③学会测量太阳能电池伏安特性和光电性质的方法。

【实验原理】

太阳能电池分为光-热-电转换和光-电转换这两种能量转换形式。目前，太阳能电池主要用的是光-电转换，即利用光电效应，电池吸收光的能量，并将所吸收的光子能量转换为电能。

(1)暗环境下太阳能电池的伏安特性

在没有光照的条件下，可以将太阳能电池视为一个二极管，其正向偏压 U 与通过电流 I 的关系式为

$$I = I_o(e^{\beta U} - 1) \tag{3.45}$$

式中，I 为通过二极管的电流；I_o 和 β 是常数；I_o 为反向饱和电流。

由半导体理论，二极管主要是由能隙为 E_C-E_V 的半导体构成，如图3.74所示。E_C 为半导体导电带，E_V 为半导体价电带。当入射光子能量大于能隙时，光子会被半导体吸收，产生电子和空穴对。电子和空穴对会分别受到二极管之内电场的影响，从而产生光电流。

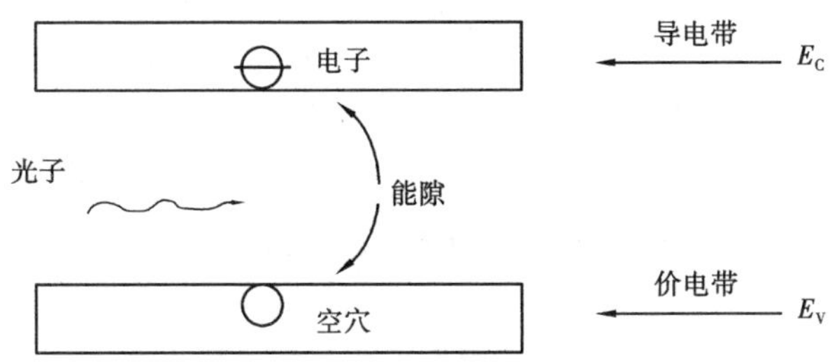

图3.74　半导体能隙图

(2)太阳能电池的光照效应

假设太阳能电池的理论模型是由一理想电流源（光照产生光电流的电流源）、一个理想二极管、一个并联电阻 R_{sh} 与一个电阻 R_s 所组成，如图3.75所示。

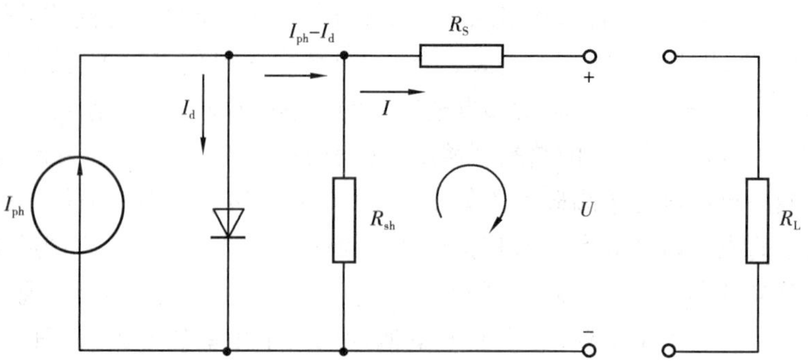

图 3.75 太阳能电池的理论模型图

I_{ph}为太阳能电池在光照时该等效电源的输出电流；I_d 为光照时，通过太阳能电池内部二极管的电流。由基尔霍夫定律得

$$IR_s + U - (I_{ph} - I_d - I)R_{sh} = 0 \tag{3.46}$$

式中，I 为太阳能电池的输出电流；U 为输出电压。可得

$$I\left(1 + \frac{R_s}{R_{sh}}\right) = I_{ph} - \frac{U}{R_{sh}} - I_d \tag{3.47}$$

假定 $R_{sh}=\infty$ 和 $R_s=0$，太阳能电池可简化为图 3.76 所示的电路图。

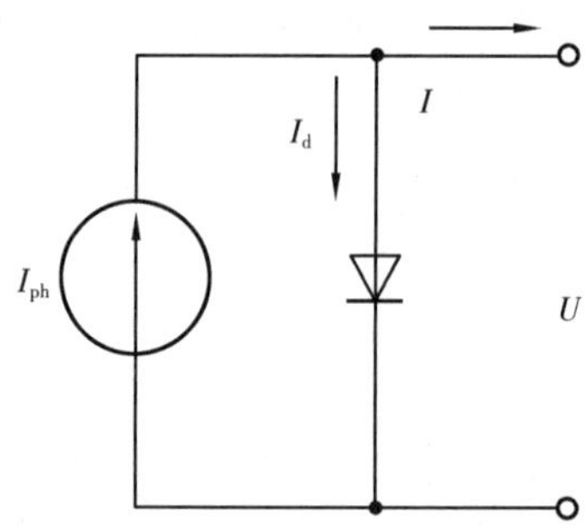

图 3.76 太阳能电池的简化模型图

这里

$$I = I_{ph} - I_d = I_{ph} - I_0(e^{\beta U} - 1)$$

在短路时

$$U = 0, I_{ph} = I_{sc}$$

而在开路时

$$I = 0, I_{sc} - I_0(e^{\beta U_{oc}} - 1) = 0$$

所以

$$U_{OC} = \frac{1}{\beta}\ln\left[\frac{I_{sc}}{I_0} + 1\right] \tag{3.48}$$

式(3.48)即为在 $R_{sh}=\infty$ 和 $R_s=0$ 的情况下，太阳能电池的开路电压 U_{OC}和短路电流 I_{SC}的关系式。其中，U_{OC}为开路电压；I_{SC}为短路电流；I_0、β 是常数。

(3) 不同负载条件下太阳能电池的输出伏安特性

在一定的光照条件下，改变太阳能电池负载电阻的大小，测量其输出电压与输出电流，可以得到其输出伏安特性，如图 3.77 中的实线所示。

负载电阻为零时测得的最大电流 I_{SC} 称为短路电流。

负载断开时测得的最大电压 U_{OC} 称为开路电压。

太阳能电池的输出功率 P 为输出电压 U 与输出电流 I 的乘积。同样的电池及光照条件，负载电阻大小不一样时，输出的功率是不一样的。若以输出电压为横坐标，输出功率为纵坐标，绘出的 P-U 曲线如图 3.77 中的点画线所示。

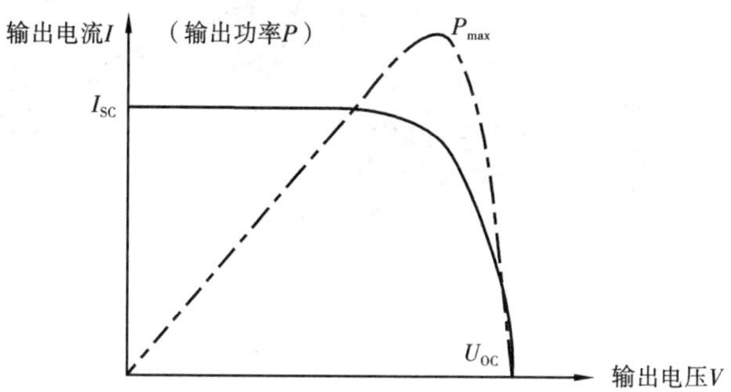

图 3.77　太阳能电池的 I-U 和 P-U 曲线

输出电压与输出电流的最大乘积值称为最大输出功率 P_{max}。

填充因子 FF 定义为

$$FF = \frac{P_{max}}{I_{SC} \times U_{OC}} \tag{3.49}$$

填充因子是表征太阳能电池性能优劣的重要参数，其值越大，电池的光电转换效率越高，一般的硅光电池 FF 值为 0.75~0.8。

理论分析及实验表明，在不同的光照条件下，短路电流随入射光功率线性增长，而开路电压在入射光功率增加时只略微增加，如图 3.78 所示。

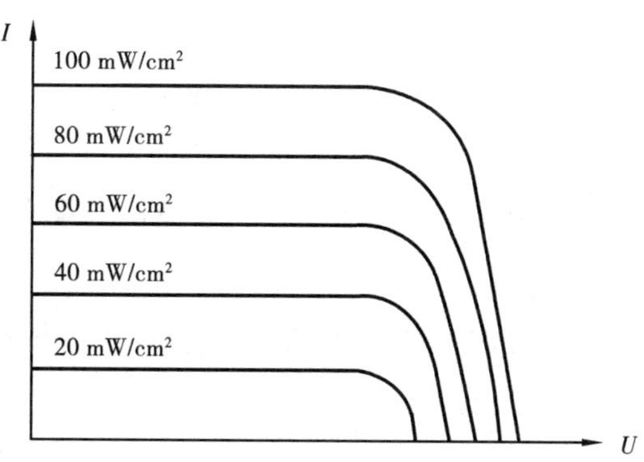

图 3.78　不同光照条件下的 I-U 曲线

【实验仪器】

太阳能电池，光功率计，光源，光源照度，精密电阻负载，测试仪，导轨等，如图 3.79 所示。

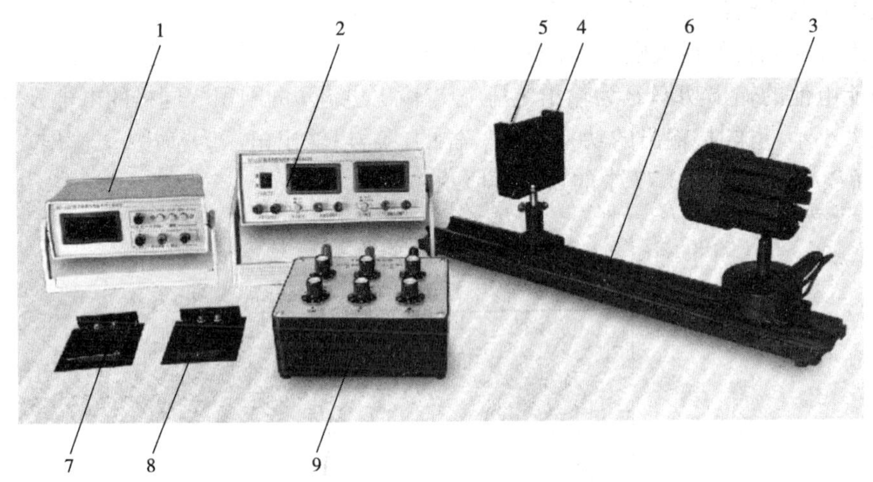

图 3.79 太阳能电池特性测试仪

1—光功率计；2—测试仪；3—光源；4—光电二极管（用专用连接线与光功率计相连接）；
5—样品架（用于放置光电二极管传感器，以及待测太阳能电池样品，含遮光罩）；
6—导轨；7—单晶硅样品；8—多晶硅样品；9—电阻箱

【实验内容及步骤】

太阳能电池的特性测试实验

(1) 实验内容

本次实验采用多晶硅太阳能电池来完成实验测量。

①在没有光照（全黑，即用遮光罩罩住样品）的条件下，测量太阳能电池正向偏压时的 U-I 特性（直流偏压从 0~3.0 V）。

a.画出测量线路图。

b.利用测得的正向偏压时 U-I 关系数据，画出 U-I 曲线。

②测量太阳能电池的光照效应与光电性质。

用光功率计标定距离光源不同位置处的相对光强，然后测量太阳能电池在不同光功率条件下对应的 U_{OC} 和 I_{SC} 值。

a.描绘 I_{SC} 和光功率 P 之间的关系曲线，并获得 I_{SC} 和与光功率 P 之间近似关系函数。

b.描绘出 U_{OC} 和光功率 P 之间的关系曲线。

③测量太阳能电池的输出特性。

在不加偏压时，用光源照射，测量太阳能电池的输出特性。注意此时保持光源前沿处于 600 mm 左右，样品架置于 200 mm 的位置。

a.画出测量线路图。

b.测量电池在不同负载电阻下，I 和 U 的变化关系，画出 U-I 曲线图。

c.求短路电流 I_{SC} 和开路电压 U_{OC}。

d.求太阳能电池的最大输出功率及此时对应的电压值。

e.计算填充因子 $FF=\frac{P_{max}}{I_{SC}\times U_{OC}}$。

(2)实验步骤

①全暗条件下，太阳能电池的外加电压伏安特性。

在全暗的情况下(关闭光源，用遮光罩罩住太阳能电池板)，测量太阳能电池正向偏压下流过太阳能电池的电流 I 和太阳能电池上的压降 U，测量电路见图 3.80，注意不要正负极性接错(V 为电压表，选择 20 V 挡；A 为电流表，选择 2 mA 挡；50 Ω 电阻用于限流，调节电阻箱得到；电源为可调稳压源)。正向偏压从 0~3.0 V 条件下，记录不同压降下的电流表示数，填入表 3.32 中。

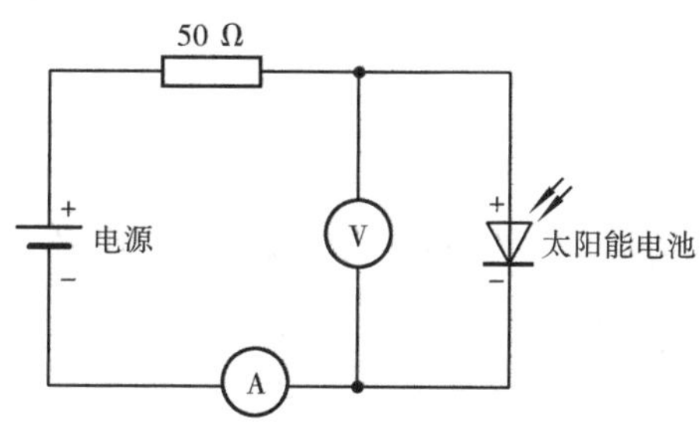

图 3.80　暗环境伏安特性测试电路

②测量不同光照强度下太阳能电池的开路输出电压 U_{OC} 和短路电流 I_{SC}。

标定光强分布，将光源前沿固定于 600 mm 处(或其他适当的位置)，将样品架放置在导轨上，用专用连接线的 2 mm 插头连接光电二极管和光功率计。开启光源，检查发光方向与导轨是否处于平行状态(可先将光源发散角调节至 60°，目测出发光方向与导轨是否平行)。首先转动样品架，使功率计读数最大。然后上下移动样品架，使功率计读数最大，固定样品架。最后微调转动光源方向，使光功率计读数最大。此时光源和光功率计的对准工作完成。根据表 3.33 将样品架移动至导轨上的相应位置，并读取光功率计读数值填入表 3.33，完成光强标定工作。按照图 3.81 的电路进一步开展实验，将样品架降低，并且微调样品架的角度，使该处的开路电压或短路电流值最大(表明电池板与光源的位置已调整好)，固定样品架。观察记录一系列样品架位置对应的开路电压 U_{OC} 和短路电流 I_{SC}，将数据填入表 3.33。

③光照下太阳能电池的输出特性测量。

继实验内容②，保持光源前沿处于 600 mm 左右，样品架置于 200 mm 的位置。按图 3.82 连接电路，进行太阳能电池的输出特性测量。将电阻箱的电阻从 10~100 Ω，每隔 10 Ω 记录一次对应电阻的输出电压和输出电流，填入表 3.34，然后将电阻箱的电阻从 100~1 000 Ω，每隔 100 Ω 记录一次数据，最后将电阻从 1 000~10 000 Ω，每隔 1 000 Ω 记录一次数据，一共记录 22 组实验数据。

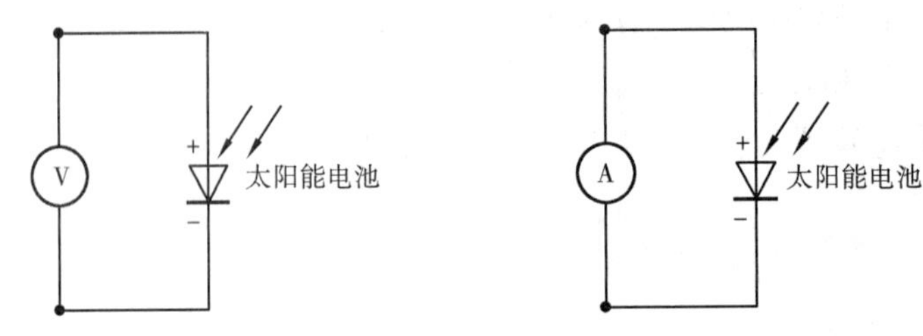

(a)太阳能电池板开路电压测试　　(b)太阳能电池板短路电流测试

图 3.81　太阳能电池板测试图

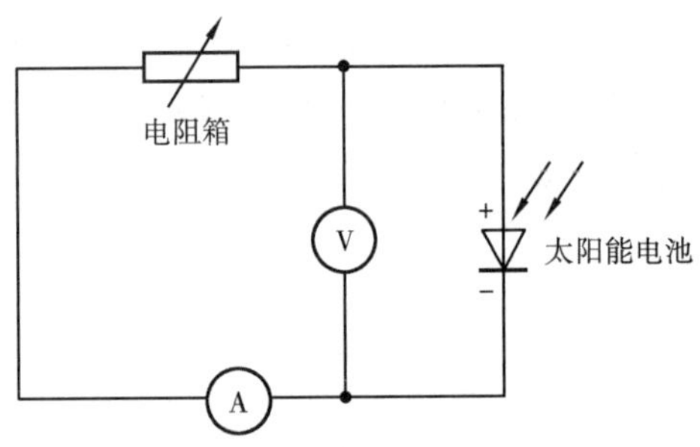

图 3.82　太阳能电池输出特性测量电路

【数据记录与处理】

①全暗条件下,改变太阳能电池的外加电压值,记录对应电流值,填入表 3.32。

表 3.32　暗环境下太阳能电池的伏安特性曲线实验数据记录表

U/V	0	0.5	1	1.5	2	2.2	2.4	2.6	2.8	3
I/mA										
ln(I)										

在毫米方格纸上画出 ln(I)-U 特性曲线。

②改变光照强度,记录太阳能电池的开路电压 U_{OC} 和短路电流 I_{SC},填入表 3.33。

表 3.33　不同光照强度下太阳能电池的开路电压 U_{OC} 和短路电流 I_{SC} 的实验数据记录表

L/mm	10	20	30	40	50	60	70	80	90	100
P/mW										
U_{OC}/V										
I_{SC}/mA										

在毫米方格纸上分别画出 U_{OC}-P 曲线和 I_{SC}-P 曲线。

③改变负载电阻，记录太阳能电池的输出电压和输出电流，填入表 3.34。

表 3.34　不同负载电阻下太阳能电池的输出电压和输出电流的实验数据记录表

R/Ω	I/mA	U/V	P/mW($P=IU$)	R/Ω	I/mA	U/V	P/mW($P=IU$)
10				300			
20				400			
30				500			
40				600			
50				700			
60				800			
70				900			
80				1 000			
90				2 000			
100				3 000			
200				4 000			

在毫米方格纸上分别画出太阳能电池输出电流 I 与输出电压 U 的关系曲线和输出功率 P 与输出电压 U 的关系曲线。

从输出电流 I 与输出电压 U 的关系曲线和输出功率 P 与输出电压 U 的关系曲线中，可以得出太阳能电池的开路电压 $U_{OC}=$________ V，短路电流 $I_{SC}=$________ mA，$P_{max}=$________ mW。

填充因子 FF 为

$$FF=\frac{P_{max}}{I_{SC}\times U_{OC}}=\underline{\qquad\qquad}$$

【思考与讨论】

①太阳能电池如何利用光电效应来获得电能的？

②太阳能电池在暗环境中的正向偏压与通过电池的电流是什么关系？

③实验中，如果光源的位置不在使得光功率最大的位置，对太阳能电池的输出伏安特性曲线和填充因子有没有影响？

【实验拓展】

上述实验内容使用的是多晶硅太阳能电池，得到了关于多晶硅太阳能电池的光电性质，在后续的实验中，增加对单晶硅太阳能电池的输出特性的测试，并比较它们的填充因子的大小，验证是否单晶硅太阳能电池的光电性能更好，具有更高的光电转化效率。

实验 3.15　光电效应测普朗克常量

量子理论是近代物理的基础之一，而光电效应对认识光的本质及早期量子理论的发展，具有里程碑式的意义。随着科学技术的发展，光电效应已广泛用于工农业生产、国防和许多科技领域。利用光电效应制成的光电器件，如光电管光电池、光电倍增管等，已成为生产和科研中不可缺少的器件。普朗克常量是自然科学中一个很重要的常量，通过光电效应法可以简单而又准确地求出它。

1905 年，爱因斯坦大胆地把 1900 年普朗克在进行黑体辐射研究过程中提出的辐射能量不连续(量子化)的观点应用于光辐射，提出了“光量子”的概念，成功地解释了光电效应现象。对于爱因斯坦的假设，许多学者都企图通过自己的工作来验证爱因斯坦方程的正确性。然而，卓有成效的工作应该属于芝加哥大学的密立根，他经过 10 年左右的时间，对光电效应开展全面的实验研究，成功验证了爱因斯坦方程，并精确测出了普朗克常量 $h=6.626\times10^{-34}$ J·s，推动了量子理论的发展，树立了一个实验验证科学理论的良好典范。爱因斯坦和密立根都因在光电效应等方面的杰出贡献分别于 1921 年和 1923 年获得诺贝尔物理学奖。

【实验目的】

光电效应测
普朗克常量理论

①了解光电效应的规律和光的量子性；
②掌握在不同波长或不同光阑孔径下，光电管的弱电流特性变化趋势；
③学会用零电流法测量普朗克常量。

【实验原理】

光电效应实验原理见图 3.83，其中 S 为真空光电管，K 为阴极，A 为阳极。当无光照射阴极时，由于阳极与阴极是断路的，检流计 G 中无电流流过。当用一波长比较短的单色光照射到阴极 K 上时，形成光电流。光电流随加速电位差 U 变化的伏安特性曲线见图 3.84。

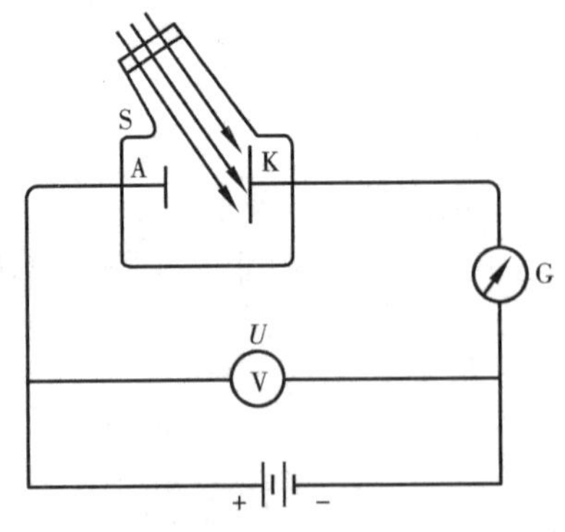

图 3.83　光电效应实验原理图

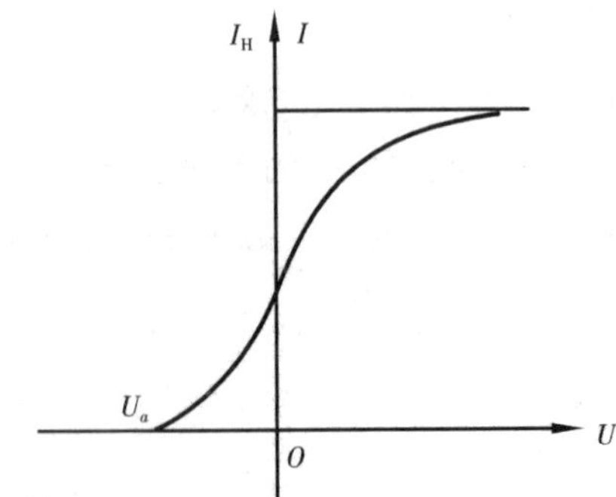

图 3.84　光电管的伏安特性曲线

(1) 光电流与入射光强度的关系

光电流随加速电位差 U 的增加而增加，加速电位差增加到一定值后，光电流达到饱和值

I_H，饱和电流与光强成正比，而与入射光的频率无关。当 $U=U_A-U_K$ 变成负值时，光电流迅速减小。实验指出，有一个遏止电位差 U_a 存在，当电位差达到这个值时，光电流为零。

(2) 光电子的初动能与入射光频率之间的关系

光电子从阴极逸出时，具有初动能，在减速电压下，光电子逆着电场力方向由 K 极向 A 极运动。当 $U=U_a$ 时，光电子不再能达到 A 极，光电流为零，所以电子的初动能等于它克服电场力所做的功，即

$$\frac{1}{2}mv^2 = eU_a \tag{3.50}$$

根据爱因斯坦关于光的本性的假设，光是一粒一粒运动着的粒子流，这些光粒子称为光子，每一光子的能量为 $E=h\nu$，其中 h 为普朗克常量，ν 为光波的频率，所以不同频率的光波对应光子的能量不同，光电子吸收了光子的能量 $h\nu$ 之后，一部分消耗于克服电子的逸出功 W，另一部分转换为电子动能，由能量守恒定律可知

$$h\nu = \frac{1}{2}mv^2 + W \tag{3.51}$$

式(3.51)称为爱因斯坦光电效应方程。

由此可见，光电子的初动能与入射光频率 ν 呈线性关系，而与入射光的强度无关。

(3) 光电效应有光电阈存在

实验指出，当光的频率 $\nu<\nu_0$ 时，不论用多强的光照射到物质上都不会产生光电效应，根据式(3.51)，$\nu_0=\dfrac{W}{h}$，ν_0 称为红限。

爱因斯坦光电效应方程同时提供了测普朗克常量的一种方法。由式(3.50)和式(3.51)可得

$$h\nu = e\,|U_{0a}| + W$$

当用不同频率($\nu_1,\nu_2,\nu_3,\cdots,\nu_n$)的单色光分别做光源时，就有

$$h\nu_1 = e\,|U_{1a}| + W$$
$$h\nu_2 = e\,|U_{2a}| + W$$
$$\vdots$$
$$h\nu_n = e\,|U_{na}| + W$$

任意联立其中两个方程就可得到

$$h = \frac{e(U_{ia} - U_{ja})}{\nu_i - \nu_j} \tag{3.52}$$

由此若测定了两个不同频率的单色光所对应的遏止电位差即可算出普朗克常量 h，也可由 ν-U 直线的斜率求出 h。

因此，用光电效应方法测量普朗克常量的关键在于获得单色光，测量光电管的伏安特性曲线和确定遏止电位差值。

实验中，单色光可由汞灯光源经过滤光片选择谱线产生，汞灯是一种气体放电光源，点燃稳定后，在可见光区域内有几条波长相差较远的强谱线(表 3.35)，与滤光片联合作用后可产生需要的单色光。

表 3.35　可见光区汞灯强谱线

波长/nm	频率/10^{14} Hz	颜色
579.0	5.179	黄
577.0	5.196	黄
546.1	5.492	绿
435.8	6.882	蓝
404.7	7.410	紫
365.0	8.216	近紫外

为了获得准确的遏止电位差值,本实验用的光电管应该具备下列条件:

①对所有可见光谱都比较灵敏。

②阳极包围阴极,这样当阳极为负电位时,大部分光电子仍能射到阳极。

③阳极没有光电效应,不会产生反向电流。

④暗电流很小。

但是实际使用的真空型光电管并不完全满足以上条件,由于存在阳极光电效应所引起的反向电流和暗电流(即无光照射时的电流),所以测得的电流值,实际上包括上述两种电流和由阴极光电效应所产生的正向电流三个部分,所以伏安特性曲线并不与 U 轴相切,由于暗电流是由阴极的热电子发射及光电管管壳漏电等原因产生,与阴极正向光电流相比,其值很小,且基本上随电位差 U 呈线性变化,因此可忽略其对遏止电位差的影响。阳极反向光电流虽然在实验中较显著,但它服从一定规律。据此,确定遏止电位差值,可采用以下两种方法。

1)交点法

光电管阳极用逸出功较大的材料制作,制作过程中尽量防止阴极材料蒸发,实验前对光电管阳极通电,减少阳极上被溅射的阴极材料,实验中避免入射光直接照射到阳极上,这样可使它的反向电流大大减少,其伏安特性曲线与图 3.85 十分接近,因此曲线与 U 轴交点的电位差值 U'_a 近似等于遏止电位差 U_a,此即交点法。

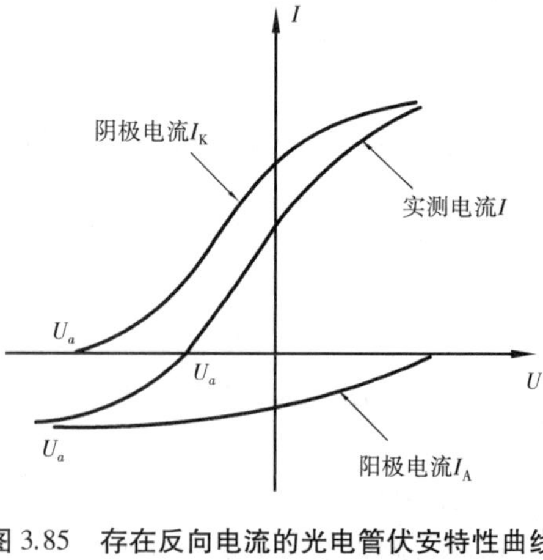

图 3.85　存在反向电流的光电管伏安特性曲线

2)拐点法

光电管阳极反向光电流虽然较大,但在结构设计上,若使反向光电流能较快地饱和,则伏安特性曲线在反向电流进入饱和段后有着明显的拐点,此拐点 U''_a 的电位差即为遏止电位差,如图 3.85 所示。具体使用交点法还是拐点法由光电管的类型而定,基本原则是使用测量的遏止电位差更接近于真实值的方法。

【实验仪器】

普朗克常量测定仪(图 3.86、图 3.87)。

图 3.86　普朗克常量测定仪

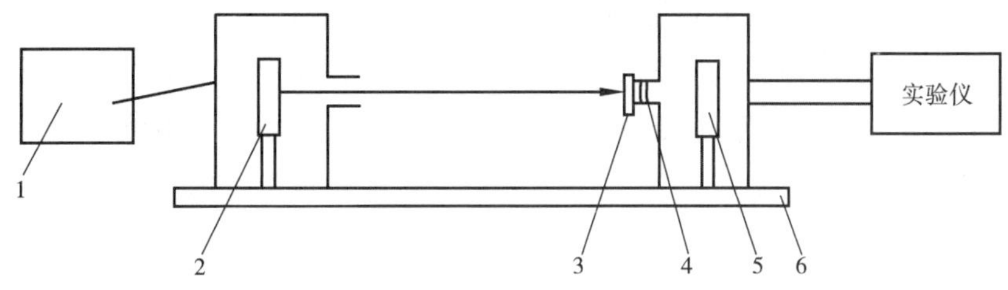

图 3.87　仪器实验原理结构示意图

1—汞灯电源(镇流器);2—高压汞灯; 3—滤光片;

4—光阑(2 mm,4 mm,8 mm) ;5—光电管;6—基准平台

普朗克常量实验仪面板见图 3.88。实验仪有手动和自动两种工作模式,具有数据自动采集、存储、实时显示采集数据、动态显示采集曲线(连接数字示波器,可同时显示 5 个存储区中存储的曲线)及采集完成后查询数据的功能。

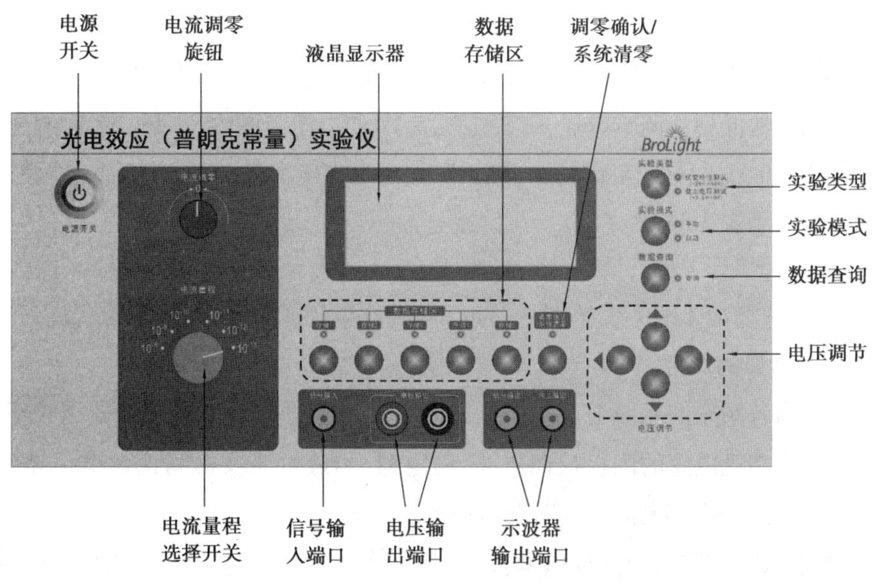

图 3.88　普朗克常量实验仪面板

【实验内容及步骤】

(1)测量前的准备

光电效应测普朗克常量实验

首先连接导线,用 BNC 同轴电缆线连接实验仪的信号输入端口到光电管盒后板"K"。用红黑导线连接实验仪的电压输出端到光电管盒的后板红黑接线端,如图 3.86 所示。将汞灯暗箱光输出口对准光电管暗箱光输入口,调整光电管与汞灯距离约为 40 cm 并保持不变。把汞灯及光电管的暗箱遮光盖盖上,打开汞灯电源,同时打开实验仪的电源,预热 20~30 min。仪器在充分预热后,再进行测量前的校准调零。实验仪在开机或改变实验类型、实验模式后,都要自动进入调零状态,此时调零确认指示灯闪烁。

电流调零:在电流调零时,电流量程有 10^{-8}~10^{-13} A 六个挡位,选择某个挡位进行测量时,就将"电流量程"选择开关置于所选挡位,旋转"电流调零"旋钮使电流指示为"000.0 A"。再按下"调零确认"按键,系统进入测试状态,此时调零确认指示灯熄灭,表示进入测量状态。如果测量电流超过量程需要换挡时,必须重新进行电流调零。

电流调零完毕后,开始测量。

(2)测量光电管的 I-U 特性

先通过"方式"功能键选择"手动"模式,"内容"功能键选择"伏安特性测试"模式。通过"▲▼◀▶"电压设置按键在-2~+50 V 可任意设定光电管的工作电压。

①将导线连接好,确认遮光罩罩住光电管连接的光学镜头,将光阑直径调为 2 mm,滤色片选择为 436 nm,选择开关置于 10^{-9} A 挡,将电流调零。当 10^{-9} A 挡电流调零后,打开遮光罩,然后进行测量。

②电压量程为-2~50 V,按电压设置按"▲▼◀▶"键,将电压值为-2 V 对应的电流值作为第一组数据,从低到高调节电压,在[-1 V,5 V]的电压范围内,每隔 0.5 V 记录一次电流的示数,在[6 V,40 V]的电压范围内,每隔 1 V 记录一次电流的示数,依次将电压值与对应的电流值,记录数据到表 3.36 中。

③光阑直径选择为 4 mm,滤色片选择为 436 nm,重复测量步骤①、②。

④光阑直径选择为 4 mm 不变,换上 546 nm 的滤色片,重复测量步骤①、②。

(3)普朗克常量的测定

理论上,测出各频率的光照射下阴极电流为零时对应的 U_{AK},其绝对值即该频率的截止电压,然而实际上由于光电管的阳极反向电流、暗电流、本底电流及极间接触电位差的影响,实测电流并非阴极电流,实测电流为零时对应的 U_{AK} 也并非截止电压。

光电管制作过程中阳极往往被污染,沾上少许阴极材料,入射光照射阳极或入射光从阴极反射到阳极之后都会造成阳极光电子发射,U_{AK} 为负值时,阳极发射的电子向阴极迁移构成了阳极反向电流。

暗电流和本底电流是热激发产生的光电流与杂散光照射光电管产生的光电流，可以在光电管制作或测量过程中采取适当措施以减少或消除它们的影响。

极间接触电位差与入射光频率无关，只影响 U_a 的准确性，不影响 U_a-ν 直线斜率，对测定 h 无影响。

此外，由于截止电压是光电流为零时对应的电压，若电流放大器灵敏度不够，或稳定性不好，都会给测量带来较大误差。

本实验仪器采用了新型结构的光电管。由于其特殊结构使光不能直接照射到阳极，由阴极反射照到阳极的光也很少，加上采用新型的阴、阳极材料及制造工艺，使得阳极反向电流大大降低，暗电流也很少。

由于本仪器的特点，在测量各谱线的截止电压 U_a 时，可不用难于操作的“拐点法”，而用“零电流法”或“补偿法”。

零电流法是直接将各谱线照射下测得的电流为零时对应的电压 U_{AK} 的绝对值作为截止电压 U_a。此法的前提是阳极反向电流、暗电流和本底电流都很小，用零电流法测得的截止电压与真实值相差很小，且各谱线的截止电压都相差 U，对 U_a-ν 曲线的斜率无大的影响，因此对 h 的测量不会产生大的影响。

补偿法是调节电压 U_{AK} 使电流为零后，保持 U_{AK} 不变，遮挡汞灯光源，此时测得的电流 I_1 为电压接近截止电压时的暗电流和本底电流。重新让汞灯照射光电管，调节电压 U_{AK} 使电流值至 0，将此时对应的电压 U_{AK} 的绝对值作为截止电压 U_a。此法可补偿暗电流和本底电流对测量结果的影响。

实验步骤如下（本次实验采用零电流法）：

①先通过“方式”功能键选择“手动”模式，“内容”功能键选择“截止电压测试”模式。确认遮光罩罩住光电管连接的光学镜头。将光阑选择置于直径 4 mm 的光阑，选择 365 nm 的滤色片，选择开关置于 10^{-13} A 挡，将电流调零（每次更换模式或者改变测量参数时都需要重新调零），然后打开遮光罩，进行测量。

②从低到高调节电压（−2 V ~ +2 V），观察电流的变化，寻找到一个电流值的绝对值最接近 0 时，对应的电压值的绝对值，即截止电压 U_a，并将数据记于表 3.37。

③选择置于直径 4 mm 的光阑不变，依次旋转到 405 nm，436 nm，546 nm，577 nm 的滤色片，重复上述的测量步骤。

【数据记录与处理】

（1）测量光电管的 I-U 特性

将测量数据填于表 3.36。

表 3.36 I-U_{AK}关系　　　　$L=$　　　mm　　光阑孔 $\Phi=$　　　mm

波长 光阑	电压 电流																	
	U_{AK}/V	−2	−1	−0.5	0	0.5	1	1.5	2	2.5	3	3.5	4	4.5	5	6	7	8
436 nm 光阑 2 mm	I/ $\times10^{-9}$ A																	
436 nm 光阑 4 mm	I/ $\times10^{-9}$ A																	
546 nm 光阑 4 mm	I/ $\times10^{-9}$ A																	
	U_{AK}/V	17	18	19	20	21	22	23	24	25	26	27	28	29	30	31	32	33
436 nm 光阑 2 mm	I/ $\times10^{-9}$ A																	
436 nm 光阑 4 mm	I/ $\times10^{-9}$ A																	
546 nm 光阑 4 mm	I/ $\times10^{-9}$ A																	

波长 光阑	电压 电流								
	U_{AK}/V	9	10	11	12	13	14	15	16
436 nm 光阑 2 mm	I/ $\times10^{-9}$ A								
436 nm 光阑 4 mm	I/ $\times10^{-9}$ A								
546 nm 光阑 4 mm	I/ $\times10^{-9}$ A								
	U_{AK}/V	34	35	36	37	38	39	40	
436 nm 光阑 2 mm	I/ $\times10^{-9}$ A								
436 nm 光阑 4 mm	I/ $\times10^{-9}$ A								
546 nm 光阑 4 mm	I/ $\times10^{-9}$ A								

利用表 3.36 的数据，在坐标轴上，作出对应于以上不同波长及光强的伏安特性曲线。

(2)普朗克常量的测定

可用以下三种方法的任意一种来处理表 3.37 的实验数据，得出 U_a-ν 直线的斜率 k。

表 3.37　截止电压 U_a 与频率 ν 的关系

光阑孔 Φ=________ mm

序号	1	2	3	4	5
波长 λ/nm	365	405	436	546	577
频率 $\nu/\times10^{14}$ Hz	8.214	7.408	6.879	5.490	5.196
截止电压 U_a/V					

①线性回归法

根据线性回归理论，U_a-ν 直线的斜率 k 的最佳拟合值为

$$k=\frac{\bar{\nu}\cdot\overline{U_a}-\overline{\nu\cdot U_a}}{\bar{\nu}^2-\overline{\nu^2}}$$

其中，$\bar{\nu}=\frac{1}{n}\sum_{i=1}^{n}\nu_i$ 表示频率 ν 的平均值；

$\overline{\nu^2}=\frac{1}{n}\sum_{i=1}^{n}\nu_i^2$表示频率 ν 的平方的平均值；

$\overline{U_a}=\frac{1}{n}\sum_{i=1}^{n}U_{ai}$ 表示截止电压 U_a 的平均值；

$\overline{\nu\cdot U_a}=\frac{1}{n}\sum_{i=1}^{n}\nu_i\cdot U_{ai}$表示频率 ν 与截止电压 U_a 的乘积的平均值。

②逐差法

根据 $k_i=\frac{\Delta U_a}{\Delta\nu}=\frac{U_{ai}-U_{a(i+1)}}{\nu_i-\nu_{(i+1)}}$，可从表 3.37 中求出 4 个 k_i，得出 $\bar{k}=\frac{\sum_{i=1}^{4}k_i}{4}$。

然后用 $h=ek$ 求出普朗克常量，并与 h 的公认值 h_0 比较，求出相对误差

$$E=\frac{|h-h_0|}{h_0}\times100\%$$

式中，$e=1.602\times10^{-19}$ C；$h_0=6.626\times10^{-34}$ J · s。

③作图法

可用表 3.31 数据在坐标纸上作 U_a-ν 直线，并求出直线斜率 k。

由以上三种方法求出直线斜率 k 后，可用 $h=ek$ 求出普朗克常量，并与 h 的公认值 h_0比较求出相对误差：$\delta=\frac{h-h_0}{h_0}$。

由上述三种方法求出普朗克常量误差，试分析误差来源以及比较每种处理方法的优缺点。

【注意事项】

①汞灯关闭后，不要立即开启电源。必须待灯丝冷却后，再开启，否则会影响汞灯寿命。

②光电管应保持清洁，避免用手摸，而且应放置在遮光罩内，不用时禁止用光照射。

③滤光片要保持清洁，禁止用手摸光学面。

④光电管不使用时，要断掉施加在光电管阳极与阴极间的电压，保护光电管，防止意外的光线照射。

【思考与讨论】

①写出爱因斯坦方程，并说明它的物理意义。

②实测的光电管的伏安特性曲线与理想曲线有何不同？

③当加在光电管极间的电压为零时，光电流却不为零，这是为什么？

④实验结果的精度和误差主要取决于哪几个方面？

【阅读材料】

爱因斯坦的镜子

爱因斯坦小时候是个十分贪玩的孩子，他的母亲常常为此忧心忡忡，母亲的再三告诫对他来说如同耳边风。直到爱因斯坦16岁那年秋天，一天上午，父亲将正要去河边钓鱼的爱因斯坦拦住，并给他讲了一个故事，正是这个故事改变了他的一生。爱因斯坦父亲说的故事是这样的：

"昨天，我和咱们的邻居杰克大叔去清扫南边工厂的一个大烟囱。那烟囱只有踩着里边的钢筋踏梯才能上去。你杰克大叔在前面，我在后面。我们抓着扶手，一阶一阶地终于爬上去了。下来时，你杰克大叔依旧走在前面，我还是跟在他的后面。后来，钻出烟囱，我发现了一件奇怪的事情：你杰克大叔的后背、脸上全都被烟囱里的烟灰蹭黑了，而我身上竟连一点烟灰也没有。"

爱因斯坦的父亲继续微笑着说："我看见你杰克大叔的模样，心想我也许和他一样脸脏得像个小丑，于是我就到附近的小河里去洗了又洗。而你杰克大叔呢，他看见我钻出烟囱时干干净净的，就以为他也和我一样干净呢，于是只草草洗了洗手就大模大样上街了。结果，街上的人都笑痛了肚子，还以为你杰克大叔是个疯子呢。"

爱因斯坦听罢，忍不住和父亲一起大笑起来。父亲笑完了，庄重地对他说："其实，别人谁也不能做你的镜子，只有自己才是自己的镜子。拿别人做镜子，白痴或许会把自己照成天才。"

爱因斯坦听了，顿时满脸愧色。他从此离开了那群顽皮的孩子们，并时时用自己做镜子来审视和映照自己，终于映照出了他生命的熠熠光辉。

第 4 章 自主设计实验

实验 4.1 利用 Phyphox 软件研究非弹性碰撞

利用 Phyphox 软件研究非弹性碰撞

【实验目的】

①了解弹性球非完全弹性碰撞能量损耗的特点；
②掌握 Phyphox 软件的使用方法；
③学会探究弹性球非完全弹性碰撞能量损耗的决定因素。

【实验原理】

小球自由下落撞击地面会由于发生非弹性碰撞而不断被弹离地面，直到小球的能量由于消耗慢慢变为零，最终不再弹起。如果保持小球在弹跳的过程中尽量处于竖直方向，与水平面垂直，那么小球每一次弹起又落下的过程可以等效为一次竖直上抛运动。由于竖直上抛运动具有对称性，即从地面升到最高点和从最高点再落回地面的时间是一样的，所以，可以把竖直上抛运动的下落过程等效为自由落体运动。

小球质量为 m，起初位于相对地面 h_0 的高度。则小球具有初始总能量

$$E = mgh_0 \tag{4.1}$$

下落后小球与地面发生反复碰撞如图 4.1 所示，首次碰撞记为第 0 次碰撞。第 n 次碰撞前、后瞬间小球的速度为 v_n 和 v_{n+1}，那么碰撞前后的能量为

$$E_n = \frac{1}{2}mv_n^2 \tag{4.2}$$

$$E'_n = \frac{1}{2}mv_{n+1}^2 \tag{4.3}$$

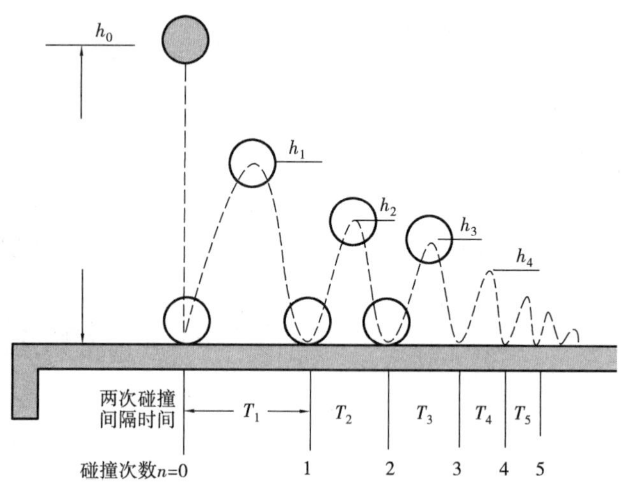

图 4.1　弹性球弹跳图

不考虑空气阻力作用，第 n 次碰撞的能量损失为

$$E_{n损} = \frac{1}{2}mv_{n+1}^2 - \frac{1}{2}mv_n^2 \tag{4.4}$$

若在 $n-1$ 和 n 这两次碰撞之间的时间为 T_n，根据牛顿运动定律可得

$$v_n = \frac{1}{2}gT_n \tag{4.5}$$

代入式(4.4)

$$E_{n损} = \frac{1}{8}mg^2T_n^2 - (T_{n+1}^2) \tag{4.6}$$

定义 η 为第 n 次碰撞前后的能量损耗率，则

$$\eta_n = \frac{E_{n损}}{E_{n1}} = 1 - \frac{T_{n+1}^2}{T_n^2} \tag{4.7}$$

恢复系数定义为相互碰撞的两物体碰撞前后相对速度之比，则小球在第 n 次碰撞过程中的恢复系数可以表示如下

$$e_n = \frac{v_{n+1}}{v_n} = \frac{T_{n+1}}{T_n} \tag{4.8}$$

【实验仪器】

乒乓球，装有 Phyphox 软件的手机，水平面，米尺，胶带。

【实验内容与步骤】

通过乒乓球的连续弹跳实验，利用 Phyphox 软件研究其弹跳过程的能量损失、恢复系数等特性及其规律。

①打开手机软件 Phyphox 后，将手机水平放置于地面，在手机旁释放乒乓球。

②改变乒乓球的释放高度研究其对能量损失及恢复系数的影响。

③利用 Phyphox 软件获取乒乓球弹跳的最高高度，求出重力加速度并进行误差分析。（重庆地区重力加速度为 9.791 4 m/s^2。）

【数据记录与处理】

(1)数据记录

①记录乒乓球从 1 m 处释放时的数据(表 4.1)。

表 4.1　乒乓球从 1 m 处释放

第 n 次碰撞	时间间隔/s	能量损耗率	恢复系数
$n=1$	$T_1=$		
$n=2$	$T_2=$		
$n=3$	$T_3=$		
$n=4$	$T_4=$		
$n=5$	$T_5=$		

②记录乒乓球从 1.5 m 处释放时的数据(表 4.2)。

表 4.2　乒乓球从 1.5 m 处释放

第 n 次碰撞	时间间隔/s	能量损耗率	恢复系数
$n=1$	$T_1=$		
$n=2$	$T_2=$		
$n=3$	$T_3=$		
$n=4$	$T_4=$		
$n=5$	$T_5=$		

③记录乒乓球从 2 m 处释放时的数据(表 4.3)。

表 4.3　乒乓球从 2 m 处释放

第 n 次碰撞	时间间隔/s	能量损耗率	恢复系数
$n=1$	$T_1=$		
$n=2$	$T_2=$		
$n=3$	$T_3=$		
$n=4$	$T_4=$		
$n=5$	$T_5=$		

(2)数据处理

①通过记录 1 m 处释放的乒乓球碰撞的时间间隔,计算第 n 次碰撞前后的能量损耗率 $\eta_n=\dfrac{E_{n损}}{E_{n1}}=1-\dfrac{T_{n+1}^2}{T_{n1}^2}$,并且填写在表 4.1 中,计算小球在第 n 次碰撞过程中的恢复系数 $e_n=\dfrac{v_{n+1}}{v_n}=\dfrac{T_{n+1}}{T_n}$,填写在表中。根据数据分析总结乒乓球弹跳过程的能量损失、恢复系数等特性及其规律。

②记录乒乓球分别从 1.5 m、2 m 处释放的时间间隔,计算能量损耗和恢复系数,填写在表 4.2 和表 4.3 中,研究释放高度对非完全弹性碰撞的能量损耗和恢复系数的影响。

③通过 Phyphox 获得乒乓球在 1 m 处释放弹跳的最高高度,计算重力加速度 $g=\dfrac{8h}{T_1^2}$,并进行误差分析。

【思考与讨论】

如果把乒乓球换成篮球以同样的高度释放,重复以上实验步骤。

实验 4.2　单摆测重力加速度

单摆测重力加速度

【实验目的】

①了解用单摆测量重力加速度的原理;
②掌握 Tracker 软件的使用方法;
③学会用单摆测量重力加速度的方法。

【实验原理】

简谐运动是最基本也最简单的机械振动。当某物体进行简谐运动时,物体所受的力与位移成正比,并且总是指向平衡位置。它是一种由自身系统性质决定的周期性运动(如单摆运动和弹簧振子运动)。

单摆是能够产生往复摆动的一种装置,将无重细杆或不可伸长的细柔绳一端悬于重力场内一定点,另一端固结一个重小球,就构成单摆,如图 4.2 所示。

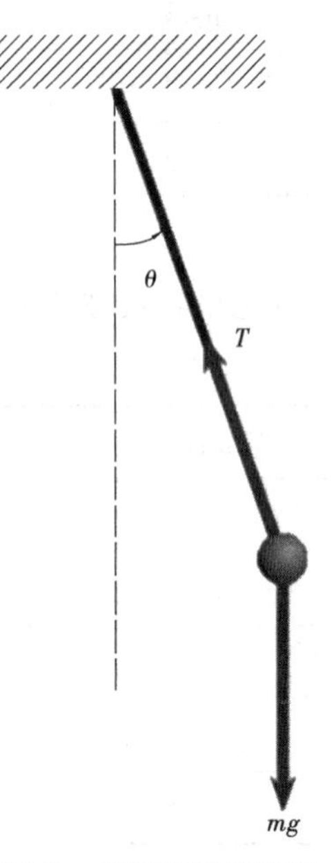

图 4.2　单摆运动示意图

当摆角较小($\theta<5°$)时,单摆近似做简谐振动,根据单摆周期公式

$$T=2\pi\sqrt{\frac{l}{g}} \tag{4.9}$$

得

$$g = \frac{4\pi^2 l}{T^2} \tag{4.10}$$

因此，只要测出摆长 l 和周期 T 即可求出当地的重力加速度 g。

当大角度摆动时，应考虑修正项

$$g = \frac{4\pi^2 l}{T^2}\left(1 + \frac{1}{4}\sin^2\frac{\theta}{2}\right)^2 \tag{4.11}$$

【实验仪器】

支架，细绳，卷尺，摆球，手机（安装 Phyphox 软件），电脑（安装 Tracker 软件）。

【实验内容与步骤】

①摆球小角度摆动，用细绳连接摆球和固定支架，卷尺测出所连接细绳的长度。在竖直方向，使摆球小角度（小于 5°）偏移中心位置后释放，用秒表测出摆动周期，用式(4.10)求出当地的重力加速度。

②用手机代替摆球，用细绳连接固定支架与手机，用卷尺测出摆长，在竖直方向，打开手机中 Phyphox 软件中单摆一栏，并使手机小角度（小于 5°）偏移中心位置后释放，利用 Phyphox 软件测量当地的重力加速度，重复 3 次算出平均值。

③摆球大角度摆动，用细绳连接摆球和固定支架，卷尺测出所连接细绳的长度。在竖直方向，使摆球大角度（大于 5°）偏移中心位置后释放，用手机录下摆球摆动的画面（连接的细绳需全部入镜），随后用 Tracker 软件追踪摆球轨迹功能，测量出当地的重力加速度。

【数据记录与处理】

(1) 小角度摆动，分别测出摆长和周期，求 g

记录直接测量数据于表 4.4。

表 4.4　小角度摆的摆长和周期

测量次数	摆长/mm	$10T$/s
1		
2		
3		
平均值		

将表 4.4 数据中的摆长和周期的平均值带入式(4.10)中，求出重力加速度。

(2) 小角度摆动，用手机当摆球，利用 Phyphox 软件测量，重复 3 次

记录 Phyphox 软件测量数据于表 4.5。

表 4.5　Phyphox 软件测量

次数	1	2	3	平均
周期/s				
长度/cm				
$g/(\mathrm{m \cdot s^{-2}})$				

(3)大角度摆动，将手机拍摄的摆球视频导入 Tracker 软件中进行处理

利用 Tracker 软件追踪摆球轨迹导出图(图 4.3)。

大角度单摆实验

Angle=$19.82e^{-0.002\,57t}\sin(3.663t-4.976)+0.40$

$g=lw^2=9.726\,3\ \mathrm{m/s^2}$

$g=l(w(1=\frac{1}{4}\sin(\frac{\theta}{2})^2))^2=9.868\,1\ \mathrm{m/s^2}$

角度/(°)

t/s

图 4.3　Tracker 软件追踪摆球轨迹导出图

【思考与讨论】

如果将摆长长度变化，重复以上实验步骤，结果会如何？

实验 4.3　谷物密度的测量

【实验目的】

谷物密度的测量

①掌握测量形状不规则物体的密度的原理；

②学会测量形状不规则物体的密度的方法。

【实验原理】

物理学中，把某种物质质量与体积之比叫作这种物质的密度。其公式为

$$\rho = m/V \tag{4.12}$$

以谷物为例，式中，m 为谷物的质量；V 为谷物的体积。

由式(4.12)知，要测量某种物质的密度，需要测量这种物质的质量 m 和体积 V。测量物质密度时，因实验的器材不同，所用实验原理、实验方法不同。方法有常规法、等容法、浮力法、密度瓶法、杠杆法和压强法等。

谷物的质量 m 用电子天平或弹簧秤测量。谷物如大米、小麦、玉米等的特点是形状不规则，本实验用压强法测量谷物体积 V。通过采用 U 形压强计等仪器测量相关物理量，并且根据玻意耳定律（一定质量的气体，在温度不变的情况下，压强和体积的乘积是一常数，即 $PV=$ const）计算得到谷物体积 V。

测量谷物的体积 V 具体方案如下：

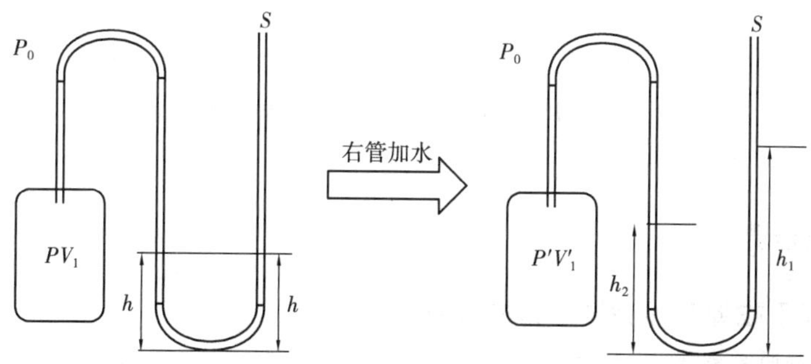

图 4.4　未加谷物时的测量图

(1) 未加谷物时的测量

如图 4.4 所示，V_1 为瓶内气体体积，S 为管截面积，P_0 为外界大气压强，实验过程中认为气体来不及吸放热，T 保持不变。根据压强和几何关系，有

$$P' = P + \rho g(h_1 - h_2)$$

$$V_1' = V_1 - S(h_2 - h)$$

$$P = P_0$$

根据玻意耳定律

$$P'V_1' = PV_1$$

整理，得

$$V_1 = \frac{P_0 + \rho g(h_1 - h_2)}{\rho g(h_1 - h_2)} S(h_2 - h) \tag{4.13}$$

(2) 已加谷物时的测量

如图 4.5 所示，加入谷物后气体体积有

$$V_2 = \frac{P_0 + \rho g(h_1' - h_2')}{\rho g(h_1' - h_2')} S(h_2' - h) \tag{4.14}$$

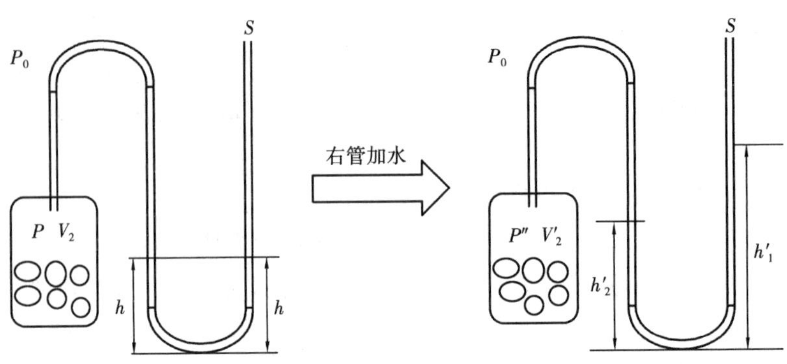

图 4.5 已加谷物时的测量图

谷物的体积为

$$V = V_1 - V_2 \tag{4.15}$$

【实验仪器】

电子天平或弹簧秤，U 形压强计(一端敞口，一端设有阀门)，盛谷物容器一个(可插接至 U 形压强计的一端)，软管一根，待测谷物(大米、玉米、小麦等)若干，直尺，密封胶，笔，智能手机等。

【实验内容与步骤】

(1) 用电子天平或弹簧秤测量谷物的质量 m

用电子天平或弹簧秤测量谷物的质量 m，重复测量 3 次求平均值。

(2) 用 U 形压强计等仪器测量谷物的体积 V

①空的谷物容器、软管和 U 形压强计依次相连，此时压强计的读数 P 为谷物容器内气体的压强，也为大气压强 P_0，即 $P_0=P$，并记录压强计液柱高度 h。

②U 形压强计敞口端加水，U 形压强左右两端水柱形成高度差，用直尺分别两端水柱高度 h_1 和 h_2。

③根据式(4.13)计算谷物容器体积中气体体积 V_1。

④刚才称量的谷物放入容器中，重复步骤①~④，并记录相应的物理量。

⑤根据式(4.14)，计算谷物容器体积中气体体积 V_2。

⑥谷物体积 V 用式(4.15)计算。

⑦谷物密度为 $\rho=m/V$。

【数据记录与处理】

①记录未加谷物时液柱的高度 h、h_1 和 h_2，并计算管内气体体积 V_1(表 4.6)。

表 4.6　未加谷物时液柱的高度值

大气压强 P_0 = ________　　　　管截面积 S = ________

次数	液柱高度			管内气体体积 V_1
	h	h_1	h_3	
1				
2				
3				
4				
5				

②记录已加谷物时液柱的高度 h、h_1' 和 h_2'，并计算管内气体体积 V_2（表 4.7）。

表 4.7　已加谷物时液柱的高度值

次数	液柱高度			管内气体体积 V_2
	h	h_1'	h_2'	
1				
2				
3				
4				
5				

【注意事项】

①设备的密封性一定要好，水柱才能保持稳定。

②实验中用到的塑料产品不能太薄太软。

③若实验中用到玻璃仪器，请注意安全。

④实验中没加谷物和加谷物后，密封的“初始空间”高度相同（也就是 U 形管内水柱的初始高度都是 h）。如果 h 不相同，在数据处理中不能忽略那部分的体积。

【思考与讨论】

①测量形状不规则、颗粒间有空隙、易吸水，影响谷物密度，如何改进实验？

②测量不同谷物的密度，与其理论值比较。

③用本实验提供的测量仪器和方法，如何提高测量精度？

④用手机的内置传感器测量压强，与实验测量的压强进行比较，并进行误差分析。

实验 4.4　固体表面的浸润

固体表面的浸润

【实验目的】

①观察液体在固体表面的浸润现象；
②掌握粗略测量液体在固体表面接触角的方法；
③学会对涉及到浸润的现象做出科学解释。

【实验原理】

液体在与固体接触时，沿固体表面扩展而相互附着的现象，称为浸润（也称为“润湿”）。润湿分以下四种：铺展润湿、黏附润湿、不湿润、浸湿，如图 4.6 所示。

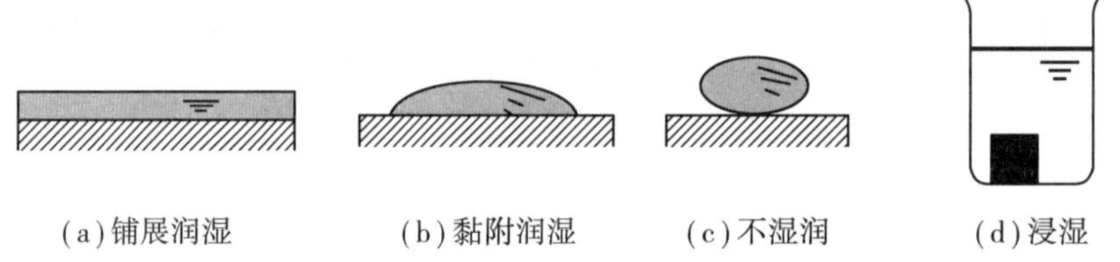

(a)铺展润湿　(b)黏附润湿　(c)不湿润　(d)浸湿

图 4.6　四种润湿图

在气、液、固三相交点处所作的气、液界面的切线，穿过液体，与液、固交界线之间的夹角 θ，被称为接触角。该角用来描述固体表面的润湿性，如图 4.7 所示。

①$\theta<90°$，液体黏附润湿固体；
当 $\theta=0°$，液体完全润湿固体。
②$\theta>90°$，液体不润湿固体；
当 $\theta=180°$，液体完全不润湿固体。

图 4.7　测量角度示意图

【实验仪器】

水（或其他液体），小木棒，金属、纸张、塑料、玻璃、植物、不粘锅等居家环境中可取得的不同固体材料（材料种类不限），装有 Screen Protractor（量角度）或其他软件的手机。

【实验内容与步骤】

①选取一种材料，水平放置。选取材料上平整的部分，用小木棒蘸水或其他液体，将木棒尖端的小液滴转移到材料上，使之附着在材料表面。

②用手机摄像头对准材料表面以及水滴，拍摄照片，如图 4.8 所示。

③用 Screen Protractor 软件测量水滴在材料表面的接触角，如图 4.9 所示。

④重复以上步骤，对多种材料（6~8 种）进行测试和拍照，整理结果。

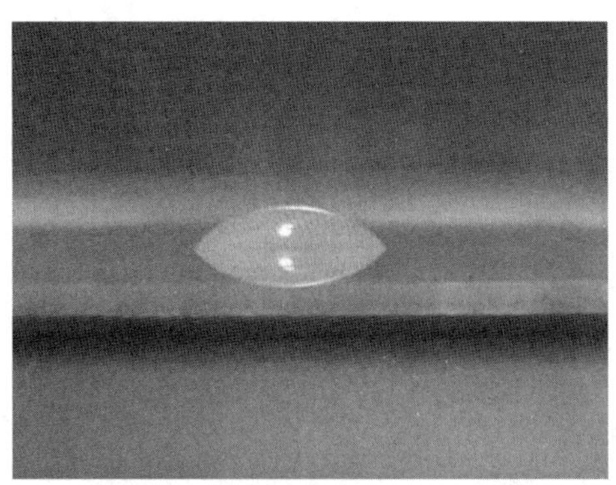

图 4.8　材料表面的水滴示意图

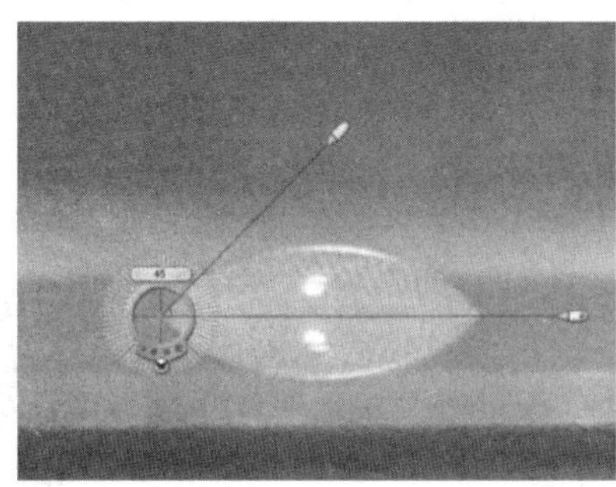

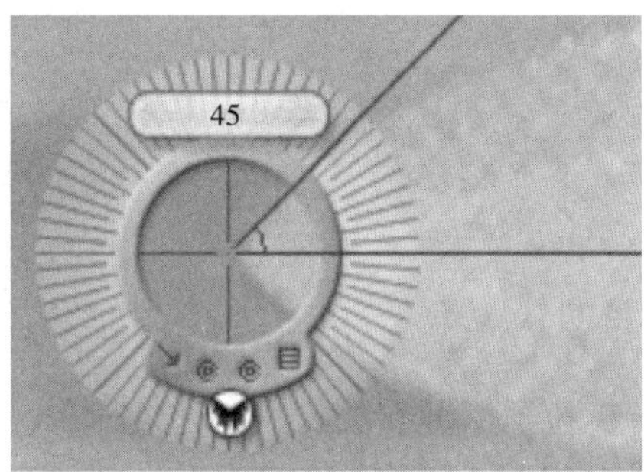

图 4.9　Screen Protractor 软件测量方法图

⑤分析实验数据，给出结论。

【数据记录与处理】

测量并计算材料接触角(表 4.8)。

表 4.8　材料接触角测量结果

材料	接触角	浸润类型

【注意事项】

①液滴的量不要太大，以避免液体重力作用对接触角测量值的影响。
②拍摄时注意保持适当光照。
③拍摄时，摄像头俯角<5°。

【思考与讨论】

①接触角的测量值受哪些因素的影响？
②哪些方法可以改变液体对固体表面的浸润特性？

实验 4.5　克拉尼图形(膜)

【实验目的】

克拉尼图形(膜)

①了解克拉尼图形有关的知识和规律；
②学会利用 Phyphox 软件对物理量进行定量测量。

【实验原理】

①敲击或激发一块规则的、有一定厚度和张力的薄膜，控制边界可能产生清脆声音，同时如在膜上有颗粒物(如砂子或细盐粒)，持续的激励会使它们排列形成规则的分布图案——克拉尼图。克拉尼图反映的是特定边界下波导方程允许的解，或者是一个模式。

②二维薄膜振动与模式见图 4.10。

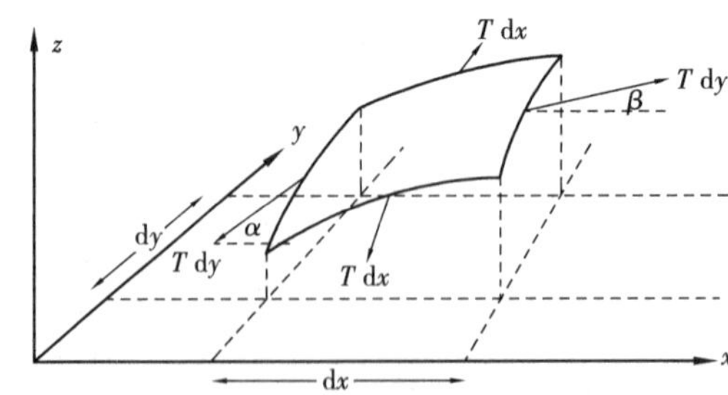

图 4.10　二维薄膜振动与模式图

运动方程

$$\frac{\partial^2 z}{\partial t^2} - c^2\left(\frac{\partial^2 z}{\partial x^2} + \frac{\partial^2 z}{\partial y^2}\right) = 0 \tag{4.16}$$

波速 c 由面密度 σ 和张力 T 决定

$$c = \sqrt{T/\sigma}$$

其解为分离变量形式

$$z(x,y,t)=X(x)Y(y)\Phi(t) \tag{4.17}$$

对于尺度为 $L_x \times L_y$ 的四边固定的矩形薄膜有模式解，形为

$$Z_{mm}=\sin\frac{m\pi x}{L_x}\sin\frac{n\pi y}{L_y}(M\sin t+N\cos t)\quad (m,n=1,2,3,\cdots)$$

$$f_{mm}=\frac{1}{2}\sqrt{\frac{T}{\sigma}\left[\left(\frac{m}{L_x}\right)^2+\left(\frac{n}{L_y}\right)^2\right]} \tag{4.18}$$

③二维矩形薄膜(板)振动模式与激发可通过控制止点和频率激发特定模式，如图 4.11 所示。

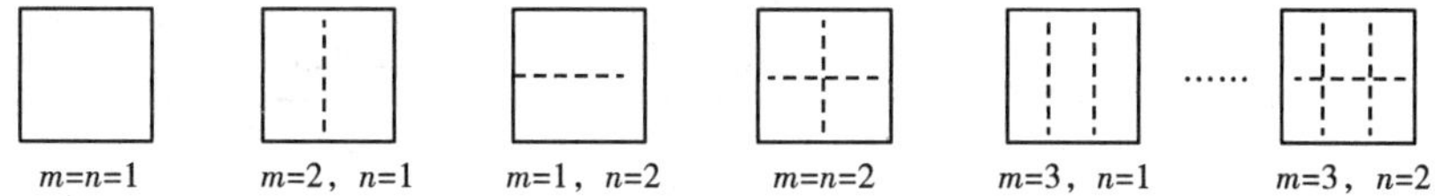

图 4.11　二维矩形薄膜(板)振动模式图

模式振动

$$Z_{mm}=\sin\frac{m\pi x}{L_x}\sin\frac{n\pi y}{L_y}(M\sin\omega t+N\cos\omega t)\qquad (m,n=1,2,3\cdots)$$

相应模态频率

$$f_{mm}=\frac{1}{2}\sqrt{\frac{T}{\sigma}\left[\left(\frac{m}{L_x}\right)^2+\left(\frac{n}{L_y}\right)^2\right]}$$

④二维圆形薄膜(板)振动模式。

运动方程

$$\frac{\partial^2 z}{\partial t^2}-c^2\left(\frac{\partial^2 z}{\partial x^2}+\frac{\partial^2 z}{\partial y^2}\right)=0$$

波速 c 由面密度 σ 和张力 T 决定

$$c=\sqrt{\frac{T}{\sigma}}$$

极坐标下

$$\frac{\partial^2 z}{\partial t^2}-c^2\left(\frac{\partial^2 z}{\partial r^2}+\frac{1}{r}\frac{\partial z}{\partial r}+\frac{1}{r^2}\frac{\partial^2 z}{\partial \varphi^2}\right)=0 \tag{4.19}$$

其解为分离变量形式

$$z(r,\varphi,t)=R(r)\Phi(\varphi)e^{j\omega t} \tag{4.20}$$

$$\frac{\partial^2 \Phi}{\partial \varphi^2}+m^2\Phi=0$$

其解为

$$\Phi(\varphi)=Ae^{\mp jm\varphi} \tag{4.21}$$

$$\frac{\partial^2 R}{\partial r^2}+\frac{1}{r}\frac{\partial R}{\partial r}+\left(\frac{\omega^2}{c^2}-\frac{m^2}{r^2}\right)R=0$$

其解为 m 阶 Bessel 函数 $J_m(x)$，$x=kr=\omega r/c$，对于边缘固定的半径为 a 的圆盘，$J_m(x=\omega r/c)=0$ 的点(n 个根)决定节线径向位置，指数(m,n)决定圆形振动模式，函数值见表 4.9。

振动模式为

$$Z_{mn}(r,\varphi,t) = A_{mn}J_m(r) \mid_{r \leqslant a} e^{\mp jm\varphi} e^{j\omega t} (m = 0,1,2,3,\cdots,n = 1,2,3,\cdots) \tag{4.22}$$

表 4.9　Bessel 函数值

m \ n	0	1	2	3
1	2.405	3.832	5.136	6.380
2	5.520	7.016	8.417	9.761
3	8.654	10.173	11.619	13.015
4	11.792	13.324	14.796	16.223

如图 4.12 所示，模态 (m,n) 命名在图的上部给出，以 $\frac{\omega a}{c} = 2.405$ 时的频率作比较。在图 4.12下部给出的数值 b_{mn}，以表示相对频率。要将这些转换为实际频率 f_{mn}，b_{mn} 要乘以 $\left(\frac{2.405}{2\pi a}\right)\sqrt{\frac{T}{\sigma}}$，其中 a 为膜半径。

$$f_{mn} = b_{mn}\left(\frac{2.405}{2\pi a}\right)\sqrt{\frac{T}{\sigma}}$$

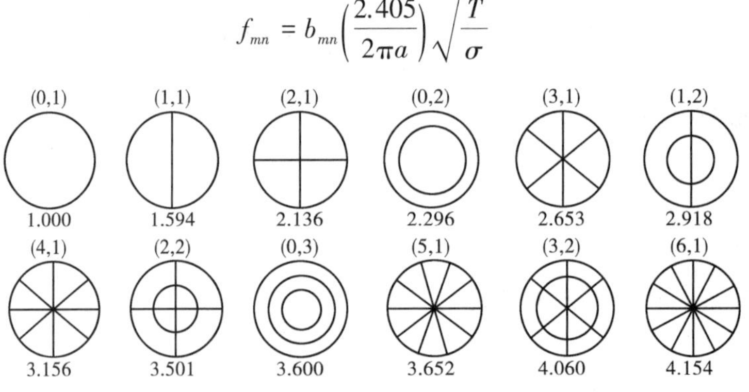

图 4.12　二维圆形薄膜(板)振动模式图

【实验仪器】

薄膜(有弹性深色，建议气球和黑卡纸，绷紧时张力均匀，绷紧后敲击有小定音鼓的感觉)，细盐或干净均匀细砂粒，圆形或矩形撑子(自制或利用现成物体，如筒、盒、碗、杯、小盆口)，激励源，装有手机物理工坊 Phyphox 软件的手机，尺子，家用电子秤。

【实验内容与步骤】

①利用现成物体，如筒、盒、碗、杯、小盆口当圆形或矩形撑子，将弹性且深色的气球或黑卡纸安置在撑子上绷紧成为薄膜，绷紧时各方向张力均匀，用绳子将膜缠紧固定。

②用笔杆敲击膜面使其发出响声，打开 Phyphox 软件，记录声音频谱，如图 4.13 所示。

③将细盐或沙子薄薄地、均匀地洒在薄膜表面，然后找寻特定频率的声波(如固定声调(频率)的手机 Phyphox 信号源或嗓子，用自制小纸喇叭或音盆聚音)放置在薄膜附近，开启声音。

④使用不同频率的声源，先用 Phyphox 软件记录下其频谱，后将声源放置在膜附近，找到共振点，使得膜上形成稳定图案——克拉尼图，并用手机相机记录下来。图 4.14 为 420 Hz 频率的声源激发的克拉尼图。

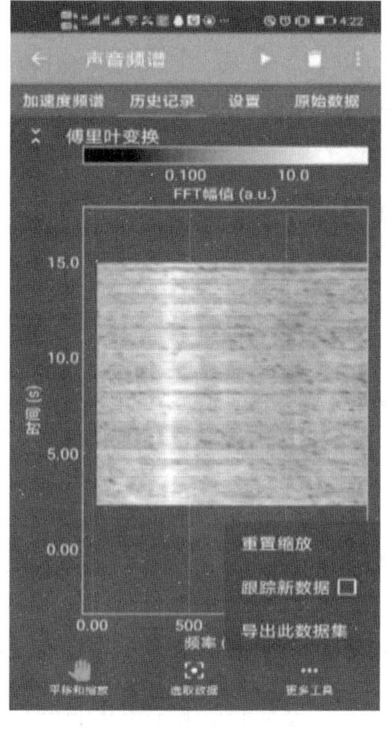

图 4.13　空腔频谱

图 4.14　420 Hz 频率的声源激发的克拉尼图

⑤更换其他两种稳定频率的声源，重复步骤。

【数据记录与处理】

①输入声音频率。

②绘出克拉尼图形，并判断三次实验的模式，记录到表 4.10 中。

表 4.10　克拉尼图形的绘制与模式

实验	图形	模式
1		
2		
3		

【注意事项】

①制备拉紧薄膜。

②研究空敲击时的声音频谱，记录谱线，并列出各个谱线位置。

③以特定频率声源激发膜振动,使其上盐粒分布呈现稳定图形,记录下成功时的图案和所用频率。

【思考与讨论】

①可否用手控制止点位置,使未来节线经过此点?

②容器的形状、容器底部的有无等条件的不同,能否影响激发图案的实现、观察和测量?

实验 4.6 用拉脱法测定液体的表面张力系数

用拉脱法测定液体的表面张力系数

【实验目的】

①了解用拉脱法测量液体表面张力系数的原理;

②学会用拉脱法测量液体表面张力系数的方法。

【实验原理】

想象在液面上划一条直线,表面张力就表现为直线两旁的液膜以一定的拉力相互作用。拉力 f 存在于表面层,方向恒与直线垂直,大小与直线的长度 l 成正比,如图 4.15 所示。即

$$f=\alpha l$$

式中,α 为表面张力系数,它的大小与液体的成分、纯度、浓度以及温度有关。

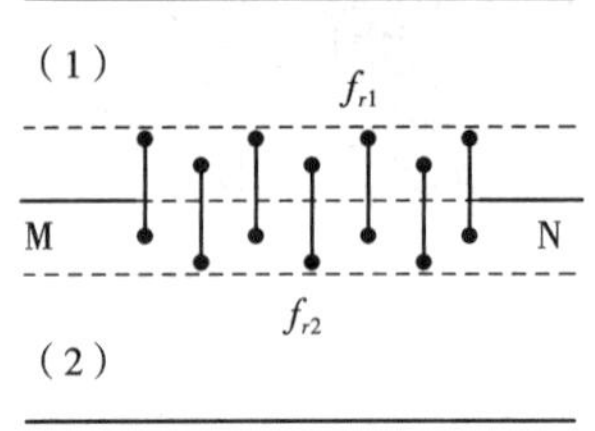

图 4.15 受力示意图

【实验仪器】

自制天平,自制砝码,金属丝,直尺,容器,液体(水、5%洗洁精),线。

【实验内容与步骤】

(1)测量水的表面张力系数

①自制天平、自制砝码。

②用直尺测量金属丝两脚之间的距离。

③如图 4.16 所示,搭建实验装置,把盛有水的容器放在平台上,将金属丝浸入水面以下。

④添加或减少砝码使天平达到平衡。

⑤缓慢地向上拉金属丝,增加砝码使天平平衡,当液膜刚要破裂时,记下增加砝码。金属丝拉出时,左侧拉力 F=2f+mg(金属丝重力 mg 在平衡时已考

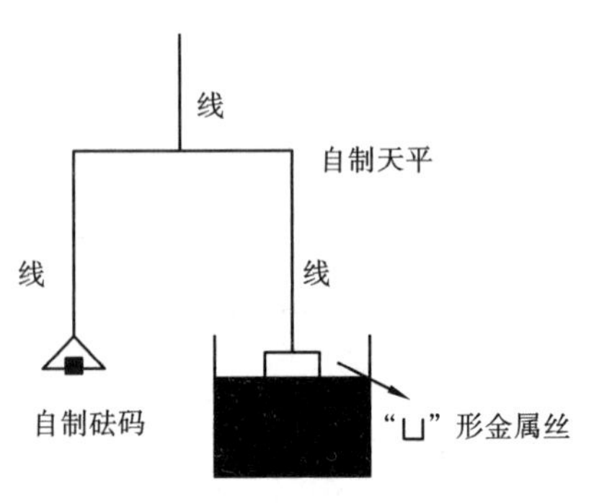

图 4.16 实验装置图

虑)，增加的砝码的重力即为 2f。测量 5 次，取平均，计算水的表面张力系数。

(2)测量洗洁精的表面张力系数

在测完水的表面张力情况后，应将金属丝擦干，然后重复上述(1)中的步骤③和④即可。

【数据记录与处理】

①测量并记录金属丝两脚间的距离(表 4.11)。

表 4.11　金属丝两脚间的距离测量结果

实验次数	1	2	3	4	5
距离/mm					

②测量并记录砝码的重力(表 4.12)。

表 4.12　砝码的重力测量结果

实验次数	1	2	3	4	5
重力/N					

③利用公式 $f=\alpha l$，计算洗洁精的表面张力系数。

【注意事项】

①金属丝全部浸入水中时调好天平。
②金属丝缓慢拉出液面直至破裂。
③保持天平平衡。

【思考与讨论】

换成其他液体，液体表面张力系数是否会有所不同?

实验 4.7　用自制三线摆测定物体的转动惯量

【实验目的】

用自制三线摆测定物体的转动惯量

①了解用三线摆测定物体的转动惯量的原理；
②掌握数据处理软件 Origin 的使用方法；
③学会用三线摆测定物体的转动惯量的方法。

【实验原理】

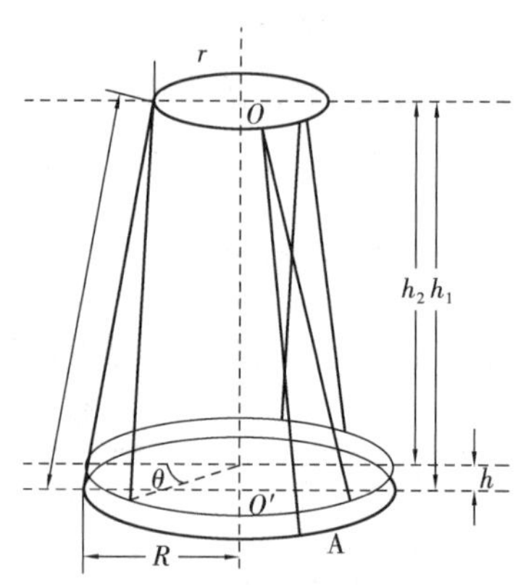

图 4.17　三线摆原理示意图

转动惯量是物体在转动中惯性大小的量度，它与物体的总质量、形状、质量分布和转轴位置等有关，利用三线摆可以测量物体绕定轴转动的转动惯量。自制的三线摆结合 Phyphox 软件，即可实现转动惯量的定量研究。

三线摆的运动原理如图 4.17 所示。上圆盘水平固定，下圆盘 A 用细线悬挂在上圆盘的边缘（悬点在对称位置）。圆盘 A 可以转动或摆动，如果 A 做纯粹的小角度转动，则为简谐振动。经计算其转动惯量与转动周期的关系为

$$J_A = \frac{m_A gRr}{4\pi^2 l} T_A^2 \tag{4.23}$$

式中，J 为圆盘 A 的转动惯量；T 为转动周期；g 为重力加速度。如果 A 上放置另一物体 B，使 A 和 B 一起绕 OO' 转动，则

$$J_{AB} = \frac{(m_A + m_B) gRr}{4\pi^2 l} T_{AB}^2 \tag{4.24}$$

因此有

$$J_B = J_{AB} - J_A \tag{4.25}$$

【实验仪器】

大小圆盘（或蒸盘）各一个，粗线和等长细线若干，装有手机物理工坊 Phyphox 软件的手机，弹簧秤。

【实验内容与步骤】

①利用器材自制三线摆，如图 4.18 所示。

②打开手机 App"Phyphox"，选择应用"Gyro-scope"，按启动键开始记录数据。把手机平放在下圆盘的中间位置，稳住圆盘不动，再将圆盘转动小角度（小于 5°）后放手，圆盘的转动为简谐振动。经过数十个周期的运动，记录足够的数据量。

③将待测物体（例如水杯，将水杯的中心尽量对准圆盘的中心）放在手机上，此过程中不要调整手机，使其继续记录数据。记录数十个周期后，停止测量。数据曲线如图 4.19 所示，底部的曲线是绕轴的运动数据（角速度），曲线的前半段是未加水杯的结果，后半段是加了水杯之后的结果，可以发现加上待测物体后数据曲线周期变化了。

④导出 Phyphox 原始数据，等待处理。

⑤用弹簧秤、体重秤等工具称量"圆盘 A+手机"的质量 m_A 和物体 B 的质量 m_B，用卷尺测量上圆盘、下圆盘悬线点到圆心的距离（分别为 r 和 R）和悬线的长度 l，再利用 Phyphox 相应的功能测量本地重力加速度 g。

⑥根据测量数据,计算待测物体的转动惯量。

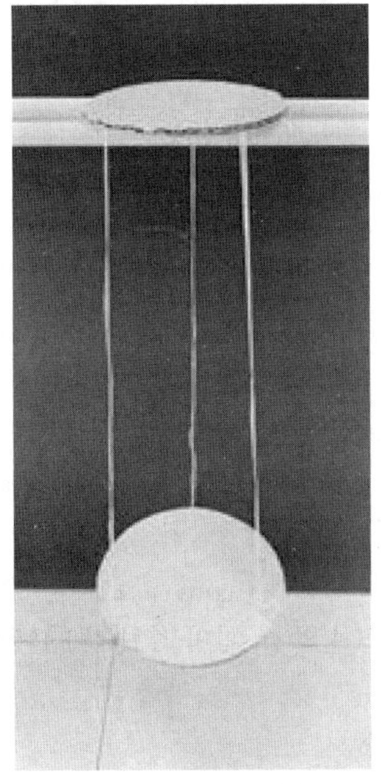

图 4.18　自制三线摆

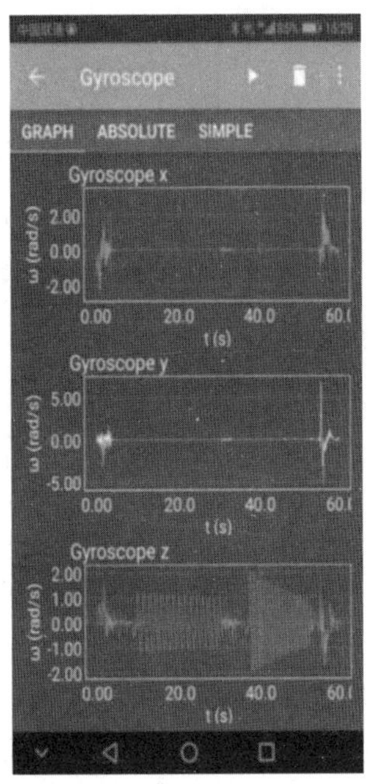

图 4.19　Phyphox 测量界面

【数据记录与处理】

(1)数据记录

记录实验数据(表 4.13)。

表 4.13　自制三线摆的基本数据

重力加速度 $g=$________

次数	1	2	3	平均值
质量 m_A/kg				
质量 m_B/kg				
半径 r/m				
半径 R/m				
线长 l/m				

(2)数据处理

①打开 Origin 软件,将 Phyphox 原始数据导入。

②只需要考虑绕 z 轴的部分。选择 z 轴数据,画出其折线图(不要画散点图或点线图)。

③先确定 T_A。定位前半截曲线第一个周期的顶点,记下其横坐标(时间 t_1),再定位最后一个周期的顶点,记下其横坐标 t_2,数一下中间有多少个周期 n。

则 $T_A=(t_1-t_2)/n$,如图 4.20 所示。

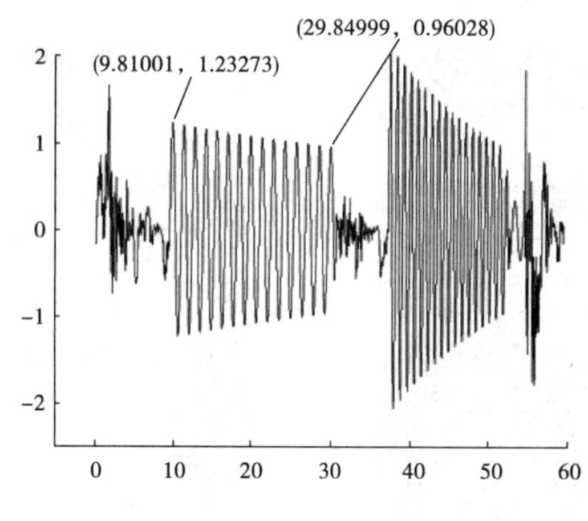

图 4.20 周期确定图

④确定 T_{AB}。在曲线后半截进行同样的操作,可以得到 T_{AB}。

⑤将所得到的数据代入式(4.23)、式(4.24)、式(4.25),即可得到 B 的转动惯量,这个结果的转轴是“水杯”的中心对称轴。

⑥分析可能的误差来源,并估算一下误差的大小。

【思考与讨论】

①测量不同形状、质量分布不均匀的材料的转动惯量,结果会有什么不同?

②用本实验提供的测量仪器和方法,如何提高测量精度?

实验 4.8 会跳舞的硬币

【实验目的】

会跳舞的硬币

①观察气体的热胀冷缩的现象;

②学会对涉及气体热胀冷缩的现象做出科学解释。

【实验原理】

气体的热胀冷缩,由理想气体的物态方程 $pV=nRT$(p 为气体压强,V 为气体体积,n 为物质的量,R 为常量,T 为温度)可知,当 V 不变时,温度升高气体压强增大。开始时瓶内气体温度较低,气体对硬币的压力不足以推起硬币,瓶子置于空气中一段时间后瓶内气体温度升高,压强变大,气体对硬币的压力增大,最终将硬币推起。

【实验仪器】

玻璃瓶,硬币,冰箱,秒表(可用手机代替)。

【实验内容与步骤】

本实验有两种实验方法做实验。

(1)方法一

①准备好实验器材。

②将玻璃瓶放至冰箱中冷冻一段时间。

③取出玻璃瓶,并将瓶口与硬币润湿,然后将硬币放在瓶口。

④观察实验现象并记录相邻两次硬币跳起的时间间隔。

(2)方法二

①准备好实验器材。

②将玻璃瓶放至冰箱一段时间。

③取出玻璃瓶并将硬币润湿后放置玻璃瓶口。

④用双手捂住玻璃瓶。

⑤观察实验现象并测量相邻两次硬币跳起的时间间隔。

【数据记录与处理】

①记录测量结果于表 4.14 和表 4.15。

表 4.14　方法一测量结果

实验次数	1~2 次	2~3 次	3~4 次	…	9~10 次
时间间隔/s					

表 4.15　方法二测量结果

实验次数	1~2 次	2~3 次	3~4 次	…	9~10 次
时间间隔/s					

②分析硬币相邻两次的跳动时间间隔与什么有关?

【注意事项】

将瓶口与硬币用常温水湿润。

【思考与讨论】

①为什么要用水润湿玻璃瓶口与硬币?

②硬币为什么会连续跳动而不是跳动一次后就停止跳动?

实验 4.9　用手机测量地磁场的大小

地球内部存在着天然磁性现象，地球和近地空间之间存在着磁场，称为地磁场，其大小的量级约为10^{-5}T。

用手机测量地磁场的大小

【实验目的】

①了解地磁场的分布规律；
②掌握 Phyphox 软件的使用方法；
③学会一种地磁场的测量方法。

【实验原理】

地球及其周围空间存在着地磁场，其主要部分是一个磁偶极场，地心磁偶极子轴线与地球表面的两个交点称为地磁极，如图 4.21 所示。在地球表面任一点观测时，使其水平轴与当地子午面垂直，这时磁针 N 极所指方向即为地磁场强度方向，它与水平面的夹角即为当地的磁倾角。利用手机作为磁力计可进行地磁场的测量。

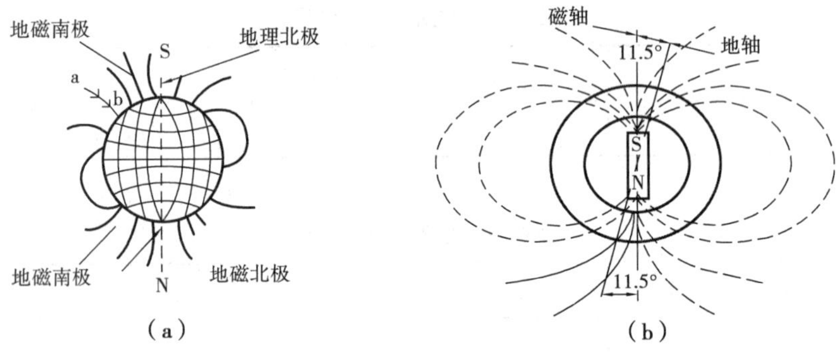

图 4.21　地磁场示意图

【实验仪器】

智能手机一部(下载安装手机物理工坊 Phyphox 软件)。

【实验内容与步骤】

(1)研究 Phyphox 磁力计三轴所指代的方位

①当手机指向南北方向时，X 轴磁力计读数为零；
②当手机指向东西方向时，Y 轴磁力计读数为零；
③当手机指向竖直方向时，Z 轴磁力计读数为零。

(2)用磁力计采用最大值、最小值法，分别测量地磁场的水平分量和竖直分量

①利用手机物理工坊 Phyphox 中的磁力计，来测量磁场的大小。

②在较为空旷的地方进行实验,防止其他磁场干扰;手机需要放置在水平面上(桌面或者其他平台,使用前需要调平)。

③水平分量测量:首先将手机水平放置,水平旋转手机,找到磁场最大值所在的方向,并记录最大值;将手机水平旋转 180°,记录磁场最小值。重复以上操作 6 次,并将数据记录到表 4.16。

④垂直分量测量:将手机竖直放置,测量磁场的垂直分量,竖直旋转手机,找到磁场最大值的方向,并记录最大值;将手机竖直旋转 180°,记录磁场的最小值。重复以上操作 6 次,并将数据记录到表 4.17。

【数据记录与处理】

①记录水平分量测量数据于表 4.16。

表 4.16　地磁场水平分量 $B_{//}$/μT

次数	1	2	3	4	5	6	平均值
$B_{//max}$							
$B_{//min}$							
$B_{//}=\frac{B_{//max}+B_{//min}}{2}$							

②记录垂直分量测量数据于表 4.17。

表 4.17　地磁场竖直分量 $B_{\perp}$/μT

次数	1	2	3	4	5	6	平均值
$B_{\perp max}$							
$B_{\perp min}$							
$B_{\perp}=\frac{B_{\perp max}+B_{\perp min}}{2}$							

③地磁场的磁感应强度(测量值)

$$B_{测量}=\sqrt{B_{//}^2+B_{\perp}^2} \tag{4.26}$$

④地磁场的倾斜角(测量值)

$$\theta=\arctan(B_{\perp}/B_{//}) \tag{4.27}$$

⑤误差分析。

【思考与讨论】

请问在操场上测量地磁场与在摩天大厦中测量,实验结果会有什么不同?

实验 4.10 利用 Phyphox 软件研究螺线管的电流大小

【实验目的】

利用 Phyphox 软件研究螺线管的电流大小

①了解螺线管产生的磁场的分布规律；

②掌握 Phyphox 软件的使用方法；

③学会一种测量螺线管中电流大小的方法。

【实验原理】

当螺线管通上电流后，会在螺线管内产生磁场，磁场的大小与线圈的匝数、电流的大小成正比，利用智能手机的磁场感应器可以探测出螺线管内的磁场大小，在实验过程中保持线圈匝数不变，从而可以间接测量通过线圈的电流大小。

电流通过螺线管会产生磁场

$$B_x = \mu_0 n I_x \tag{4.28}$$

通过测量螺线管中磁场大小，利用式(4.29)

$$I_x = \frac{B_x}{\mu_0 n} \tag{4.29}$$

间接测量螺线管中导体的电流大小。

【实验仪器】

智能手机一部(下载安装手机物理工坊 Phyphox 软件)，铜导线若干，1.5 V 干电池 5 节，工具刀，饮料瓶。

【实验内容与步骤】

①将铜导线均匀缠绕在塑料瓶上，缠绕 50 匝线圈，自制螺线管，如图 4.22 所示。

图 4.22 自制螺线管

②将铜导线的两端分别与电池的正负极接触，将手机置入塑料中，如图4.23所示。

图4.23　实验操作示意图

③打开Phyphox软件，单击“Magnetic ruler”选项，进入“RAW DATA”界面，采集B_x实验数据，如图4.24所示。

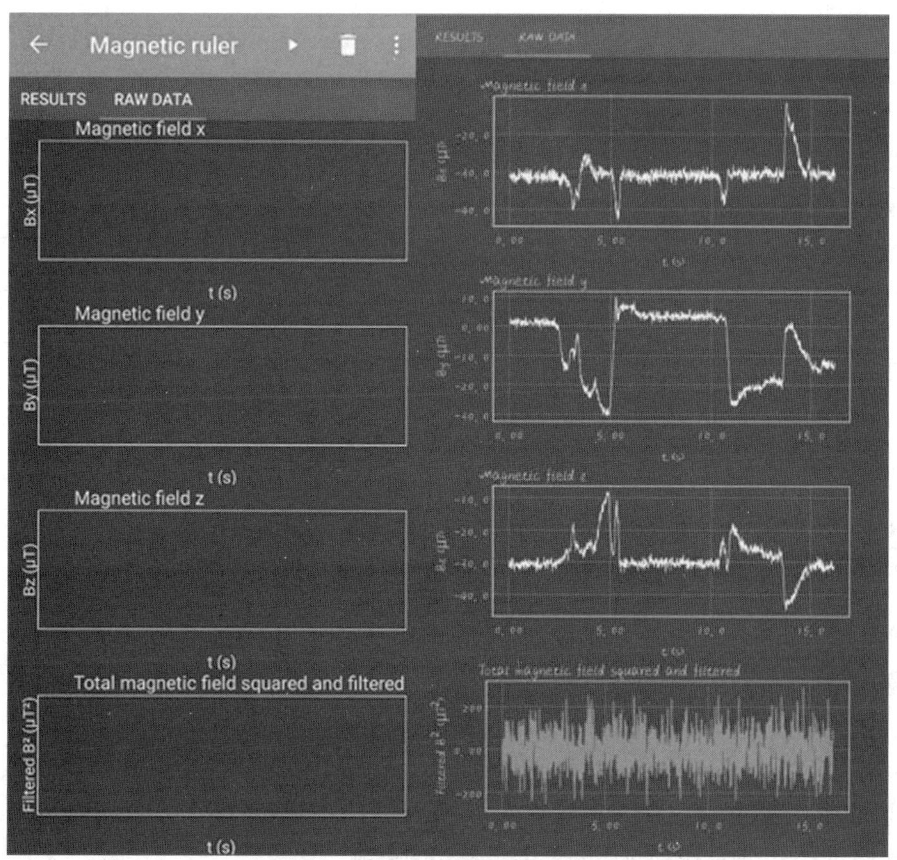

图4.24　实验操作界面示意图

④采用控制变量法,保持线圈匝数不变(50 匝),改变电势大小(分别测 1.5、3.0、4.5、6.0、7.5 V),将上面测得数据记录到表 4.18 中。

【注意事项】

①选择的塑料瓶应是透明的,且能放下手机,建议用 1 000 mL 的可乐瓶。
②实验过程中电压控制在 7.5 V 以内、线圈匝数控制在 50 圈以内,保护手机。
③整个实验过程中保持螺线管方向不变。
④实验应远离周围空间强的磁场,避免对实验造成影响。
⑤分析实验误差原因时,应考虑地球磁场的影响。
⑥上面的实验只研究 X 方向的电流变化,Y、Z 方向可同理求得。

【数据记录与处理】

①记录不同电势大小时,通电螺线管的磁感应强度 B_x 于表 4.18。

表 4.18　通电螺线管的磁感应强度 B_x/μT

电源电压	线圈匝数	B_{x1}	B_{x2}	B_{x3}	B_{x4}	B_{x5}	B_x 平均值	$I_x=\frac{B_x}{\mu_0 n}$
1.5 V	50							
3.0 V	50							
4.5 V	50							
6.0 V	50							
7.5 V	50							

②螺线管的磁场强度

$$B_x = \mu_0 n I_x \tag{4.30}$$

由于空气中的磁导率与真空磁导率相近,实验中取真空磁导率为

$$\mu_0 = 4\pi \times 10^{-7}\text{N/A} \tag{4.31}$$

n 为线圈匝数,$n=50$,于是线圈中电流为

$$I_x = \frac{B_x}{\mu_0 n} \tag{4.32}$$

③误差分析。

【思考与讨论】

①上面的实验研究了 X 方向的电流变化,如何用以上实验求得 Y、Z 方向上电流的变化?
②实验过程中,地球磁场对实验产生了怎样的影响?

实验4.11　磁力温度传感器

磁力温度传感器

【实验目的】

①了解磁铁的磁性与温度之间的关系；
②掌握 Phyphox 软件的使用方法；
③学会根据其磁场强度随温度变化的特性，制作温度传感器。

【实验原理】

铁磁物质磁化后具有很强的磁性。随着温度的升高，原子的热运动加剧，原子磁矩的排列有序性降低，铁磁物质的磁化强度随温度升高而下降。

磁性材料具有一个临界温度点 T_C，即居里温度。在这个温度以上，由于高温下原子的剧烈热运动，原子磁矩的排列是混乱无序，磁畴被瓦解，平均磁矩变为零，铁磁物质的磁性消失。磁性材料的居里温度点 T_C 确定了磁性器件工作的上限温度。

利用铁磁性材料在不同温度下磁性强弱不同，我们可以测定其磁场强度-温度变化曲线。利用手机内置的磁场感应器件（图4.25），通过测量磁场强度，实现温度的测量。

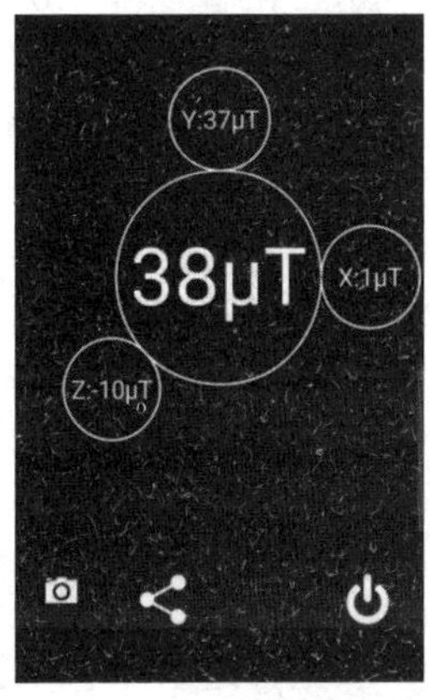

图4.25　磁场探测器软件

【实验仪器】

智能手机（安装 Phyphox 软件磁场探测器等），磁铁、铜丝等做成连接支架，一般（家用）热水壶（可用家用自动泡茶机），温度计。

【实验内容与步骤】

①检查手机上磁传感器所在位置，找出磁场最强的位置。测量过程中，尽可能让手机这个位置对准作为温度传感器的磁铁。华为手机的位置大概在摄像头左上部。

②用铜丝制作固定支架，使磁铁和智能手机位置保持不变，尽可能保证磁场测量效果。在此过程中注意检查磁场测量的可重复性。

③温度定标：将磁铁置入泡茶壶内，a.升温，记录不同温度下磁铁磁场强度变化；b.降温，记录不同温度下磁场变化。

④温度定标：根据升、降温过程中温度、磁场数据，绘制温度传感器校准曲线。

⑤温度测量：用所做的温度传感器和所绘制的温度校准曲线，测量空旷处气温，并与温度计测量结果进行比较。

【数据记录与处理】

①记录升温过程中的磁场,每隔 2 ℃记录一次磁场结果于表 4.19。

表 4.19　升温过程中的磁场

温度/℃	20	22	24	…	68	70
磁场 B/μT						

②降温过程中的磁场,每隔 2 ℃记录一次磁场结果于表 4.20。

表 4.20　降温过程中的磁场

温度/℃	70	68	66	…	22	20
磁场 B/μT						

③绘制温度传感器校准曲线。

④计算空旷处气温并分析。

【注意事项】

①测量时务必小心,防止烫伤。

②定标过程中,手机和磁场间相对位置要保持不变;定标后温度测量过程中,其相对位置仍需保持不变。

③当使用电磁炉时,不适合在加热的过程中进行定标,因为电磁炉加热时本身就会产生较强的磁场,对测量有较大的误差。

④运行中的电脑、平板、音响和含有电机的电器等物体都会产生较大的磁场,如果测量时旁边有这些电器,会对实验结果有很大的影响。

⑤测量出来的磁场都有很大的噪声,可以考虑使用均值对采样值进行平滑。测量数据为每 0.01 s 采样,可以考虑每 100 个点求平均来获得每秒的磁场值。

【思考与讨论】

①不同环境对磁场测量是否有影响?

②是否有办法屏蔽环境磁场?

实验 4.12　声速的测量

声速的测量

【实验目的】

①了解声波传输及共振(的性质)有关的知识和规律;
②掌握 Phyphox 软件的使用方法;
③学会使用 Origin 软件处理实验数据。

【实验原理】

把声源放在一只顶端开口、底端封闭、长度为 L 的均匀圆柱形容器上方,发出的声音在底部会被反射。容器中的声场实际上是入射波和反射波的叠加。当声源频率合适的时候,将形成驻波。如果瓶口处正好是波节,则该处空气的振动对外发出的声音没有贡献,听到声音较小,如果瓶口是波腹,则会增强对外发出的声音,出现共鸣,如图 4.26 所示。

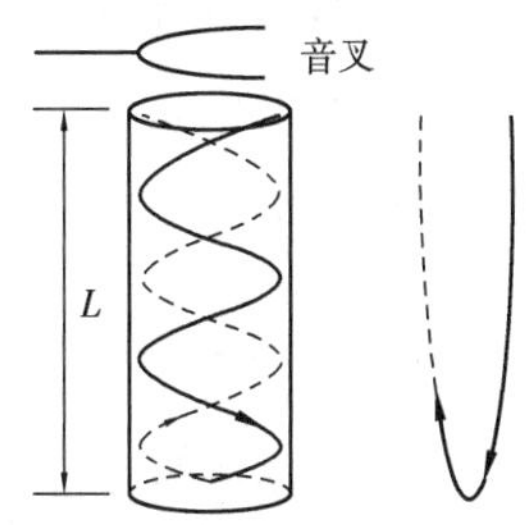

图 4.26　容器的声场

相邻波节和波腹的间距是$\frac{\lambda}{4}$,所以能产生共振的最长波长是 $4L$。以瓶口处为零点,向内深度为 x,声速为 v,角速度 ω,振幅为 A。所以入射波

$$\Psi(x) = A\cos\left(\omega t - \frac{x}{v}\omega + \Psi_0\right)$$

反射波

$$\Psi'(x) = A\cos\left(\omega t - \frac{2L - x}{v}\omega - \pi + \Psi_0\right)$$

实际观测到的波

$$\Psi(x) = \psi(x) + \psi'(x) = 2A\sin\left(\frac{L - x}{v}\omega\right)\sin\left(\omega t + \psi_0 - \frac{L\omega}{v}\right)$$

由于产生共振时,瓶口处为波腹,则当波长满足以下条件时,会产生共振。

$$\frac{L - 0}{v}\omega = L\frac{2\pi}{\lambda} = \frac{\pi}{2} + n\pi \qquad (n = 0,1,2,\cdots)$$

$$L = \left(\frac{1}{4} + \frac{n}{2}\right)\lambda$$

当我们向容器中注水,声源实际上是水滴撞击水面发出的声音,该声音包含多种频率。而听到的声音基本上只有符合共振条件的音频。基频 f_0 决定了听到声音的音调。

$$f_0 = \frac{v}{\lambda} = \frac{v}{4L}$$

设空气柱的长度为 $L=L_0-\beta t$，L_0 为瓶子初始高度，β 与注水速度有关，即均匀注水时每秒钟空气柱缩短的长度。因而我们听到的声音频率会是

$$f=\frac{v}{4(L_0-\beta t)}=\frac{1}{\dfrac{4L_0}{v}-\left(\dfrac{4\beta}{v}\right)t}$$

【实验仪器】

均匀柱形容器（水杯、瓶子），稳定水流源（自来水等），装有手机物理工坊 Phyphox 软件的手机，秒表（或者手机）。

【实验内容与步骤】

①准备一个细长均匀的圆柱形容器（瓶子或底部封口的水管），如图4.27所示。在容器底部（离瓶底约 2 cm 处）做水平标志 A，靠近瓶口的位置做水平标志 B。测出 A 离瓶口的距离 L_0，以及 A 和 B 之间的距离 L_1。把瓶子放在水龙头下，匀速放水，控制出水量使得注满瓶子的时间为 30~60 s。在测量注水从 A 到 B 所需要的时间 t_1，即可测得参数 $\beta=\dfrac{L_1}{t_1}$。

②保持出水量不变，清空瓶子准备实验。

③打开手机 App 软件“Phyphox”，选择其中的应用“Frequencyhistory”，点击“▶”即可进行测量（刚开始时需要点击两次），此时 App 将会记录它接收的声音的频率，并在屏幕上显示出来（大约每 0.04 s 记录一个点）。

④注水开始，从水面达到 A 处开始记录数据。应尽量保持周围环境的安静，瓶子注满，可按下停止键。

⑤导出数据，点击右上方的“⋮”，在菜单栏中选择“ExportData”，然后将数据以 Excel 或其他格式传输出去，接着在电脑 Origin 软件上处理数据，计算声速数值，如图 4.28 所示。

图 4.27　实验装置图

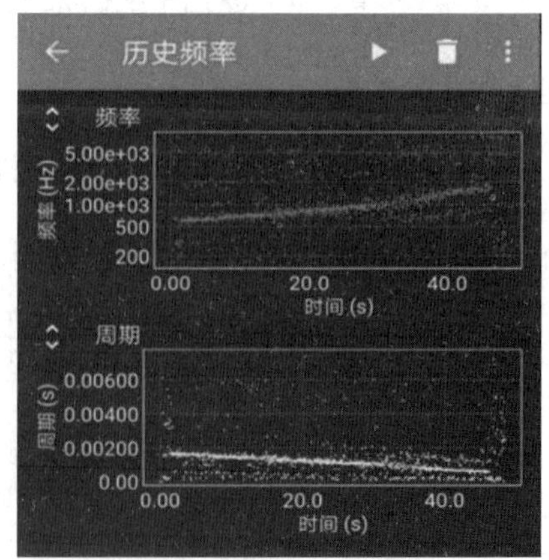

图 4.28　Phyphox 软件图

⑥重复进行三次实验。

【数据记录与处理】

测量声速的频率，计算声速的大小(表4.21)。

表4.21　声速测量表

实验	频率/Hz	声速/(m·s^{-1})
1		
2		
3		

【注意事项】

①尽量在安静的地方测，减小噪音。

②控制水流流速，提前测试好从A到B的时间为30~60 s。

【思考与讨论】

非实验条件下，实验数据离散型会大一些，如何降低数据的离散性?

实验4.13　声音频率测量

【实验目的】

声音频率测量

①了解声音的基本特性；

②掌握分析声波频谱图的方法；

③学会使用Origin软件处理实验数据。

【实验原理】

(1)声音

声音是振动产生的，振动频率决定声音的音调，人主观的感受是声音尖锐或低沉。当振动频率在20~20 000 Hz时，人耳能够听得到声音。20~20 000 Hz之外频率的声音，人耳无法听到，所以频率低于这个范围，称为次声波，高于这个范围称为超声波。

日常我们所听到的声音，都不是某个单一频率的声音，而是多个频率叠加的结果。即声音随频率的分布称为频谱，它包含两方面的信息，即声音所含频率和各频率所对应的声强。如果以频率为横坐标，以声强为纵坐标绘制，则称为频谱图，如图4.29所示。

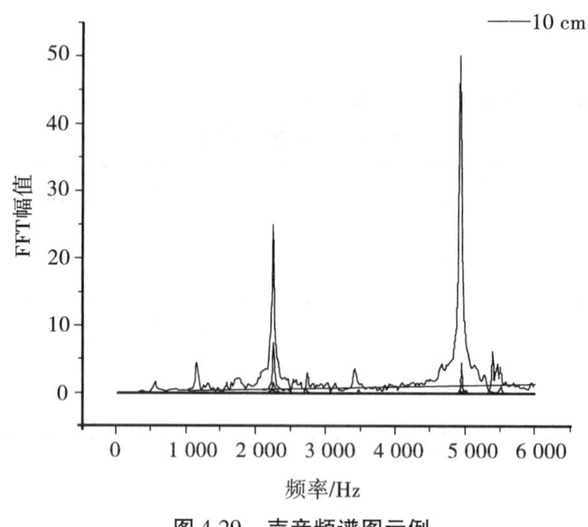

图 4.29　声音频谱图示例

(2)声音频谱图

利用手机 Phyphox 软件采集声音,实验后将数据导出,以频率为横坐标,FFT(快速傅里叶变换)幅值为纵坐标,绘制频谱图。

【实验仪器】

保温杯,金属棒,刻度尺,手机。

【实验内容与步骤】

①将手机放在距离保温杯 10 cm 位置处,用金属棒敲击杯口,手机选择“Phyphox→声音频谱”,开始采集声音,如图 4.30 所示 。

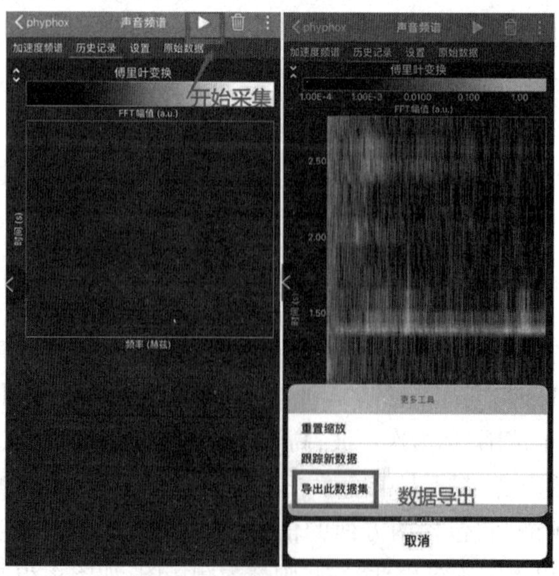

图 4.30　数据记录和数据导出界面

②导出手机数据,"Phyphox→声音频谱",如图4.30所示。
③改变手机位置,分别在距离保温杯15 cm、20 cm处,重复步骤①②。
④利用Origin软件处理数据。

【数据记录与处理】

利用Origin软件,将保温杯距离手机10 cm、15 cm、20 cm时的频谱图在一个坐标系中绘制,以频率为横坐标,FFT(快速傅里叶变换)幅值为纵坐标,如图4.31所示,并分析其频谱图的特点。从该图中可以看出,三种实验条件下,频率分布基本一致,均在2 100 Hz和5 000 Hz附近有明显峰值。幅值不同,主要是敲击力度强弱和距离不同导致的。

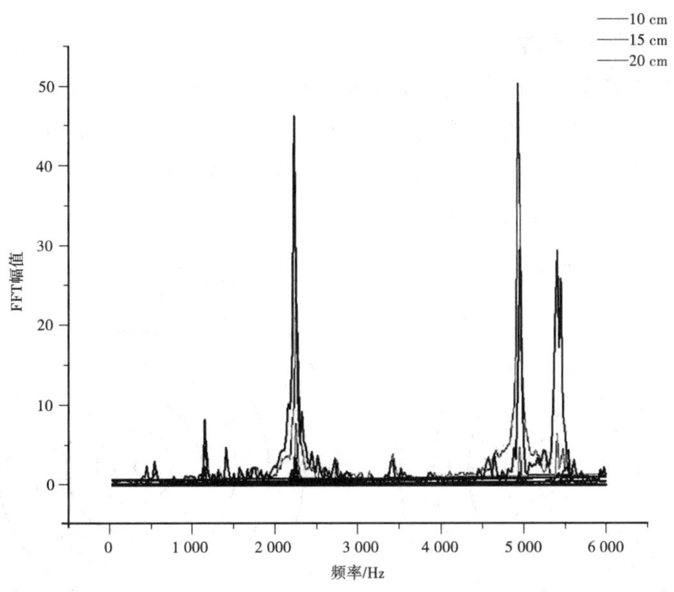

图4.31　保温杯在不同距离敲击的频谱图

【思考与讨论】

①不同容器的频谱图是否相同?
②请利用高脚杯、瓷碗、不锈钢碗等手边材料进行实验,绘制出不同容器的频谱图。

实验4.14　利用Phyphox软件研究多普勒效应

【实验目的】

利用Phyphox软件研究多普勒效应

①了解多普勒效应的原理;
②观察频率红移和频率蓝移现象;
③掌握Phyphox软件的使用方法;
④学会一种测量声速的方法。

【实验原理】

在日常生活中,我们有过这样的经验,在铁路旁听行驶中火车的汽笛声,当火车鸣笛而来时,人们会听到汽笛声的音调变高。相反,当火车鸣笛而去时,人们则听到汽笛声的音调变低。像这样,由于波源或观察者相对介质有相对运动时,观察者所接收到的波频率有所变化的现象就叫作多普勒效应。这种现象是奥地利物理学家多普勒(1803—1853 年)于 1842 年首先发现的。多普勒效应在科学研究、工程技术、交通管理、医疗诊断方面都有十分广泛的应用。基于多普勒效应原理的雷达系统已经广泛应用于导弹、卫星、车辆等运动目标速度的检测。

值得注意的是,频率由声源决定,实际频率并没有变化。以声波为例。声源完成一次全振动,向外发出一个波长的波,频率表示单位时间内完成的全振动的次数,因此波源的频率等于单位时间内波源发出的完全波的个数。观察者听到的声音的音调,是观察者接收到的频率,即单位时间内接收到的完全波的个数(图 4.32、图 4.33、图 4.34)。由于相对运动,声源的频率没有变化,而是观察者接收到的频率发生了变化。

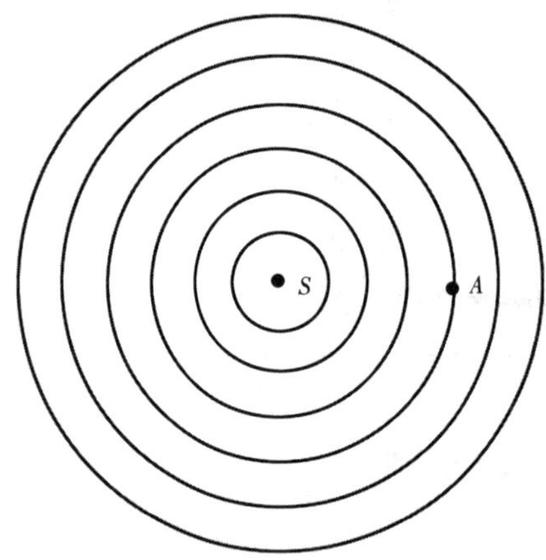

图 4.32 波源观察者无相对运动

单位时间内波源发出几个完全波,观察者在单位时间内就接收到几个完全波,故观察者接收到的频率等于波源的频率

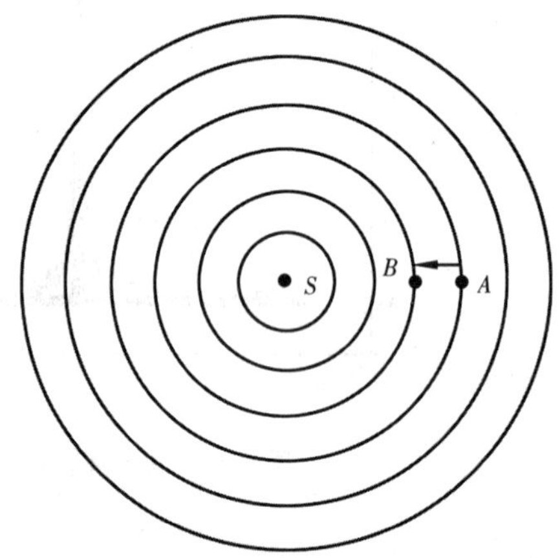

图 4.33 观察者靠近波源运动

观察者在单位时间内接收到的完全波的个数增多,即接收到的频率增大

(1)波源静止、观测者运动

在这种情况下,$v_S=0$,$v\neq0$。若观测者向着波源运动,相当于波以速率 $u+v$ 通过观测者。因为此单位时间内通过观测者的完整波数,即接受频率为

$$f=\frac{u+v}{\lambda}=\frac{u+v}{u/f_0}=\left(1+\frac{v}{u}\right)f_0 \tag{4.33}$$

当观测者离开波源运动时,实际观测频率低于波源的频率,即

$$f=\left(1-\frac{v}{u}\right)f_0 \tag{4.34}$$

其中，f_0 为声源频率；f 为接收频率；u 为波速；v 为观测者（接收器）的速度 v_S 为波源速度。

（2）观测者静止、波源运动

在这种情况下，$v=0, v_S \neq 0$。当波源静止时，波长 $\lambda = uT$；然而当波源以速度 v_S 向着观测者运动时，由于一个周期 T 内波源已逼近观测者 $v_S T$ 的距离，因此在观测者看来，波在一个周期内走过的距离为

$$\lambda' = \lambda - v_S T = (u + v_S)T \qquad (4.35)$$

又由于波在介质中传播速度不变，因此观察者实际测得的频率为

$$f = \frac{u}{\lambda'} = \frac{u}{u - v_S}\frac{1}{T} = \frac{u}{u - v_S}f_0 \qquad (4.36)$$

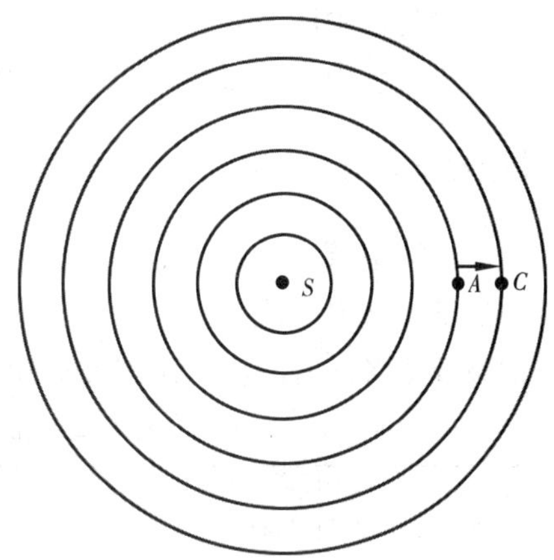

图 4.34　观察者远离波源运动

观察者在单位时间内接收到的完全波的个数减少，即接收到的频率减小

同理可以得到波源远离观测者时频率为

$$f = \frac{u}{u - v_S}f_0 \qquad (4.37)$$

（3）波源与观测者均运动

综合以上两种情况，当观测者与波源同时相对于介质运动时，观测者实际观测的频率

$$f = \frac{u \ \pm v}{umv_S}f_0 \qquad (4.38)$$

式中，观测者向着波源运动时 v 取正，离开时 v 取负；波源向着观测者运动时 v 取负，离开时 v 取负。

【实验仪器】

装有手机物理工坊 Phyphox 软件的手机，固定频率声源（声音可由 Phyphox 产生），自行车等产生相对运动的设备。

【实验内容与步骤】

①将 1 000 Hz 声源固定住，先对 Phyphox 软件声音频率进行测量校准，即贴近声源与测量仪器，得到基准谱线。

②自行车上固定住手机，以一稳定速度靠近声源，利用手机上的 Phyphox 软件多普勒效应记录频率和测量的相对速度。

③以不同速度靠近声源，记录频率及速度。

④验证多普勒效应；观察频率蓝移和频率红移现象，并进行对比分析。

⑤测量声速。

【注意事项】

①在空旷处进行实验，防止其他波源干扰。

②实验过程中注意人身安全。

③实验过程中尽量保持声源与接收器的速度在同一直线上。

【数据记录与处理】

(1) 数据记录

1)验证多普勒效应

记录观测者向着波源匀速直线运动时的速度 v、频率 f 及 Δf(表 4.22)。

表 4.22 观测者向着波源匀速直线运动

次数	速度 $v/(\mathrm{m\cdot s^{-1}})$	频率 f/Hz	Δf/Hz $\Delta f=f-f_0$
$n=1$	$v_1=$		
$n=2$	$v_2=$		
$n=3$	$v_3=$		
$n=4$	$v_4=$		
$n=5$	$v_5=$		
$n=6$	$v_6=$		

2)声速测量

记录观测者远离波源匀速直线运动时的速度 v、频率 f_0 及 f(表 4.23)。

表 4.23 观测者远离波源匀速直线运动

<table>
<tr><td colspan="7">测量数据($f_0=$)</td><td rowspan="2">声速测量值</td><td rowspan="2">声速理论值</td><td rowspan="2">百分误差</td></tr>
<tr><td>次数</td><td>1</td><td>2</td><td>3</td><td>4</td><td>5</td><td>6</td></tr>
<tr><td>$v/(\mathrm{m\cdot s^{-1}})$</td><td></td><td></td><td></td><td></td><td></td><td></td><td rowspan="2"></td><td rowspan="2"></td><td rowspan="2"></td></tr>
<tr><td>f/Hz</td><td></td><td></td><td></td><td></td><td></td><td></td></tr>
</table>

(2)数据处理

①声源频率固定,自行车以不同的 6 个速度靠近声源,记录 Phyphox 上的速度和频率值,计算 $\Delta f=f-f_0$,作 Δf-v 关系图可直接验证多普勒效应,其关系图斜率为 $k=\dfrac{f_0}{u}$。

②若 f_0 保持不变,根据式(4.34),由此可计算出声速 u,与理论值进行比较,计算百分误差。

【思考与讨论】

如果实验过程中,声源与接收器的速度不在同一条直线上,会对实验结果产生什么样的影响?

实验 4.15　望远镜的设计与制作

【实验目的】

望远镜的设计与制作

①了解望远镜成像的原理;

②学会用自准直法测量凸透镜焦距的方法。

【实验原理】

(1) 自准直法测量凸透镜的焦距

凸透镜的焦距可以使用汇聚法进行粗略的测量,更准确的测量方法有自准直法。将自制的物放在凸透镜的焦平面,光源发出的入射光透过物平面透光部分后,经过透镜成为一束平行光,再经过与光轴垂直的平面镜反射,反射光再次通过透镜后仍汇聚于透镜的焦平面上,得到一个与原物相同的倒立实像,如图 4.35 所示。

图 4.35　自准直法原理俯视图

(2) 开普勒式望远镜的原理

开普勒式望远镜是使用两个凸透镜作为目镜和物镜的光学仪器,它可以放大远处物体的张角。其原理是:远处的光线进入作为物镜的凸透镜,第 1 次成倒立、缩小的实像,这相当于照相机;然后这个实像进入作为目镜的凸透镜,第 2 次成正立、放大的虚像,这相当于放大镜。

图 4.36 是对无穷远处聚焦,望远镜的放大率即物镜的焦距与目镜焦距之比。

图 4.37 是对近处物体聚焦,图中 u_1、v_1 和 u_2、v_2 分别为物镜 L_0 和目镜 L_e 成像时的物距和像距,Δ 是物镜和目镜焦点之间的距离,理论的放大率 m 可以由式(4.41)给出,式中 l 为目镜到物镜的距离。

定义原像对眼睛的视角为 α,经过眼睛后对眼睛的视角为 β,计算放大率 m:

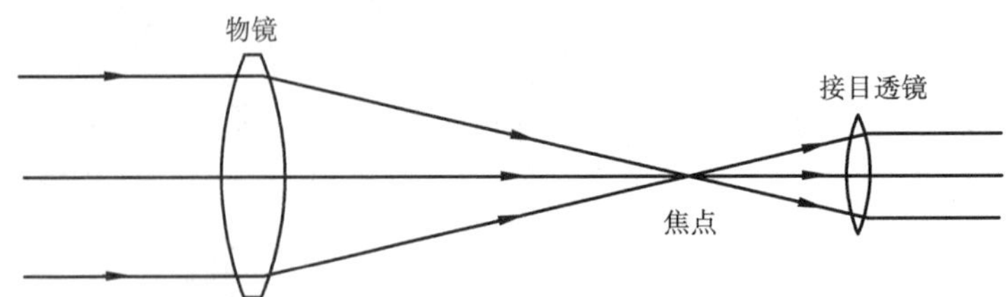

图 4.36　望远镜对无穷远处聚焦的光路图

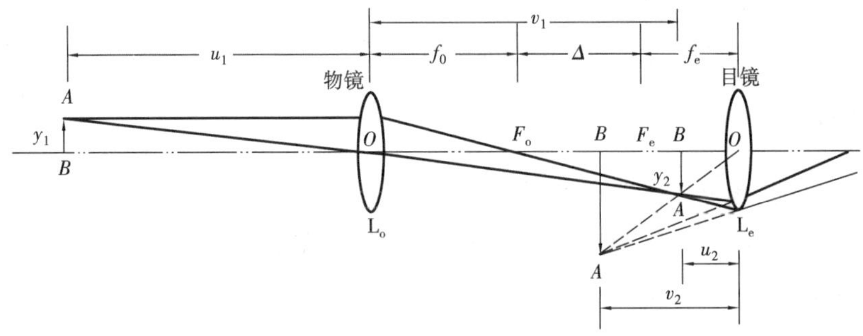

图 4.37　望远镜对近处聚焦的光路图

$$\tan\alpha = \frac{A'B'}{O'B'} = \frac{y_2}{u_2} \tag{4.39}$$

$$\tan\beta = \frac{AB}{O'B} = \frac{y_1}{u_1 + u_2 + v_1} \tag{4.40}$$

$$m = \frac{\tan\alpha}{\tan\beta} = \left(\frac{u_1 + l + f_e}{u_1 - f_o}\right)\frac{f_o}{f_e} \tag{4.41}$$

实际搭建的望远镜观察近处物体的效果，如图 4.38 所示。

图 4.38　实际搭建的望远镜观察效果图

【实验仪器】

剪刀，两个不同焦距的凸透镜，手机，平面镜，硬纸板，刻度尺。

【实验内容与步骤】

①寻找合适的物体作为光学元件，把全部元件按图 4.39 的顺序摆放在平台上，靠拢，调至共轴，而后拉开一定的距离，并建立以光源为原点的 x 轴。拍摄所搭建的光学测试系统。

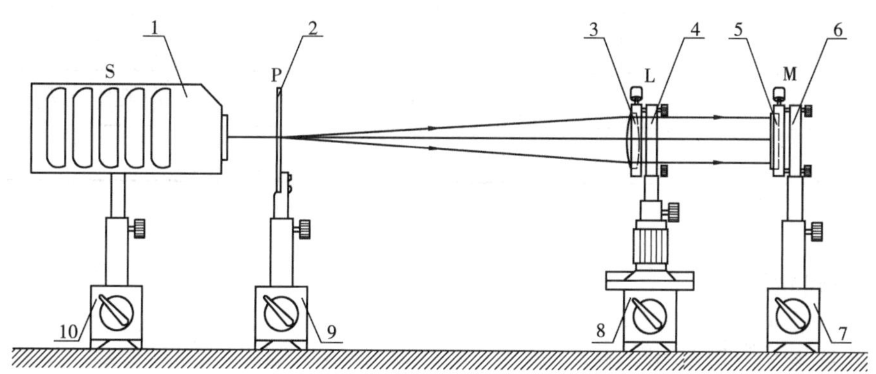

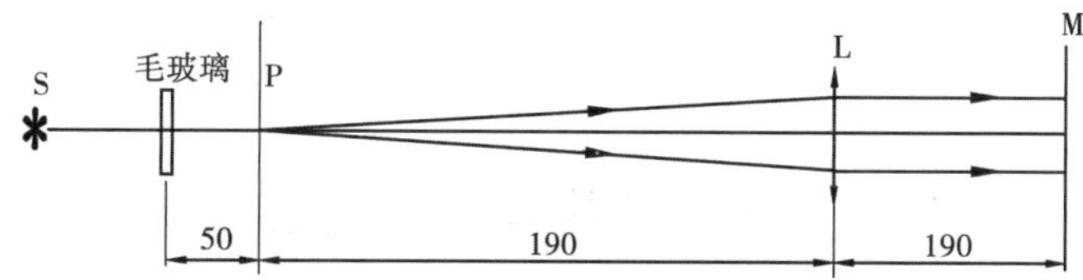

图 4.39　自准直法测教具光路图

1—带有毛玻璃的白炽灯光源 S；2—物屏 P；3—凸透镜；4 和 6—调节架；
5—平面反射镜 M；7、8、9 和 10—移动底座

②前后移动凸透镜 L，使在物屏 P 上成一清晰的“品”字形像。

③调 M 的倾角，使 P 屏上的像与物重合。

④再前后微动透镜 L，使 P 屏上的像既清晰又与物同大小。

⑤分别记下 P 屏和透镜 L 的位置 A_1、A_2，并将数据填入表 4.24。

⑥把 P 屏和透镜 L 都转 180°，重复步骤①~④。

⑦再记下 P 和 L 的新位置 B_1、B_2，并将数据填入表 4.24。

⑧将表 4.24 中记录的数据，用式(4.42)计算得出焦距 f。

$$f=\frac{(f_a+f_b)}{2} \tag{4.42}$$

⑨根据望远镜的成像原理，利用两个凸透镜搭建一个望远镜，并拍摄望远镜观察近处物体成像的效果的视频，如图 4.38 所示。

【数据记录与处理】

①拍摄所搭建的测试焦距系统的照片。

②拍摄望远镜观察近处物体成像的效果的视频。

③计算凸透镜焦距,记录相关数据于表 4.24。

表 4.24 实验数据

A_1/cm	A_1/cm	f_a(焦距)$=A_2-A_1$
B_1/cm	B_2/cm	f_b(焦距)$=B_2-B_1$

【思考与讨论】

①自准直法有哪些应用?

②如果物是物体而不是一点,则如何作自准直法测透镜焦距的光路图,如何判断物像重合?

实验 4.16 光的偏振与马吕斯定律

【实验目的】

光的偏振与马吕斯定律

①了解偏振现象和偏振光;

②掌握 Phyphox 软件的使用方法;

③学会用实验的方法验证马吕斯定律。

【实验原理】

(1)偏振光的定义及分类

偏振光是指光矢量的振动方向不变,或具有某种规则的变化的光波。分为自然光、部分偏振光和完全偏振光。

①自然光:光矢量具有轴对称性、分布均匀、各个方向振动的振幅相同。

②部分偏振光:含有各种振动方向的光矢量,但光振动在某一方向更为显著。

③完全偏振光:根据光矢量端点的轨迹是直线、椭圆或者圆分为线偏振光、椭圆偏振光和圆偏振光。

(2)马吕斯定律

光强为 I_0 的线偏振光,透过检偏器以后,透射光的光强为 $I=I_0\cos^2\alpha$,α 是线偏振光的光振动方向与检偏器透振方向间的夹角,如图 4.40 所示。

(3)偏振光的获得

①液晶屏(线偏振光或部分偏振光)。

②自然光+起偏器,如图4.41所示。

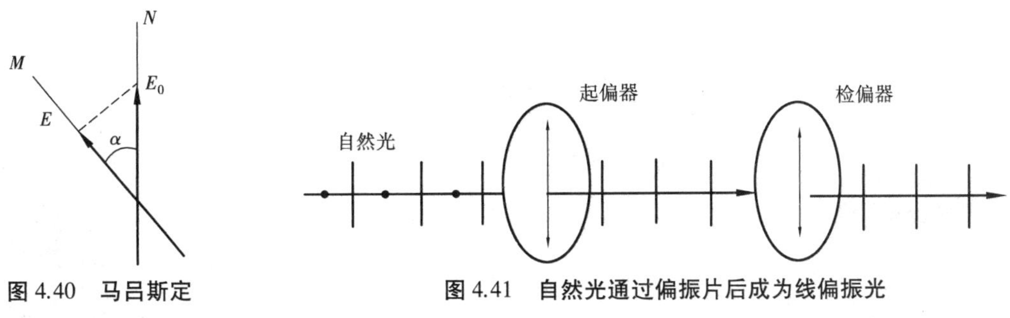

图4.40　马吕斯定律示意图

图4.41　自然光通过偏振片后成为线偏振光

【实验仪器】

偏振片(偏光镜或3D眼镜等),液晶屏,手机(Phyphox-光模式),量角器(或手机Phyphox-斜面)。

【实验内容与步骤】

①将手机竖直放置在液晶屏前;

②打开Phyphox-光模式;

③将偏光片放置在手机光传感器前;

④旋转特定角度,记录光强变化和角度(第二部手机Phyphox-斜面测量角度),如图4.42所示;

⑤处理数据。

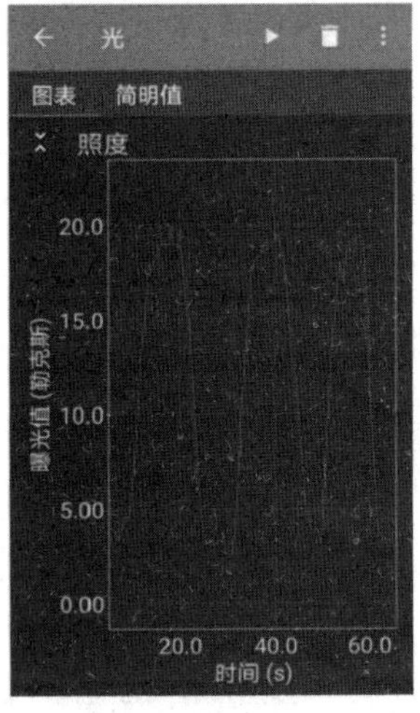

图4.42　实验操作界面示意图

【注意事项】

①角度测量要准确。

②背景光的影响要尽可能降低。

【数据记录与处理】

①观察自然光有无偏振现象。

②观察液晶屏有无偏振现象,使偏振片与液晶屏保持水平观察,再旋转90°观察。

③验证马吕斯定律,导出Phyphox中的原始数据,然后导入Origin或Excel等作图软件中,作出光强I与$\cos^2\alpha$的关系曲线。

④自制简单的仪器,通过自然光反射获得线偏振光。

【思考与讨论】

请问背景光过强会对实验产生怎样的影响？

实验 4.17　衍射法测量细丝直径

衍射法测量细丝直径

【实验目的】

①观察单缝衍射现象，加深对光的衍射理论的理解；
②学会利用衍射原理对细丝进行非接触测量的方法。

【实验原理】

(1) 单缝衍射

粗略地讲，当波遇到障碍物时，它将偏离直线传播，这种现象叫作波的衍射。衍射系统由光源、衍射屏和接收屏幕组成。通常按它们相互间距离的大小，将衍射分为两类：一类是光源和接收屏幕(或两者之一)距离衍射屏有限远，这类衍射叫作菲涅耳衍射；另一类是光源和接收屏幕都距衍射屏无穷远，这类衍射叫作夫琅禾费衍射。本实验研究单缝夫琅禾费衍射的情形。

如图 4.43 所示，将单色线光源 S 置于透镜 L_1 的前焦面上，则由 S 发出的光通过 L_1 后形成平行光束垂直照射到单缝 AB 上。根据惠更斯-菲涅耳原理，单缝上每一点都可以看成是向各个方向发射球面子波的新波源，子波在透镜 L_2 的后焦面(接收屏)上叠加形成一组平行于单缝的明暗相间的条纹，如图 4.43(b)所示。若采用激光照射，就可无须透镜，使实验结构更加简约、方便，如图 4.44 所示。

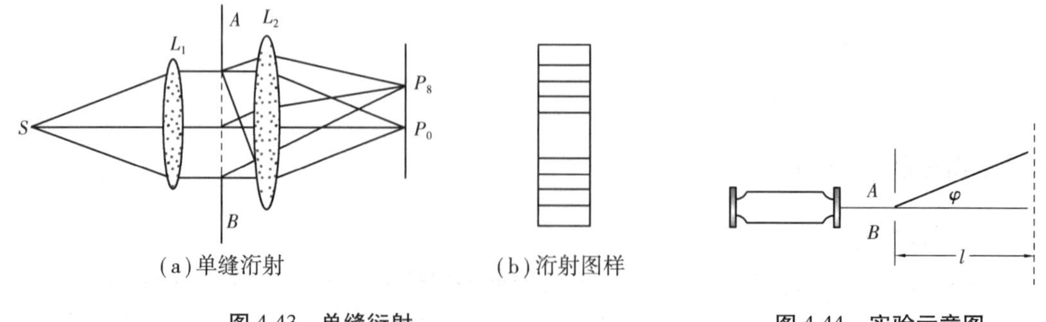

(a) 单缝洐射　　(b) 洐射图样

图 4.43　单缝衍射　　图 4.44　实验示意图

(2) 细丝直径测量

一般的细丝直径常用电感测微仪或千分尺进行接触法测量，这种方法受测量力的影响很大，即使在测量力较小的情况下，其相对测量误差也是较大的，而且容易引起细丝的弯曲变形。此外,如测力过小,也由于测量不稳定而无法保证测量精度。夫琅禾费衍射原理,为测量细丝直径提供了新的测量原理和方法。

根据巴比涅原理,一个细丝的衍射光场与一个宽度相等的单缝衍射光场是互补的,即它们光场的相位差是 180°,因而光强分布相同,衍射条纹相同,条纹宽度也是一致的,故可用测量单缝宽度的方法来计算细丝直径。

【实验仪器】

激光笔(波长 650 nm),细丝架,一根头发丝,白墙屏,直尺,钢卷尺。

【实验内容与步骤】

手持激光笔水平照射支架上竖直固定的头发丝,观测透射到墙面上的光斑状况;若能呈现出水平展开且两边光强对称的衍射条纹,说明此时衍射效果最佳(图 4.45),接下来就可以进行测量及数据处理。重复三次实验。

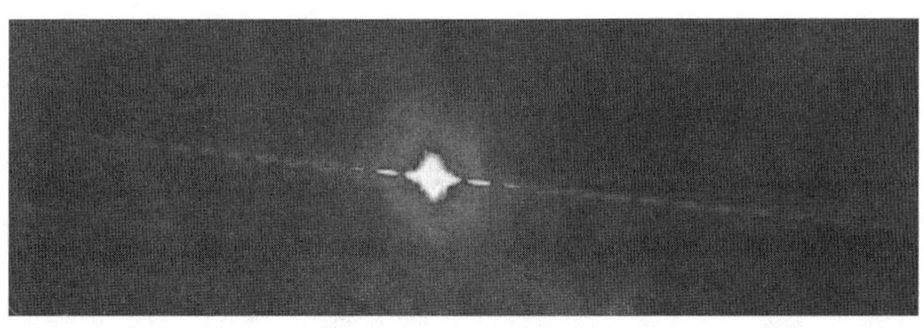

图 4.45　光斑图样

【数据记录与处理】

①中央明纹宽度 Δx_0,即中央明纹两边暗纹之间的距离,可用最小单位是 mm 直尺进行测量。

表 4.25　中央明纹的宽度

实验	1	2	3
宽度 Δx_0/mm			

②细丝到屏之间的距离 l,即用钢卷尺进行测量,以 mm 为单位。

表 4.26　细丝到屏之间的距离

实验	1	2	3
距离 l/mm			

③利用公式 $d=\dfrac{2l\lambda}{\Delta x_0}$计算细丝直径大小。

【注意事项】

①测量时手尽量保持稳定。

②在黑暗条件下进行更有利于观测结果。

【思考与讨论】

①什么叫夫琅禾费衍射?用He-Ne激光作光源的实验装置是否满足夫琅禾费衍射的条件?为什么?

②当缝宽增加一倍时,衍射图像将如何变化?

实验4.18 夫琅禾费单缝衍射

【实验目的】

夫琅禾费单缝衍射

①观察单缝衍射现象,加深对夫琅禾费单缝衍射成像规律的理解;

②学会利用衍射原理测量单缝尺寸的方法。

【实验原理】

光的衍射现象是光的波动性的重要表现。根据光源及观察衍射图像的屏幕(衍射屏)到产生衍射的障碍物的距离不同,分为菲涅耳衍射和夫琅禾费衍射两种。前者是光源和衍射屏到衍射物的距离为有限远时的衍射,即所谓近场衍射;后者则为无限远时的衍射,即所谓远场衍射。要实现夫琅禾费衍射,必须保证光源至单缝的距离和单缝到衍射屏的距离均为无限远(或相当于无限远),即要求照射到单缝上的入射光、衍射光都为平行光,屏应放到相当远处,在实验中只用两个透镜即可达到此要求。实验光路见图4.46。

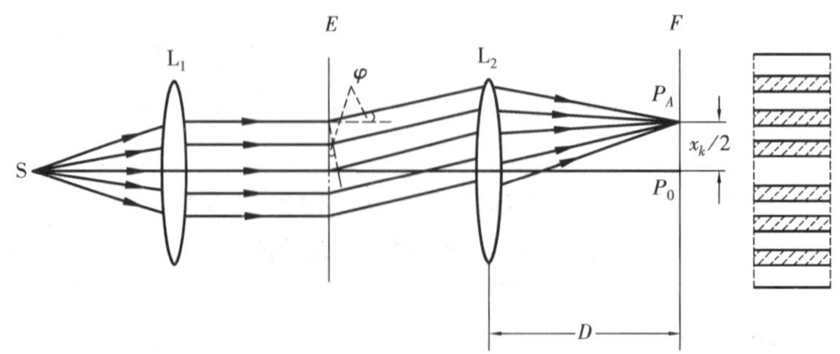

图4.46 夫琅禾费单缝衍射光路

与狭缝E垂直的衍射光束会聚于屏上P_0处,是中央明纹的中心,光强最大,设为I_0,与光轴方向成φ角的衍射光束会聚于屏上P_A处,P_A的光强由计算可得

$$I_A = I_0 \frac{\sin^2\beta}{\beta^2} \quad \left(\beta = \frac{\pi b \sin\varphi}{\lambda}\right) \tag{4.43}$$

式中,b 为狭缝的宽度;λ 为单色光的波长。当 $\beta=0$ 时,光强最大,称为主极大,主极大的强度取决于光的强度和缝的宽度。

当 $\beta=k\pi$,即

$$\sin\varphi = K\frac{\lambda}{b} \quad (K=\pm 1,\ \pm 2,\ \pm 3,\cdots) \tag{4.44}$$

时,出现暗条纹。

除了主极大之外,两相邻暗纹之间都有一个次极大,由数学计算可得出这些次极大的位置在 $\beta=\pm1.43\pi,\pm2.46\pi,\pm3.47\pi,\cdots$,这些次极大的相对光强 I/I_0 依次为 0.047,0.017,0.008,…

夫琅禾费衍射的光强分布见图 4.47。

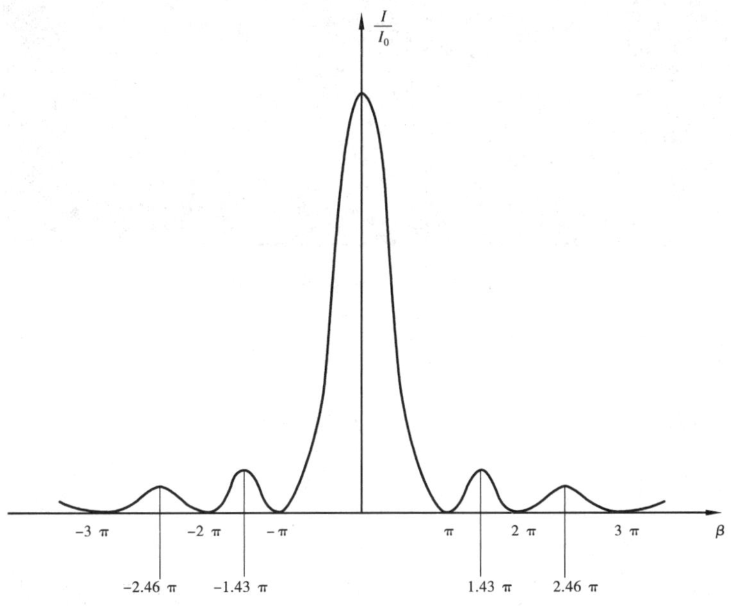

图 4.47　夫琅禾费衍射的光强分布

用氦氖激光器作光源,则由于激光束的方向性好,能量集中,且缝的宽度 b 一般很小,这样就可以不用透镜 L_1,若观察屏(接收器)距离狭缝也较远(即 D 远大于 b),则透镜 L_2 也可以不用,这样夫琅禾费单缝衍射装置就简化为图 4.48,这时

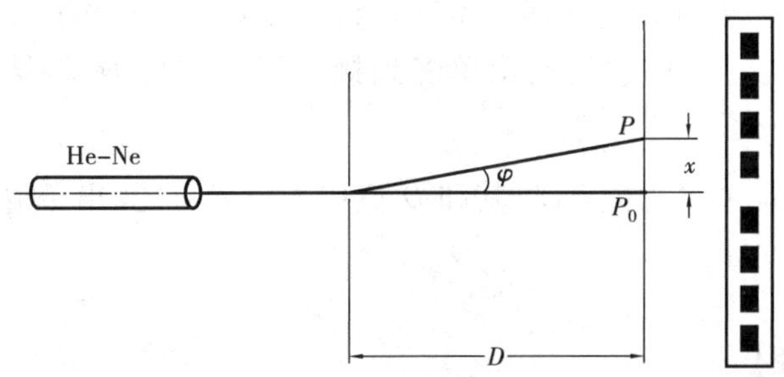

图 4.48　夫琅禾费单缝衍射的简化装置

$$\sin\varphi \approx \tan\varphi = \frac{x}{D} \tag{4.45}$$

由上式可得

$$b = \frac{K\lambda D}{x} \tag{4.46}$$

其中,衍射图像参考图 4.49。

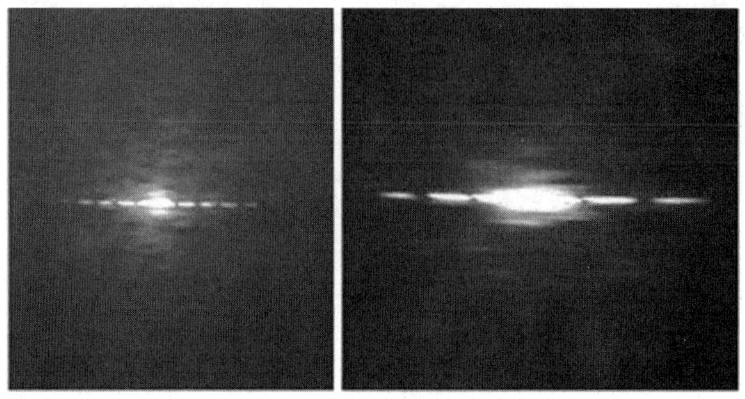

图 4.49　夫琅禾费单缝衍射

【实验仪器】

黑/白卡纸,小刀,卷尺/直尺,手机,红光激光笔,铅笔。

【实验内容与步骤】

①利用小刀刻黑卡纸,制作出单缝。

②将红光激光笔作为光源、使激光光源、光路与黑卡纸中的单缝在同一水平高度,使激光照射在单缝上。

③以白卡纸作为接收屏,使接收屏到狭缝的距离大于光源到狭缝的距离,并且使接收屏与地面垂直,并且接收屏中心位置与光路在同一水平高度,移动接收屏使其出现衍射图像,用手机拍摄所呈现的衍射条纹,并在白卡纸上画出衍射的明暗条纹。

④根据拍摄的衍射图样(所绘的明暗条纹),利用直尺测出各级衍射暗条纹到明条纹中心的距离 $x_k(k=\pm1,\pm2,\cdots)$。用卷尺测出单缝到接收屏的距离 D,将结果记录到表 4.27 和表4.28 中。

⑤求出同级距离 x_k 的平均值$\bar{x}_k$,将其和 D 值代入公式,计算出单缝宽度,用不同级数的结果计算平均值$\bar{D}$。

【数据记录与处理】

①拍摄所呈现的衍射条纹,并在白纸上画出衍射出的明暗条纹。

②计算出狭缝的宽度。

红光激光的 $\lambda=650$ nm

表 4.27　各级衍射暗条纹到明条纹中心的距离

级数	距离/mm	距离/mm	距离/mm
$k=\pm1$	$x_{+1}=$	$x_{-1}=$	$x_1=\frac{x_{+1}+x_{-1}}{2}$
$k=\pm2$	$x_{+2}=$	$x_{-2}=$	$x_2=\frac{x_{+2}+x_{-2}}{2}$
$k=\pm3$	$x_{+3}=$	$x_{-3}=$	$x_3=\frac{x_{+3}+x_{-3}}{2}$

表 4.28　接收屏到狭缝的距离 D

次数	1	2	3	平均$\overline{D}$
D/cm				

利用公式 $b=k\dfrac{\lambda D}{x}$，将 x_1, x_2, x_3，以及所求得平均值$\overline{D}$代入公式，再求出 b_1, b_2, b_3 后，求出平均值$\overline{b}$。

【注意事项】

①实验的过程中激光不能照射到人身上，特别是人眼处。

②激光、狭缝、接收屏的中心位置必须在同一水平高度。

③接收屏到狭缝的距离必须远大于光源到狭缝的距离。

【阅读材料】

勤奋的夫琅禾费

夫琅禾费是德国物理学家，1787 年 3 月 6 日生于斯特劳宾，父亲是玻璃工匠。夫琅禾费幼年当过学徒，后来自学了数学和光学。1806 年开始，他在光学作坊当光学机工，1818 年任经理，1823 年担任慕尼黑科学院物理陈列馆馆长、慕尼黑大学教授、慕尼黑科学院院士。夫琅禾费自学成才，一生勤奋刻苦。1826 年 6 月 7 日，他在慕尼黑逝世，原因是长期从事玻璃制造而导致的重金属中毒。

夫琅禾费集工艺家和理论家的才干于一身，把理论与丰富的实践经验结合起来，为光学和光谱学作出了重要贡献。1814 年，他用自己改进的分光系统发现并研究了太阳光谱中的暗线（后称为夫琅禾费谱线），利用衍射原理测出了它们的波长。他设计和制造了消色差透镜，首创用牛顿环方法检查光学表面加工精度及透镜形状，对应用光学的发展起到了重要的影响。他所制造的大型折射望远镜等光学仪器负有盛名。他发表了平行光单缝及多缝衍射（后称为夫琅禾费衍射）的研究成果，做了光谱分辨率的实验，第一个定量地研究了衍射光栅，用其测量了光的波长，之后又给出了光栅方程。

实验 4.19　衍射光栅

衍射光栅

【实验目的】

①观察二维光栅和反射光栅的衍射现象；

②了解光栅衍射的规律；

③学会测量光波波长和光栅常量的方法。

【实验原理】

光栅是由大量等宽度等间距的平行狭缝（或反射面）构成的光学元件。光栅分为透射光栅和反射光栅。

（1）透射光栅

当一束平行的单色光垂直照射到光栅平面上时，各条狭缝发出的光产生多光束干涉，形成明暗相间的条纹，如图 4.50 所示。根据光栅衍射理论，如图 4.51 所示，产生主明纹的条件是

$$d\sin\theta = \pm k\lambda \tag{4.47}$$

式中，θ 为衍射角；b'为不透光（或不反光）部分的宽度；b 为透光（或反光）部分的宽度；$b+b'=d$ 为光栅常量；λ 为光波波长。

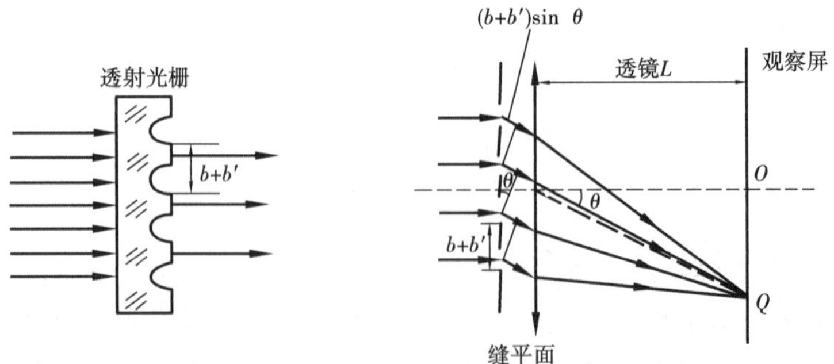

图 4.50　透射光栅的明暗条纹　　　图 4.51　光栅明暗条纹的成因

（2）反射光栅

入射光投射到反射光栅，同方向反射光形成光栅衍射，如图 4.52 和图 4.53 所示，光栅方程是

$$d(\sin\varphi \pm \sin\theta) = \pm k\lambda \tag{4.48}$$

式中,θ 为相对于光栅平面的入射角;φ 为衍射角;d 为光栅常数。

如果垂直入射,光栅方程可简化为

$$d\sin\varphi = \pm k\lambda \tag{4.49}$$

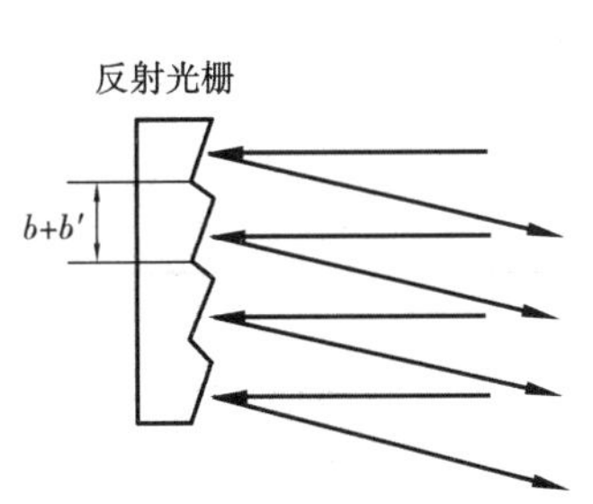

图 4.52　反射光栅的形成简图

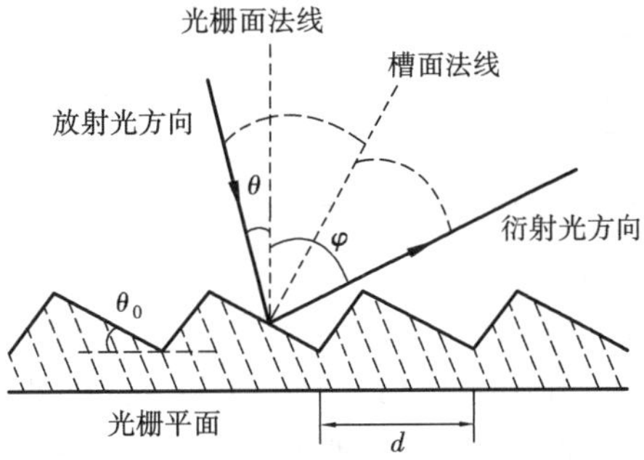

光栅面法线
槽面法线
放射光方向
衍射光方向
θ
φ
θ_0
光栅平面
d

图 4.53　反射光栅的形成详图

(3) 自主设计时可利用的光栅

智能手机显示屏是正方形网格,每个小方格就是一个显示单元,网格越密,则显示分辨率越高。这些整齐排列的小方格实际上就形成了反射光栅,如图 4.54 所示。这是一种二维光栅。根据手机屏幕分辨率,测量手机屏幕横向显示区域的宽度 b,可以得到单元格边长,即光栅常量 d ,例如分辨率为 1 920×1 080,$d=b/1\ 080$。

光盘数据记录是沿着近似同心圆的螺旋形光道,上面有坑和无坑的位置分别对应二进制的 0 和 1。这些光道实际上形成了反射光栅,两条光道之间的间距就是光栅常量 d,如图4.55所示。

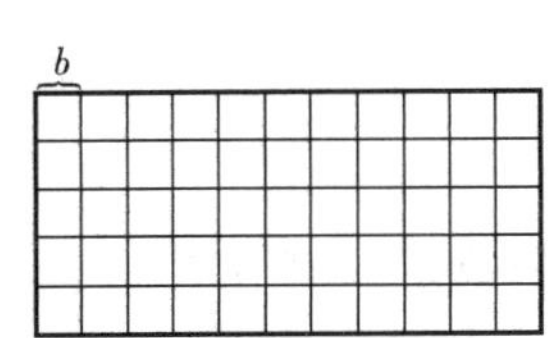

图 4.54　手机显示屏正方形网格

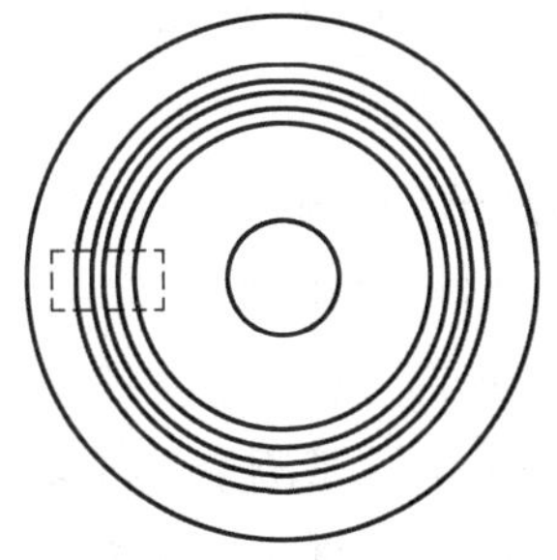

图 4.55　光盘的光道

【实验器材】

智能手机,激光笔,CD 光盘,白墙或白纸,格尺。

【实验内容与步骤】

(1) 测量激光笔光波波长

观察手机屏幕反射光栅衍射现象,已知光栅常量,测出激光笔波长。手机放在白墙对面 1 m左右位置,平行墙面,激光笔放在手机对面,垂直墙面。激光经手机屏幕表面反射回到激光笔出光口,再让反射光稍稍上移,使得衍射光斑能投射到墙面上。测量水平方向上光斑的间距为 x_i,手机到屏幕的距离为 L_1,$x_i/L_1=\tan\varphi_i$,利用式(4.49)可计算光波波长 λ,将结果记录到表 4.29 中。

表 4.29　光波测量

	$k=1$	$k=2$	$k=3$	$k=4$
x/mm				
$\tan\varphi=x/L_1$				
$\sin\varphi$				
λ/nm				

如果激光笔垂直照射效果不明显,也可以倾斜照射,这样就出现了入射角,需要测量入射角,利用式(4.48)可计算光波波长。

(2)测量 *CD* 光盘的光道间距(光栅常量)

观察 CD 光盘反射光栅衍射现象,已知激光笔波长,测出光栅常量。光盘放在白墙对面 1 m左右位置,平行墙面,激光笔放在光盘对面(激光对着有反射层的位置),垂直墙面。激光经 CD 光盘反射回到激光笔出光口,再让反射光稍稍上移,使得衍射光斑能投射到墙面上。测量水平方向上光斑的间距为 x_i,光盘到屏幕的距离为 L_2, $x_i/L_2=\tan\varphi_i$, 利用式(4.49)计算光栅常量,将结果记录到表 4.30 中。

如果激光笔垂直照射效果不明显,也可以倾斜照射,这样就出现了入射角,需要测量入射角,利用式(4.48)可计算光栅常量。

【数据记录与处理】

(1)测量激光笔光波波长

测量手机屏幕到墙的距离 L_1,测量各级次主明纹中心到中央明纹中心的距离 x。

利用式(4.49),计算光波波长 λ。

如果有入射角,除了测量手机屏幕到墙的距离 L_1,还要测量入射角 θ。

利用式(4.48),计算光波波长 λ。

最后利用各级次明条纹计算的波长求出平均值。

(2)测量 CD 光盘的光道间距

测量手机屏幕到墙的距离 L_2,测量各级次主明纹中心到中央明纹中心的距离 x。

利用式(4.49),计算光栅常量 d。

表 4.30　光栅常量测量

	$k=1$	$k=2$	$k=3$	$k=4$
x/mm				
$\tan\varphi=x/L_2$				
$\sin\varphi$				
d/nm				

如果有入射角,除了测量手机屏幕到墙的距离 L_2,还要测量入射角 θ。

利用式(4.48)计算光栅常量 d。

最后利用各级次明条纹计算的光栅常量求出平均值。

注意:光盘上的光道近似为同心圆,可测量存储区域内半径 $R_{内}$和外半径 $R_{外}$,利用测量得到的光道间距 d 计算光道总长度 L。

$$L = 2\pi\left(\frac{R_{外} + R_{内}}{2}\right)\left(\frac{R_{外} - R_{内} + 1}{d}\right) \tag{4.50}$$

所以光盘存储的信息量 C 应为

$$C = \frac{L}{8 \times 1\ 024 \times 1\ 024 \times a} \times \frac{23 \times 8}{588} \tag{4.51}$$

其中,a 为 1 bit 数据对应的光道长度,为 0.278 μm;23 表示 1 帧数据中数据位的个数,8 表示每个数据位含有 8 bit 的有效数据。

读者可利用测到的光盘光道总长代入式(4.51),计算光盘的容量,与该光盘标明的容量作比较,计算相对偏差。

【思考与讨论】

①为什么蓝光光盘不适合做反射光栅实验?

②不是垂直照射时,如何测量入射角?

③生活中还有哪些物品可以做光栅衍射实验?

实验 4.20 看到乐音的音色之美

【实验目的】

看到乐音的音色之美

①了解傅里叶原理、乐音特点和规律;

②掌握 Phyphox 软件的使用方法;

③学会使用 Origin 软件处理实验数据。

【实验原理】

傅里叶原理——任何一个声音信号都是频率成分不同的简谐波叠加成的。

$$Y(x,t) = A_0 + \sum_i A_{0n} \cos\left(n\omega_0 t + n k_0 x + \varphi_n\right) \qquad (n = 1,2,3\cdots) \tag{4.52}$$

$n=1$ 对应最低频率 ω_0 的基频成分,是其他成分的基础,其他成分是以它为倍数的 $n>1$ 对应倍频成分,称为谐波或泛音;$n=2$ 对应二倍频或二次谐波频(或第一泛音频);而 $n=3$ 的成分叫作三倍频(或三次谐波)频。由于机制不同,可能有时泛音成分不全,信号随时间的变化表现为波形;各频率成分强度频率分布——频谱,其最强的成分称为主音频成分。波形和频谱反映一乐音信号有别于另一乐音的品质不同,即音色差异。

【实验仪器】

发音体:乐器(弦乐、吹奏乐或自制,电子乐下载),嗓子,细管(笔管),小瓶,水杯,智能手机(录音功能、安装手机物理工坊 Phyphox 声学功能或其他软件),可输出数据的录音笔(器),计算机(带有音频分析软件(如 Audition))等。

【实验内容与步骤】

(1)在 Phyphox 声学功能块中打开声音频谱

①设置:最大采样数 32768。

②记录:使用"▶"。

③暂停:使用"❚❚"。

④点击加速度频谱,用"◎"选取数据,手动找到并记录前四个频谱峰的位置,给出表格,或点击"历史纪录"。

(2)原始数据导出与处理

选择适当范围和区域,建议图下方点"…",选择线性坐标,剪切屏幕记下波形和频谱;或用"⋮"导出数据,选择如 Excel 或 Origin 等画图。

①发出长"啊"的声音进行波形记录(图 4.56),长范围看出周期性困难,建议看几个周期的小范围,看到波形的变化特点,了解周期。

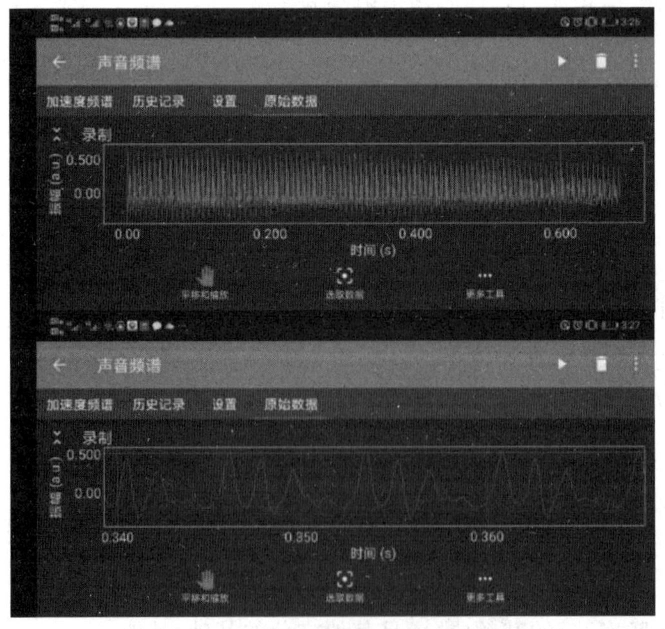

图 4.56 "啊"音的波形图

②发出长"啊"的声音进行频谱记录(图 4.57),对数谱记录范围大,但线性谱更能清晰反映成分与振幅之间关系。

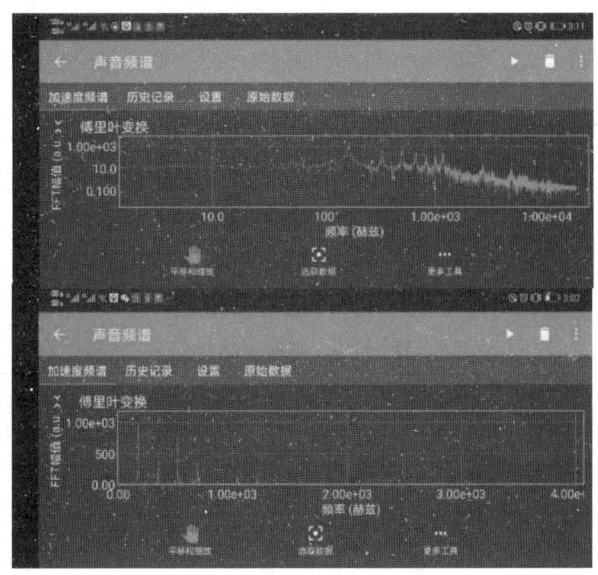

图 4.57　“啊”音的频谱图

③也可用历史记录看出成分线（前提是噪音小不变频），如图 4.58 所示。例如研究电子琴中央 C 的频率特征，历史记录可反映声纹，也可清晰地看到 Do 音的基频与泛音成分线，获得频率成分数据，在 Excel 里绘图可以发现，各谐波成分（不论幅度）的频率与其序号满足线性关系（谐波倍频，如图 4.59 所示）。

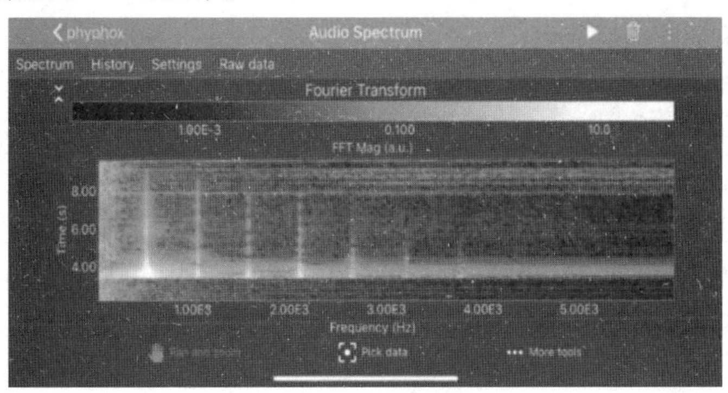

图 4.58　“啊”音的历史记录

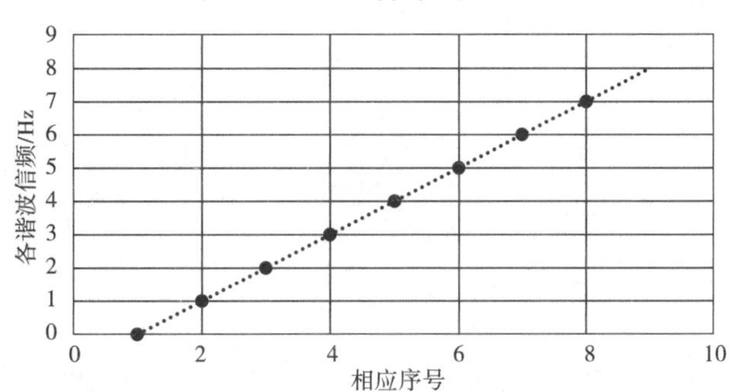

图 4.59　乐音的倍频特性

【数据记录与处理】

①用手机软件 Phyphox 记录声音波形和频谱;用 Audition 软件分析音频。

②比较三个以上乐音的异同(可同一音高,不同音色);要求给出表格,列出(基频、主频),记录下波形及相应频谱,给出泛音频的关系,分析异同。

③固定音色的乐音记录一个八度中各个音阶(可用杯加水构成音阶,用筷子敲),完善表 4.31,计算其中$f_{i基}/f_{Do基}$表示此音基频与 Do 音基频之比。

表 4.31　乐音记录表

音		Do	Re	Mi	Fa	Sol	La	Ti	Do
基频/Hz									
主频/Hz									
频率比(基频)	$f_{i基}/f_{Do基}$	1							
	十二平均律	1							2
	五度相生律	1	1.125			1.5			
	三分损益	1	1.125			1.5	1.6875		
	小整数比	1∶1	9∶8	5∶4	4∶3	3∶2	5∶3	15∶8	2∶1

④比较轻吹和超吹前后变化。

⑤总结出实验结论。

【思考与讨论】

①比较两个乐器或人嗓子的音色差异(如分析不变调都发同一音高的“a”声)。

②讨论笛子发声和一端封闭的管子或瓶子吹响后的频谱成分分布差异。

③讨论轻吹和超吹带来的音色的变化趋势。

④讨论音阶。

第 5 章 演示实验

实验 5.1　弹性碰撞球

【实验目的】

演示正碰撞和动量守恒定律,形象地显现弹性碰撞的情形。

弹性碰撞球

【实验原理】

根据动量守恒定律可知,如果正碰撞的两球,撞前的速度分别为 v_{10} 和 v_{20},撞后的速度分别为 v_1 和 v_2,质量分别为 m_1 和 m_2,则

$$m_1 v_{10} + m_2 v_{20} = m_1 v_1 + m_2 v_2 \tag{5.1}$$

由碰撞定律可知

$$e = \frac{v_2 - v_1}{v_{10} - v_{20}} \tag{5.2}$$

若 $e=1$ 时,则分离速度 (v_2-v_1) 等于接近速度 $(v_{10}-v_{20})$,这就是弹性碰撞情形。解式(5.3)和式(5.4)可得

$$v_1 = v_{10} - \frac{(1+e)m(v_{10} - v_{20})}{m_1 + m_2} \tag{5.3}$$

$$v_2 = v_{20} + \frac{(1+e)m(v_{10} - v_{20})}{m_1 + m_2} \tag{5.4}$$

若 $m_1=m_2=m$, $v_{20}=0$, $e=1$ 时,则

$$v_1 = v_{10} - \frac{2mv_{10}}{2m} = 0 \qquad v_2 = 0 + \frac{2mv_{10}}{2m} = v_{10} \tag{5.5}$$

即球 1 正碰球 2 时,球 1 静止,球 2 继续以 v_{10} 的速度正碰球 3,等等。以此类推,实现动量的传递。

【实验仪器】

弹性碰撞演示仪,如图 5.1 所示。

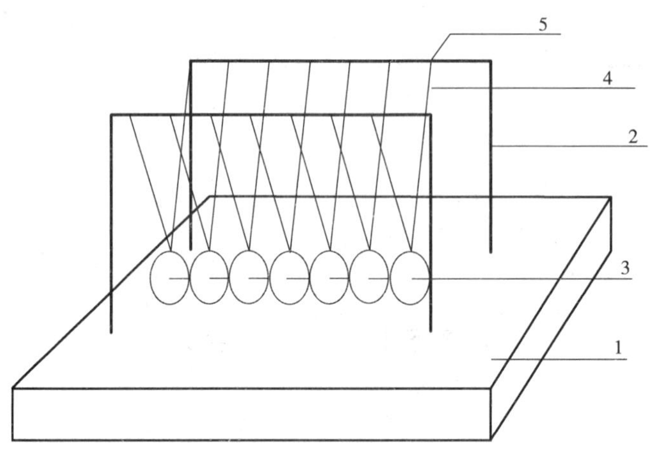

图 5.1 弹性碰撞演示仪

1—底座;2—支架;3—钢球;4—拉线;5—调节螺丝

钢球质量:$m=7\times0.2$ kg;直径:$\phi=7\times35$ mm;拉线长度:$L=550$ mm。

【实验操作与现象】

①将弹性碰撞演示仪置于水平桌面放好,调节螺丝,使 7 个钢球的球心在同一水平线上。

②将一端的一个钢球拉起后,松手,则钢球正碰下一个钢球,末端的钢球弹起,继而,又碰下一个钢球,另一端的钢球弹起,如此循环,中间的 5 个钢球静止不动。

③分别把一端不同数量的钢球拉起,松手,碰撞其后钢球,仔细观察钢球弹起的情况。

④在一般情况下,两球碰撞时,总要损失一部分能量,故两端的钢球摆动的幅度将逐渐减弱。

【注意事项】

操作前一定将 7 个钢球的球心调至同一水平线上,否则现象不明显。

实验 5.2　茹可夫斯基转椅

茹可夫斯基转椅

【实验目的】

定性观察合外力矩为零的条件下，物体的角动量守恒。

【实验原理】

绕固定轴转动的物体的角动量等于其转动惯量与角速度的乘积，而外力矩等于零时，角动量恒定。

$$I\omega = 常数 \tag{5.6}$$

当 I 不变时，ω 不变；若发生变化，则随之改变。I 增加，ω 减少；I 减少，ω 增加。

【实验仪器】

角动量守恒演示仪，哑铃一副，如图 5.2 所示。

图 5.2　实验仪器示意图

【实验操作与现象】

演示者坐在可绕竖直轴自由旋转的椅子上（不要用竖直轴上有螺旋的转椅，以免急速旋转后椅座脱落，发生危险），手握哑铃，两臂平伸。使转椅转动起来，然后收缩双臂，可看到人和凳的转速显著加大。两臂再度平伸，转速复而减慢。这是因为当人收缩两臂时，转动惯量减小，因此角速度增加。

【注意事项】

起始速度不可太快,避免人收缩两臂时脱离椅子发生危险。

实验 5.3 科里奥利力

科里奥利力

【实验目的】

利用演示仪演示科里奥利力的存在。

【实验原理】

当小球在一作转动的圆盘上运动时,以盘为参照系,会受到惯性力。其中一部分是与小球的相对速度有关的横向惯性力称为科里奥利力,其表达式为

$$F = 2m\boldsymbol{v} \times \boldsymbol{\omega} \tag{5.7}$$

其中,m 为小球的质量;$\boldsymbol{v}$ 为小球相对于转动系的速度;$\boldsymbol{\omega}$ 为转盘旋转的角速度。

【实验仪器】

演示仪,如图 5.3 所示。

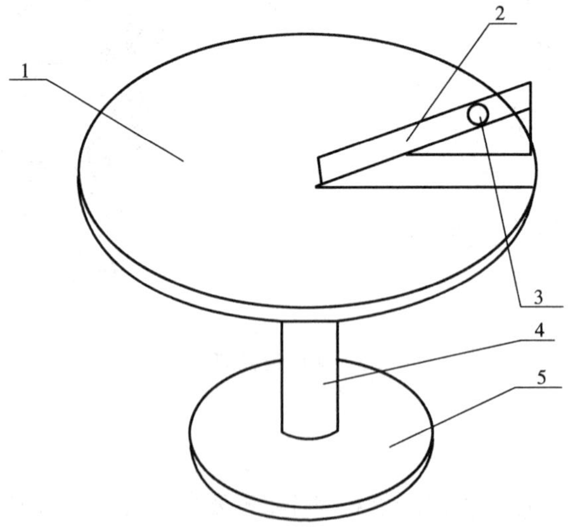

图 5.3 演示仪示意图

1—转盘(圆盘),以支承轴为轴自由转动;2—导轨;
3—小球;4—转盘支承轴;5—演示仪支承座

【实验操作与现象】

①当转盘静止,不转动,此时质量为 m 的小球沿轨道下滑,其轨迹沿圆盘的直径方向,不发生任何的偏离。

②使转盘以角速度 $\boldsymbol{\omega}$ 转动,同时释放小球,沿轨道滚动,当小球落到圆盘时,小球将偏离直径方向运动。

③如果从上向下看圆盘逆时针方向旋转,即 $\boldsymbol{\omega}$ 方向向上,当小球向下滚动到圆盘时,小球将偏离原来直径的方向,而向前进方向的右侧偏离,如图5.4(a)所示。如果圆盘转动方向相反,从上向下看,圆盘顺时针方向旋转,即 $\boldsymbol{\omega}$ 方向向下,当小球向下滚动到圆盘时,小球向前进方向的左侧偏离,如图5.4(b)所示。

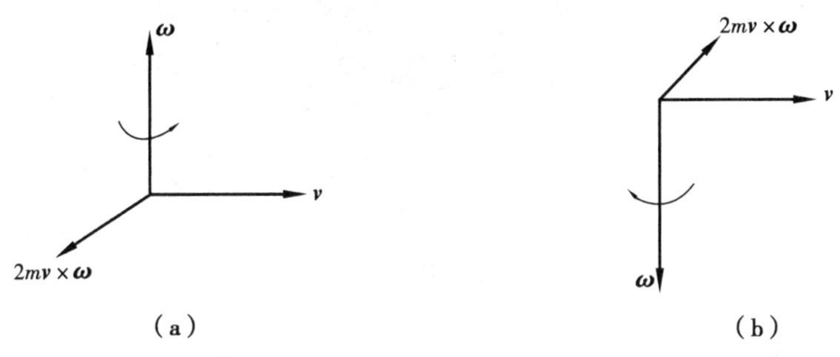

图5.4 运动方向示意图

【注意事项】

圆盘转动的速度不宜过快。

实验5.4 听话的小球

【实验目的】

听话的小球

①观察小球的悬浮现象,理解伯努力原理的内容。

②了解气体压强和流速的关系。

【实验说明】

该装置是利用物理学中的伯努力原理进行设计加工的。在该装置右下面T字形有机玻璃管下方连有一台鼓风机,当鼓风机工作时其气流方向垂直于台面向上喷出,此时气流将塑料小球正好送至上端横列管的入口处。在鼓风机工作的同时,垂直方向的气流将下端T字形横列管内的空气带出,整个C字形管内形成相对负压,此时塑料小球就以C字形顺时针方向不断地运行,这样就变成了听话小球。

【实验仪器】

听话的小球演示仪,如图 5.5 所示。

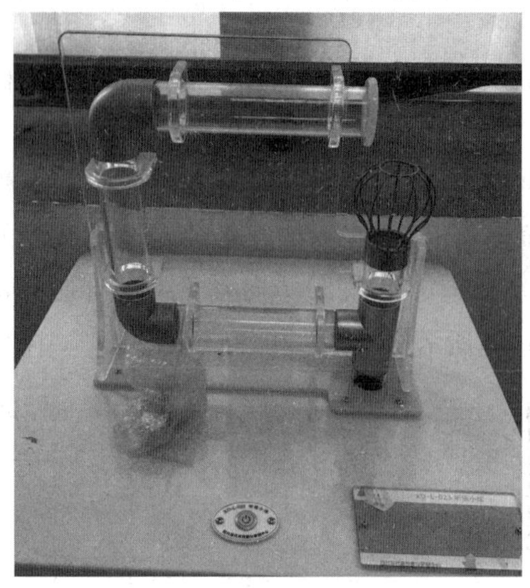

图 5.5　听话的小球演示仪

【数据记录与处理】

启动电源开关,观察小球的运动。发现小球在玻璃管中循环运动。

【注意事项】

鼓风机吹风量要合适,才能使小球竖直吹起。

实验 5.5　雅各布天梯

【实验目的】

雅各布天梯

观察电弧在自身产生的电动力作用下的运行规律。

【实验原理】

雅各布天梯模型是一对上宽下窄、顶部呈羊角形的电极。在 2~5 万伏高压下,两电极最近处的空气首先被击穿,形成大量的正负等离子体,即产生电弧放电。空气对流加上电动力的驱使,使电弧向上升,随着电弧被拉长,电弧通过的电阻加大,当电流送给电弧的能量小于由弧道向周围空气散出的热量时,电弧就会自行熄灭。在高压下,电极间距最小处的空气还会再次击穿,发生第二次电弧放电,如此周而复始。

【实验仪器】

雅各布天梯实验演示仪,如图 5.6 所示。

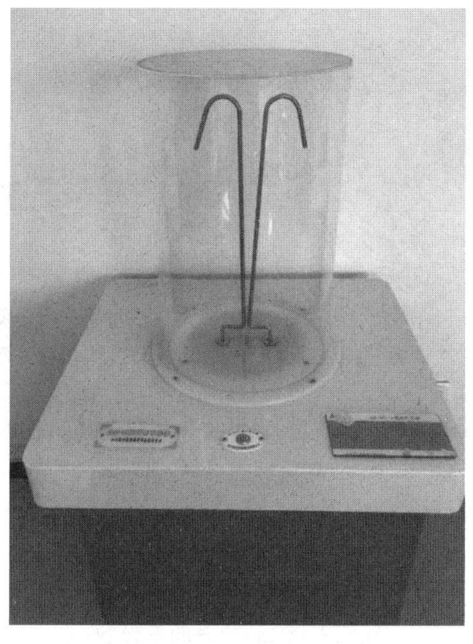

图 5.6　雅各布天梯实验演示仪

【数据记录与处理】

打开电源开关,红灯亮后,按动操作开关。观察电弧沿羊角形电极向上爬升的现象。

【注意事项】

该仪器操作过程中是带有高压的,所以不要用手触摸,演示完毕后用金属棒对其放电。

实验 5.6　跳动的磁粉

【实验目的】

跳动的磁粉

观察铁粉在自动化控制电磁线圈上的运动现象。

【实验原理】

演示仪是多个磁粉花组合而成的,每朵花由磁化的铁粉和电磁铁组成,通过控制电流的强度来控制磁粉的运动。电磁装置在单片机程序的控制下不断运动使磁粉不断倒下和直立来展示磁力的作用和磁场的特性,十分有趣。仪器上布满了由磁粉制成的造型,如当磁力装置离开时,磁粉会倒下,当磁力装置回来时,磁粉又会纷纷直立起来。

【实验仪器】

跳动的磁粉演示仪，如图 5.7 所示。

图 5.7 跳动的磁粉演示仪

【数据记录与处理】

接通电源开关，观察磁盘上随着音乐跳舞的磁粉。

【注意事项】

磁粉盒子上的盖子禁止打开。

实验 5.7 手触电池

【实验目的】

手触电池

演示一种蓄电池。

【实验原理】

人手上带有汗液，而汗液是一种电介质，里面含有一定量的正负离子。铝板比铜板活泼，铝板上汗液中的负离子发生化学反应，而把外层电子留在铝板上，使铝板集聚大量负电荷，铜板上集聚大量正电荷。当双手分别按住铝板和铜板时，电流计指针偏转表明电路中产生了电流。

【实验仪器】

手触电池，如图5.8所示。

图5.8　手触电池

【实验操作与现象】

将两手分别放在铜质手印和铝制手印上，可以观察到电流表发生偏转。双手越潮湿，指针偏转的越多。

【注意事项】

实验过程中，手触电池不能有破损。

实验5.8　电磁炮

电磁炮

【实验目的】

演示一种洛伦兹力的产生现象。

【实验原理】

电磁炮是利用电磁力代替火药爆炸力来加速弹丸的电磁发射系统，它主要由电源、高速开关、加速装置和炮弹4部分组成。根据通电线圈之间磁场的相互作用原理，加速线圈固定在炮管中，当它通入交变电流时，产生的交变磁场就会在弹丸线圈中产生感应电流。感应电流的磁场与加速线圈电流的磁场互相作用，产生洛伦兹力，使弹丸加速运动并发射出去。

【实验仪器】

电磁炮,如图 5.9 所示。

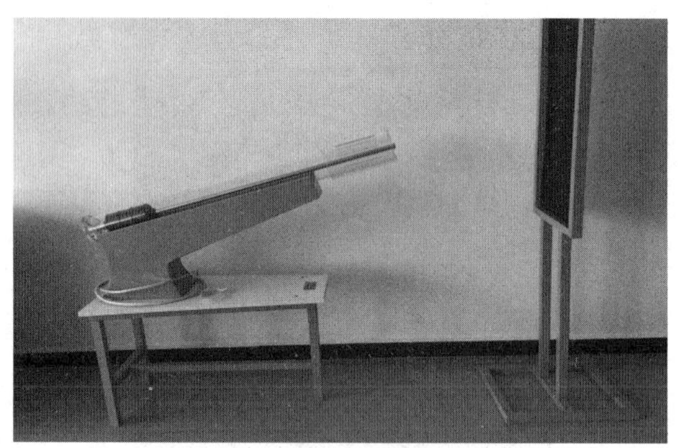

图 5.9　电磁炮

【实验操作与现象】

将炮弹从炮管尾部放入,按下启动按钮即可发射。发射时请勿站在炮筒尾部。不要长时间频繁通电,防止线圈发热过度,影响使用寿命。不用时请将总电源插头拔掉,切断电源。

当炮筒中的线圈通入瞬时强电流时,穿过闭合线圈的磁通量发生变化,由于电磁感应,置于线圈中的金属炮弹会产生感生电流,感生电流的磁场将与通电线圈的磁场相互作用,使金属炮弹远离线圈,而飞速射出。

【注意事项】

由于三相交流电有相序之分,若所接相序与本仪器所要求相序不同,则炮弹会向相反的方向运动,发射时请勿站在炮筒尾部。仪器应可靠接地。

实验 5.9　静电风轮

静电风轮

【实验目的】

演示尖端放电使电风轮转动,观察尖端放电现象。

【实验原理】

在静电学中我们知道,导体表面的电荷分布与导体的表面曲率有关,表面曲率半径越大,电荷分布越少;反之越多。而表面附近的电场与表面电荷成正比,所以,表面曲率半径越小,表面附近电场越强。当电场到达一定量值时,附近空气中残留的离子在这个电场作用下,将发生激烈的运动,并与空气的分子碰撞而产生大量离子。那些和导体上电荷异号的离子,因受导体电荷吸引而移向尖端，与导体上电荷相中和；而和导体上电荷同号的离子，则因受导体电荷排斥而飞开。从实验现象看，就像尖端上的电荷被“喷射”出来一样，故称尖端放电。

【实验仪器】

静电风轮（富兰克林轮），直流高压静电电源，如图5.10所示。

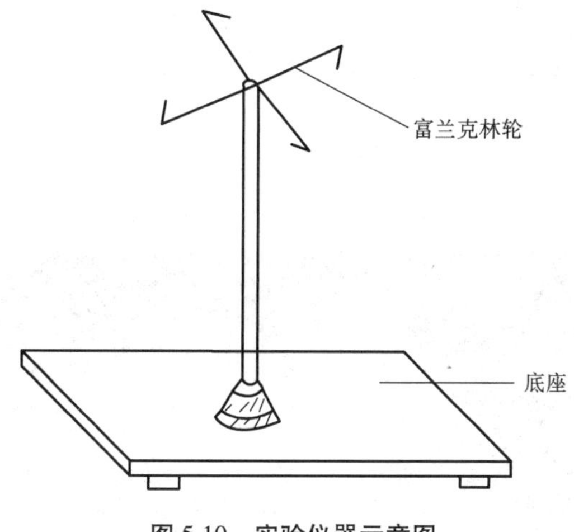

图5.10 实验仪器示意图

【实验操作与现象】

演示前将放电轮放在有机玻璃柱的顶端，把高压电源任一极接在柱的金属部分上，接通高压电源，则放电轮的尖端发生放电，使空气电离，电离分子离开尖端，使轮子受到反冲，因而轮子沿着弯曲的针尖的反方向转动起来。演示后，关闭电源。

【注意事项】

①转筒旋转的起动电压约几千伏，转速快慢与外接高压高低成正比。

②由于电源电压较高，关闭电源后，不能完全充分放电，故应取下电源任一极接头，与另一极接头相碰触人工进行放电，以确保仪器设备和操作者的安全。

③晴天演示电源电压应降低些，阴天演示电源电压应提高些。

实验5.10 神奇的辉光球

神奇的辉光球

【实验目的】

①探究低气压气体在高频强电场中产生辉光的放电现象和原理。

②探究气体分子激发、碰撞、复合的物理过程。

【实验原理】

辉光球发光是低压气体(或称稀疏气体)在高频强电场中的放电现象。玻璃球中央有一个黑色球状电极。球的底部有一块振荡电路板,通电后,振荡电路产生高频电压电场,由于球内稀薄气体受到高频电场的电离作用而光芒四射。辉光球工作时,在球中央的电极周围形成一个类似于点电荷的场。当用手(人与大地相连)触及球时,球周围的电场、电势分布不再均匀对称,故辉光在手指的周围处变得更为明亮。

【实验仪器】

辉光球,如图 5.11 所示。

图 5.11　辉光球

【实验操作与现象】

①打开电源开关,辉光球发光。

②用指尖触及辉光球,可见辉光在手指的周围处变得更为明亮,产生的弧线顺着手的触摸移动而游动扭曲,随手指移动起舞。

【注意事项】

不可敲击辉光球球体,以免打破玻璃。

实验 5.11 鱼 洗

鱼 洗

【实验目的】

演示一种固体(铜盆)中的驻波通过液体(水)的喷射而显示的趣味物理现象,激发学生探求自然界奥秘的兴趣。

【实验原理】

用手摩擦“洗耳”时,“鱼洗”会随着摩擦的频率产生振动。当摩擦力引起的振动频率和“鱼洗”壁振动的固有频率相等或接近时,“鱼洗”壁产生共振,振动幅度急剧增大。但由于“鱼洗”盆底的限制,它所产生的波动不能向外传播,于是在“鱼洗”壁上入射波与反射波相互叠加而形成驻波。驻波中振幅最大的点称波腹,最小的点称波节。用手摩擦一个圆盆形的物体,最容易产生一个数值较低的共振频率,也就是由 4 个波腹和 4 个波节组成的振动形态,“鱼洗”壁上振幅最大处会立即激荡水面,将附近的水激出而形成水花。当 4 个波腹同时作用时,就会出现水花四溅的现象。有意识地在“鱼洗”壁上的 4 个振幅最大处铸上 4 条鱼,水花就像从鱼口里喷出的一样。

【实验仪器】

鱼洗,如图 5.12 所示。

图 5.12 鱼洗

【实验操作与现象】

将双手洗净,轻搓鱼洗的两个把手,待水面出现细密的波纹,同时听到盆发出嗡嗡的振动声,即可看到美丽四溅的水花从盆壁的 4 个点喷射而出。

【注意事项】

双手一定要干净,不能有油。

看得见的声波

实验 5.12 看得见的声波

【实验目的】

观察声波在振动时产生的波形。

【实验原理】

通过直接将乐器弦的振动转化为可视的波来揭示声音的性质。转动转轮,再拨弹吉他,改变光带移动的速率,当二者一致时,就能清晰地看到琴弦振动的波形。这个波形跟它所发出的声波相对应。

【实验仪器】

看得见的声波演示仪,如图 5.13 所示。

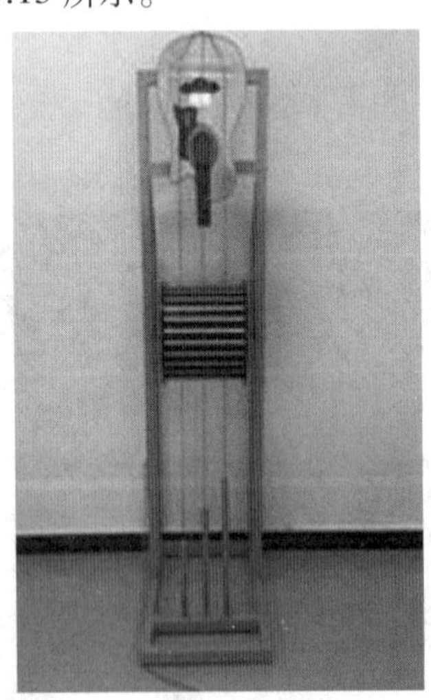

图 5.13 看得见的声波演示仪

【实验操作与现象】

转动转轮,拨动琴弦,观察声波的形状。

【注意事项】

操作过程中,声波演示仪应在平稳、无明显振动处放置。

实验 5.13　环驻波的形成

环驻波的形成

【实验目的】

①观察驻波的形成。

②了解驻波形成的原因和驻波特点。

【实验原理】

驻波是演示波的叠加现象,广泛存在于各种振动现象中。管、弦、膜、板的振动,都是驻波振动,在声学、无线电学和光学等学科中都有重要的应用。

①频率、振动方向及振幅都相同的两列简谐波,在同一直线上沿相反方向传播时叠加形成驻波。驻波中既没有相位的空间移动,也没有能量的定向传播,各点均在自己的平衡位置附近作简谐振动。振幅最大处为波腹,振幅为零处为波节。

②波节、波腹位置是固定的。两波节之间各振动相位相同;波节两侧各振动相位相反。

③实验时,通常利用端面或端点的反射波与入射波叠加来形成驻波。在两端都为固定端的情况下,只有满足弦的长度等于驻波半波长的整数倍时,才可以形成驻波。通过改变入射波长(改变信号源的频率),或改变波速(改变弦的张力),都可以形成不同波长的驻波。

【实验仪器】

环驻波演示仪,如图 5.14 所示。

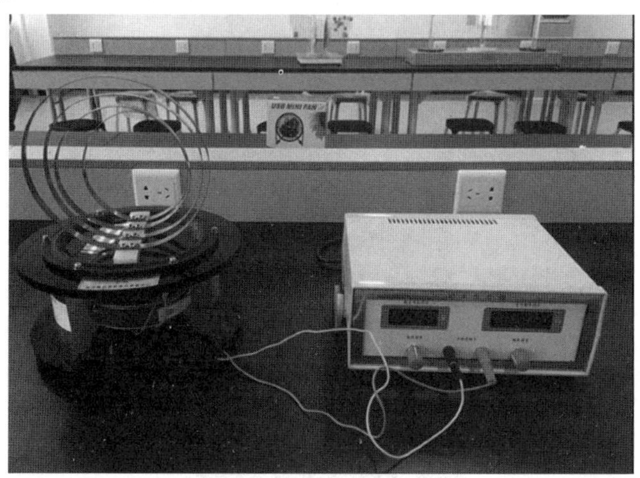

图 5.14　环驻波演示仪

【实验操作与现象】

①关闭电源,关小振幅输出电位器,调小电压再打开电源,缓慢调节频率输出从 10 Hz 开

始,直到出现环驻波。

②精细调节振动频率,可见振幅最大且稳定的驻波。在调节过程中,适当调节振幅输出,使得实验效果较好,观察环驻波的图像,记录波腹和波节的数目。

③实验中应随时调节振幅输出,听到连接不牢固等杂音时应立即关小振幅输出,关闭电源,固定妥当后再实验。

【注意事项】

①因振动的破坏性特强,故实验中本仪器须有人照看。

②听到连接不牢固等杂音时,应立即关小振幅输出,关闭电源,固定妥当后再实验。

③振动输出过大会引起失真和不稳定,可适当减小。

实验 5.14　奇幻之水

【实验目的】

奇幻之水

观察水壶或水龙头在空中流水的现象。

【实验原理】

在下泄的水柱中有一根水管,水管的透视率和水相近。水管下面的水泵通过这根水管将水压上顶端的水嘴后,再反向流出。由于反向的水流包裹着水管而且两者间的透视率相近,所以大家就不容易发现水管,误以为这水是“从天而降”。

【实验仪器】

水壶悬空流水演示仪,如图 5.15 所示。

图 5.15　水壶悬空流水演示仪

【数据记录与处理】

打开水阀，连接电源，打开开关，就会见水源源不断地从悬空的水壶或水龙头中流出。

【注意事项】

仪器电源电压较高，应注意安全。

实验 5.15　无皮鼓

【实验目的】

无皮鼓

演示一种光电控制技术。

【实验原理】

利用红外传感器的原理，用电子电路模拟鼓声，利用红外发射与接收进行控制。原来在每个无皮鼓中都装有一组激光发射器和光敏接收器组成的光电控制器。当用手或脚作敲鼓状遮挡住光束时，接收器接收不到光信号，光电开关就会驱动相应的录有鼓声的语音集成电路，发出鼓声。

【实验仪器】

无皮鼓演示仪，如图 5.16 所示。

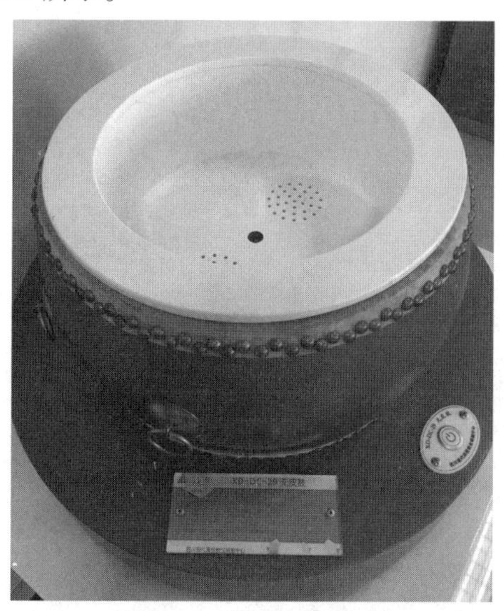

图 5.16　无皮鼓演示仪

【数据记录与处理】

启动电源,在无皮鼓没有皮的地方敲击,可听到不同的声音。试着各种敲击鼓的方式,只有当光敏器件被挡住时才会发声。有节奏地敲击鼓,可以奏响美妙的音乐。

【注意事项】

要在光敏传感器件上方敲击,才会发声。

附　录

附录 A　纯净水表面张力系数的公认值

水的温度 t/℃	10	15	20	25	30
$\alpha/(\times 10^{-2}\,\mathrm{N\cdot m^{-1}})$	7.422	7.349	7.275	7.197	7.118

附录 B　微积分公式表

常用导数公式:$F'(x)=f(x)$	常用不定积分公式:$\int f(x)\,\mathrm{d}x=F(x)+C$
$(kx)'=k$	$\int k\,\mathrm{d}x=kx+C$
$C'=0$	$\int 0\,\mathrm{d}x=C$
$(x^{\alpha+1})'=(\alpha+1)x^{\alpha}$	$\int x^{\alpha}\,\mathrm{d}x=\frac{1}{1+\alpha}x^{\alpha+1}+C$
$(\ln x)'=\frac{1}{x}$	$\int \frac{1}{x}\,\mathrm{d}x=\ln\lvert x\rvert+C$
$(a^{x})'=a^{x}\ln a$	$\int a^{x}\,\mathrm{d}x=\frac{1}{\ln a}a^{x}+C$
$(\mathrm{e}^{x})'=\mathrm{e}^{x}$	$\int \mathrm{e}^{x}\,\mathrm{d}x=\mathrm{e}^{x}+C$

续表

常用导数公式：$F'(x)=f(x)$	常用不定积分公式：$\int f(x)\mathrm{d}x=F(x)+C$
$(\sin x)'=\cos x$	$\int\cos x\mathrm{d}x=\sin x+C$
$(\cos x)'=-\sin x$	$\int\sin x\mathrm{d}x=-\cos x+C$
$(\tan x)'=\sec^2 x$	$\int\sec^2 x\mathrm{d}x=\tan x+C$
$(\cot x)'=-\csc^2 x$	$\int\csc^2 x\mathrm{d}x=-\cot x+C$
$(\sec x)'=\tan x\sec x$	$\int\sec x\tan x\mathrm{d}x=\sec x+C$
$(\csc x)'=-\cot x\csc x$	$\int\cot x\csc x\mathrm{d}x=-\csc x+C$
$(\arcsin x)'=\dfrac{1}{\sqrt{1-x^2}}$	$\int\dfrac{\mathrm{d}x}{\sqrt{1-x^2}}=\arcsin x+C$
$(\arctan x)'=\dfrac{1}{1+x^2}$	$\int\dfrac{\mathrm{d}x}{1+x^2}=\arctan x+C$

附录C 基本物理常量表

物理量	符号	数值		不确定度 $/10^{-6}$
		计算用值	最佳值	
真空中的光速	c	3.0×10^{8} m/s	299 792 458 m/s	（精确）
真空磁导率	μ_0	$4\pi\times10^{-7}$ N/A^2	$4\pi\times10^{-7}$ N/A^2 $1.256\ 637\ 061\ 4\times10^{-6}$ N/A^2	（精确）
真空电容率	ε_0	8.85×10^{-12} F/m	$8.854\ 187\ 817\times10^{-12}$ F/m	（精确）
万有引力常量	G	6.67×10^{-11} m^3/(kg·s^2)	$6.672\ 59(85)\times10^{-11}$ m^3/(kg·s^2)	128
普朗克常量	h $\hbar$	6.63×10^{-34} J·s 1.05×10^{-34} J·s	$6.626\ 075\ 5(40)\times10^{-34}$ J·s $1.054\ 572\ 66(63)\times10^{-34}$ J·s	0.60 0.60
阿伏伽德罗常量	N_A	6.022×10^{23}/mol	$6.022\ 136\ 7(36)\times10^{23}$/mol	0.59
摩尔气体常量	R	8.31 J/(mol·K)	8.314 510(70) J/(mol·K)	8.4
玻尔兹曼常量	k_B	1.38×10^{-23} J/K	$1.380\ 658(12)\times10^{-23}$ J/K	8.4
斯特藩-玻尔兹曼常量	σ	5.67×10^{-8} W/(m^2·K^4)	$5.670\ 51(19)\times10^{-8}$ W/(m^2·K^4)	34

续表

物理量	符号	数值		不确定度 $/10^{-6}$
		计算用值	最佳值	
维恩位移定律常量	b	2.897×10^{-3} m · K^4	$2.897\ 756(24)\times10^{-3}$ m · K^4	8.4
摩尔体积(理想气体, T=273.15 K, p =101 325 Pa)	V_m	22.4×10^{-3} m^3/mol	$22.414\ 10(19)\times10^{-3}$ m^3/mol	8.4
基本电荷	e	1.60×10^{-19}C	$1.602\ 177\ 33(49)\times10^{-19}$ C	0.30
电子质量	m_e	9.11×10^{-31}kg	$9.109\ 389\ 7(49)\times10^{-31}$ kg	0.59
质子质量	m_p	1.67×10^{-27} kg	$1.672\ 623\ 1(10)\times10^{-27}$ kg	0.59
中子质量	m_n	1.67×10^{-27} kg	$1.674\ 928\ 6(10)\times10^{-27}$ kg	0.59
经典电子半径	r_e	2.82×10^{-15} kg	$2.817\ 940\ 92(38)\times10^{-15}$ kg	0.13
波尔半径	a_0	5.29×10^{-11} m	$5.291\ 772\ 49(24)\times10^{-11}$ m	0.045
电子比荷	e/m	1.76×10^{11} C/kg	$1.758\ 819\ 62(53)\times10^{11}$ C/kg	0.30
电子磁矩	μ_e	9.28×10^{-24} J/T	$9.284\ 770\ 1(31)\times10^{-24}$ J/T	0.34
质子磁矩	μ_p	1.41×10^{-26} J/T	$1.410\ 607\ 61(47)\times10^{-26}$ J/T	0.34
中子磁矩	μ_n	0.966×10^{-26} J/T	$0.966\ 237\ 07(40)\times10^{-26}$ J/T	0.41
康普顿波长	λ_C	2.43×10^{-12} m	$2.426\ 310\ 58(22)\times10^{-12}$ m	0.089
波尔磁子, $eh/2m_e$	μ_B	9.27×10^{-24} J/T	$9.274\ 015\ 4(31)\times10^{-24}$ J/T	0.34
核磁子, $(eh)/(2m_e)$	μ_N	5.05×10^{-27} J/T	$5.050\ 786\ 6(17)\times10^{-27}$ J/T	0.34
里德伯常量	R_∞	1.097×10^7/m	$1.097\ 373\ 153\ 4(13)\times10^7$/m	0.001 2
原子(统一)质量单位, 原子质量常量	m_u	1.66×10^{-27} kg 931.5 MeV/c^2	$1.660\ 540\ 2(10)\times10^{-27}$ kg	0.59
1 埃	Å	1 Å$=1\times10^{-10}$ m		(精确)
1 光年	l.y.	1 l.y$=9.46\times10^{15}$ m		(精确)
1 电子伏[特]	eV	1 eV$=1.602\times10^{-19}$ J		0.30
1 特[斯拉]	T	1 T$=1\times10^{-4}$ G		(精确)
热功当量	J	4.186 J/cal		(精确)
标准大气压	P_0	101 325 Pa$\times10^{-3}$		(精确)
冰点绝对温度	T_0	273.15 K		(精确)

附录D 电桥各量程主要参数表

量程倍率	有效量程	准确度 C		R_n/Ω	电源电压/V
		用内附检流计测量时的等级指数	用外接检流计测量时的等级指数		
×0.001	1~11.11 Ω	0.5	0.5	10	3
×0.01	10~111.1 Ω	0.2	0.2	100	3
×0.1	100~1 111 Ω	0.1	0.1	1 000	3
×1	1~5 kΩ 5~11.11 kΩ	0.1 0.2	0.1	10^4	3 6
×10	10~50 kΩ 50~111.1 kΩ	0.5 1	0.1	10^5	6
×100	100~500 kΩ 500~1 111 kΩ	2 5	0.2	10^6	15
×1 000	1~11.11 MΩ	2 0	0.5	10^7	15

参考文献

[1] 王旗. 大学物理实验[M]. 2 版.北京:高等教育出版社,2019.

[2] 李学慧,刘军,部德才. 大学物理实验[M].4 版. 北京:高等教育出版社,2018.

[3] 王云才. 大学物理实验教程[M]. 4 版.北京:科学出版社,2016.

[4] 刘竹琴,杨能勋. 大学物理实验教程[M]. 北京:北京理工大学出版社,2012.

[5] 谢国亚,邓凌云,刘显蓉. 大学物理实验[M]. 成都:西南交通大学出版社,2015.

[6] 张志东,魏怀鹏,展永. 大学物理实验[M].6 版.北京:科学出版社,2019.

[7] 樊代和. 大学物理实验数字化教程 [M]. 北京:机械工业出版社,2020.

[8] 唐贵平,何兴,范志强. 大学物理实验[M]. 北京:科学出版社,2016.

[9] 卢荣德. 大学物理演示实验[M]. 合肥:中国科学技术大学出版社,2014.

[10] 路峻岭. 物理演示实验教程[M].2 版. 北京:清华大学出版社,2015.